教/育/部/实/用/型/信/息/技/术/人/才/培/养/系/列/教/材

边用边学

AutoCAD建筑制图

史宇宏 张传记 编著 全国信息技术应用培训

U0131718

人民邮电出版社

北京

图书在版编目（ＣＩＰ）数据

边用边学AutoCAD建筑制图 / 史宇宏，张传记编著
. -- 北京 ：人民邮电出版社，2013.9
教育部实用型信息技术人才培养系列教材
ISBN 978-7-115-31249-5

Ⅰ．①边… Ⅱ．①史… ②张… Ⅲ．①建筑制图－计
算机辅助设计－AutoCAD软件－教材 Ⅳ．①TU204

中国版本图书馆CIP数据核字(2013)第048677号

内 容 提 要

本书以 AutoCAD 2012 为平台，从实际操作和应用的角度出发，通过大量具体工程案例的操作，详细讲述了 AutoCAD 2012 中文版在建筑工程设计中的应用方法和操作技能。

全书共 12 章。第 1～7 章主要介绍了 AutoCAD 2012 的二维制图功能及辅助设计功能，具体包括 AutoCAD 的基本操作技能，建筑绘图环境及参数的设置，常用建筑构件的绘制与编辑，建筑设计资源的管理与共享，建筑图纸尺寸的精确标注，建筑文字、表格和符号的创建技术等。第 8～11 章则详细讲解建筑绘图样板，建筑施工平面图、立面图，园林景观施工图的绘制技能。第 12 章重点介绍图纸的后期输出技能等。

书中对绘图工具的解说详细、操作实例通俗易懂，具有很强的实用性、操作性和代表性，专业性、层次性和技巧性等特点也比较突出。

通过本书的学习，读者能在熟练掌握 AutoCAD 软件的基础上，了解和掌握建筑工程图纸的设计流程、方法和技巧，学会运用基本的制图工具来表达具有个性化的设计效果，以体现设计之精髓。

本书不仅可以作为高等学校、高职高专学院的教材，还可以作为各类 AutoCAD 培训班的教材，同时也可作为从事 CAD 建筑制图工作技术人员的学习参考书。

- ◆ 编　　著　史宇宏　张传记
　　审　　定　全国信息技术应用培训教育工程工作组
　　责任编辑　李　莎
　　责任印制　程彦红　杨林杰
- ◆ 人民邮电出版社出版发行　北京市崇文区夕照寺街 14 号
　邮编　100061　电子邮件　315@ptpress.com.cn
　网址　http://www.ptpress.com.cn
　大厂聚鑫印刷有限责任公司印刷
- ◆ 开本：787×1092　1/16
　印张：18.25
　字数：475 千字　　　　　　　　　2013 年 9 月第 1 版
　印数：1－2 500 册　　　　　　　 2013 年 9 月河北第 1 次印刷

定价：38.00 元
读者服务热线：(010)67132692　印装质量热线：(010)67129223
反盗版热线：(010)67171154
广告经营许可证：京崇工商广字第 0021 号

教育部实用型信息技术人才培养系列教材编辑委员会

（暨全国信息技术应用培训教育工程专家组）

出 版 说 明

信息化是当今世界经济和社会发展的大趋势，也是我国产业优化升级和实现工业化、现代化的关键环节。信息产业作为一个新兴的高科技产业，需要大量高素质复合型技术人才。目前，我国信息技术人才的数量和质量远远不能满足经济建设和信息产业发展的需要，人才的缺乏已经成为制约我国信息产业发展和国民经济建设的重要瓶颈。信息技术培训是解决这一问题的有效途径，如何利用现代化教育手段让更多的人接受到信息技术培训是摆在我们面前的一项重大课题。

教育部非常重视我国信息技术人才的培养工作，通过对现有教育体制和课程进行信息化改造、支持高校创办示范性软件学院、推广信息技术培训和认证考试等方式，促进信息技术人才的培养工作。经过多年的努力，培养了一批又一批合格的实用型信息技术人才。

全国信息技术应用培训教育工程（简称 ITAT 教育工程）是教育部于 2000 年 5 月启动的一项面向全社会进行实用型信息技术人才培养的教育工程。ITAT 教育工程得到了教育部有关领导的肯定，也得到了社会各界人士的关心和支持。通过遍布全国各地的培训基地，ITAT 教育工程建立了覆盖全国的教育培训网络，对我国的信息技术人才培养事业起到了极大的推动作用。

ITAT 教育工程被专家誉为"有教无类"的平民学校，以就业为导向，以大、中专院校学生为主要培训目标，也可以满足职业培训、社区教育的需要。培训课程能够满足广大公众对信息技术应用技能的需求，对普及信息技术应用起到了积极的作用。据不完全统计，在过去 8 年中共有一百五十余万人次参加了 ITAT 教育工程提供的各类信息技术培训，其中有近六十万人次获得了教育部教育管理信息中心颁发的认证证书。工程为普及信息技术、缓解信息化建设中面临的人才短缺问题做出了一定的贡献。

ITAT 教育工程聘请来自清华大学、北京大学、人民大学、中央美术学院、北京电影学院、中国传媒大学等单位的信息技术领域的专家组成专家组，规划教学大纲，制订实施方案，指导工程健康、快速地发展。ITAT 教育工程以实用型信息技术培训为主要内容，课程实用性强，覆盖面广，更新速度快。目前工程已开设培训课程二十余类，共计五十余门，并将根据信息技术的发展，继续开设新的课程。

本套教材由清华大学出版社、人民邮电出版社、机械工业出版社、北京希望电子出版社等出版发行。根据教材出版计划，全套教材共计六十余种，内容将汇集信息技术应用各方面的知识。今后将根据信息技术的发展不断修改、完善、扩充，始终保持追踪信息技术发展的前沿。

ITAT 教育工程的宗旨是：树立民族 IT 培训品牌，努力使之成为全国规模最大、系统性最强、质量最好，而且最经济实用的国家级信息技术培训工程，培养出千千万万个实用型信息技术人才，为实现我国信息产业的跨越式发展做出贡献。

全国信息技术应用培训教育工程负责人　**薛玉梅**
系列教材执行主编

编 者 的 话

AutoCAD 具有强大的图形设计功能，是目前应用最为广泛的建筑工程图形设计软件之一。本书以 AutoCAD2012 中文版为平台，全面介绍了 AutoCAD2012 中文版在建筑工程设计中的应用方法和操作技巧，适合 AutoCAD 的初级用户阅读，尤其适合从事 AutoCAD 建筑设计的人员或相关专业的学生学习。

写作特点

（1）知识体系完善，专业性强

本书通过精选实例详细讲解了 AutoCAD 软件的二维制图功能及辅助建筑设计。从 AutoCAD 软件的基础操作方法、建筑绘图环境及参数的设置等基础知识，到建筑构件的绘制与编辑、建筑资源的管理与共享、建筑尺寸的精确标注，以及文字、表格和符号的创建等基本技能，再到建筑模板的制作，建筑与家装图纸的绘制、打印、输出等专业技能，全都给予了非常详细的讲解，带领读者全面掌握运用 AutoCAD 进行建筑辅助设计工作的方法与技能。

同时，本书是由资深建筑设计人员精心编写的，融会了多年的实战经验和设计技巧。可以说，阅读本书相当于在工作一线实习和进行职前训练。

（2）通俗易懂，易于上手

本书每一章基本上是先通过小实例引导读者了解 AutoCAD 软件中各个实用工具的操作步骤，再深入地讲解这些小工具的知识，以使读者更易于理解各种工具在实际工作中的作用及其应用方法，最后通过"上机实训"引领读者通过上机操作及应用实例进一步强化巩固所学知识。不管是初学者还是有一定基础的读者，只要按照书中介绍的方法一步步学习、操作，都能快速领会 AutoCAD 建筑设计的要点。

（3）面向工作流程，强调应用

有不少读者常常抱怨学过 AutoCAD 软件却不能够独立完成设计任务。这是因为目前的大部分此类图书只注重理论知识的讲解而忽视了应用能力的培养。

对于初学者而言，不能期待一两天就能成为设计高手，而是应该踏踏实实地打好基础。而模仿他人的做法就是很好的学习方法，因为"作为人行为模式之一，模仿是学习的结果"，所以在学习的过程中通过模仿各种经典的案例，可快速提高自己的设计能力。基于此，本书通过细致剖析各类基础的、经典的 AutoCAD 建筑设计小实例，例如绘制双扇立面窗、绘制罗马柱里面构件、为建筑平面布置室内用具、标注别墅立面图施工尺寸、标注建筑户型图房间功能及面积、绘制施工平面图与立面图、绘制园林景观施工图等，逐步引导读者掌握如何运用 AutoCAD 进行建筑辅助设计。

本书体例结构

本书每一章的写作结构为"本章导读+基础知识+上机实训+课后练习"，旨在帮助读者夯实理论基础，锻炼应用能力，并强化巩固所学知识与技能，从而取得温故知新、举一反三的学习效果。

- ◆ 本章导读：这部分内容主要是介绍学习目标、学习重点及该章的主要内容，帮助读者做好学前准备，分清主次，以及重点与难点。
- ◆ 基础知识：通过小实例讲解 AutoCAD 软件中相关工具的应用方法，以帮助读者深入理解各个知识点。
- ◆ 上机实训：通过综合实例引导读者提高灵活运用所学知识的能力，并熟悉建筑设计的流程，掌握运用 AutoCAD 进行建筑辅助设计方法。
- ◆ 课后练习：精心设计习题与上机练习。读者可据此检验自己的掌握程度并强化巩固所学知识，提高实际动手能力，拓展设计思维，自我提高。习题答案及操作思路可参考本书附录。

教学配套资源

为了使读者更好学习本书的内容，本书提供以下教学配套资源。

- ◆ 素材文件：本书所有案例调用的 CAD 素材文件。
- ◆ 图块文件：本书所有案例所调用的图块文件。
- ◆ 效果文件：本书所有案例的最终效果文件。
- ◆ 样板文件：本书所有案例多使用的样板文件。
- ◆ 视频文件：本书所有上机实训的视频文件。

上述教学资源的下载地址为：www.ptpedu.com.cn。

本书创作团队

本书由史宇宏、张传记执笔完成。此外，参加本书编写的还有史小虎、陈玉蓉、秦真亮、张伟、林永、张伟、赵明富、卢春洁、刘海芹、王莹、白春英、唐美灵、朱仁成、孙爱芳、徐丽、边金良、王海宾、樊明、罗云风等人。在此感谢所有关心和支持我们的同行们。由于编者水平有限，书中难免有不妥之处，恳请广大读者批评指正。

为了更好地服务于读者，我们提供了有关本书的答疑服务，若您在阅读本书过程中遇到问题，可以发邮件至 yuhong69310@163.com，我们会尽心为你解答。若您对图书出版有所建议或者意见，请发邮件至 lisha@ptpress.com.cn。

编　者

2013 年 3 月

目　　录

第1章

AutoCAD 建筑设计基础必备

📖 **学习目标**

本章介绍有关 AutoCAD 建筑设计的基础知识，主要内容包括建筑设计的程序、建筑设计的分类和组成、建筑施工图的内容、建筑形体的表达与绘制、建筑设计的相关规定，以及 AutoCAD 操作基础、认识操作、绘图文件的管理、图形的基本选择等，为接下来的学习提供便利。

📖 **学习重点**

了解建筑设计的相关理论知识；熟悉 AutoCAD 2012 界面组成和视图切换；掌握绘图文档的新建和保存等操作；掌握图形对象的基本选择技能。

📖 **主要内容**

- ◆ 建筑设计基础
- ◆ 建筑形体的表达与绘制
- ◆ 建筑设计相关规定
- ◆ 认识 AutoCAD 用户界面
- ◆ 绘图文件的创建与管理
- ◆ 图形的基本选择技能

1.1 建筑设计基础知识

建筑设计是指对建筑物的功能设计，比如建筑物的造型、功能分区、装饰装修风格等，通常情况下，是由具有设计资质的单位和具有设计资格的人员遵照国家颁布的建筑设计规范和有关资料，根据设计任务书的要求，对建筑物所做的设计。下面将从建筑物的设计程序、建筑物的分类以及建筑设计图纸的类型 3 个方面，简单讲述建筑设计的相关知识，使没有建筑设计知识的读者对此有一个大体的认识，如果读者需要掌握更详细的专业知识，还需要查阅相关的书籍。

1.1.1 建筑物的分类与建筑设计的程序

建筑物按其使用功能通常可分为工业建筑、农业建筑和民用建筑三大类，其中民用建筑又可分为居住建筑和公共建筑。其中，居住建筑是指供人们休息、生活起居所用的建筑物，如住宅、宿舍、公寓、旅馆等；公共建筑是指供人们进行政治、经济、文化、科学技术交流活动等所需要的建筑物，如商场、学校、医院、办公楼、汽车站等。

各种不同的建筑物，尽管它们的使用要求、空间组合、外形处理、结构形式、构造方式及规模大小等方面有各自的特点，但其基本构造组成的内容是相似的。一幢楼房是由基础、墙或柱、楼地面、楼梯、房顶、门窗等 6 大部分组成的。它们处在不同的部位，发挥着不同的作用。

此外，一般建筑物还有其他的配件和设施，如通风道、垃圾道、阳台、雨篷、雨水管、勒脚、散水、明沟等。

在建筑设计中，根据建筑物的规模和复杂程度，建筑设计的程序可以分为两阶段设计和三阶段设计两种程序。

第一种，大型的、重要的、复杂的建筑物必须经过 3 个阶段设计，即初步设计、技术设计和施工图设计，具体介绍如下。

- ◆ 初步设计。包括建筑物的总平面图、建筑平面图、立面图、剖面图及简要说明、主要结构方案及主要技术经济指标、工程概算书等，以供有关部门分析、研究和审批等。
- ◆ 技术设计。技术设计是在批准的初步设计的基础上，进一步确定各专业工种之间的技术性问题。
- ◆ 建筑施工图设计。施工图设计是建筑设计的最后阶段，其任务是绘制满足施工要求的全套图纸，并编制工程说明书、结构计算书和工程预算书等。

第二种，两阶段设计。对于那些不复杂的中小型类建筑多采用两阶段设计过程，即"扩大初步设计"和"建筑施工图设计"。所谓"扩大初步设计"，就是指在方案设计的基础上进一步设计，但设计深度还未达到施工图的要求。拿一幢建筑物来说，扩大初步设计只要绘制出建筑物各主要平面图和立面图，简单表达出建筑物的大部尺寸、材料和色彩，但不包括节点做法和详细的大样以及工艺要求等具体内容。

1.1.2 认识建筑设计图纸

在建筑设计中，有许多建筑设计图纸，这些图纸主要有平面图、立面图和剖面图，简称三视图，三视图表示建筑物的内部布置、外部形状、内部装修、构造、施工要求等，是建造建筑物的重要图纸。除此之外，对于复杂的建筑形体，还需要画出详图。下面我们就来认识这些建筑设计图纸。

1. 建筑平面图

平面图也叫俯视图，它是建筑施工的基本样图，是假想用一水平的剖切面沿门窗洞位置将房屋剖切后，对剖切面以下部分所做的水平投影图。平面图反映出房屋的平面形状、大小和布置，墙、柱的位置、尺寸和材料，门窗的类型和位置等。

根据建筑物的结构不同，平面图一般有底层平面图（表示第一层房间的布置、建筑入口、门厅及楼梯等）、标准层平面图（表示中间各层的布置）、顶层平面图（房屋最高层的平面布置图）以及屋顶平面图(即屋顶平面的水平投影),如图 1-1 所示,上方小图是某住宅楼底层平面图,下方小图则是住宅楼标准层平面图。

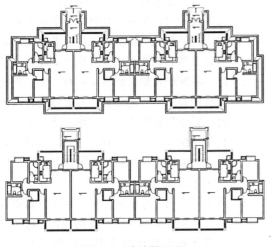

图 1-1　建筑平面图

2. 建筑立面图

立面图是指与建筑立面相平行的投影面上所做的正投影图,立面图大致包括南立面图、北立面图、东立面图和西立面图 4 部分。

在绘制立面图时,如果建筑物各立面的结构有丝毫差异,都应绘出对应立面的立面图来诠释所设计的建筑。其中反映主要出入口或比较显著地反映出房屋外貌特征的那一面立面图,称为正立面图,其余的立面图相应称为背立面图、左立面图和右立面。通常也可按房屋朝向来命名,如南北立面图、东西立面图。

如图 1-2 所示,上方小图是某住宅楼的背立面图,而下方小图则是某住宅楼的正立面图。

3. 建筑剖面图

由于建筑物的三面投影图只能表明建筑外形的可见部分的轮廓线,形体上不可见部分的轮廓线在投影图中用虚线表示,这对于内部构造比较复杂的形体来说,必然形成图中的虚、实线重叠交错,混淆不清,既不易识读,又不便于标注尺寸。要解决这一问题,必须减少和消除投影中的虚线,所以在工程制图中采用剖视的方法,假想用一个剖切面将形体剖开,移去剖切面与观察者之间

的那部分形体,将剩余部分与剖切面平行的投影面做投影,并将剖切面与形体接触的部分画上剖面线或材料图例,这样得到投影图称为剖面图。

剖面图用来表示房屋内部的结构或构造形式、分层情况和各部位的联系、材料及其高度等,是与平、立面图相互配合的不可缺少的重要图纸之一。

剖面图的数量是根据房屋的具体情况和施工实际需要而决定的。剖切面一般为横向,即平行于侧面,必要时也可纵向,即平行于正面。其位置应选择能反映出房屋内部构造比较复杂与典型的部位,并应通过门窗洞的位置。如果是多层房屋,应选择在楼梯间或层高不同、层数不同的部位。剖面图的图名应与平面图上所标注剖切符号的编号一致,便于施工人员查看。

如图 1-3 所示的是某住宅楼的横向剖面图。

图 1-2　建筑立面图

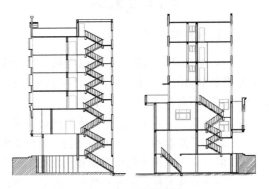

图 1-3　建筑剖面图

4. 建筑详图

详图是对平、立、剖面图这3种主要图纸的补充，是建筑细部的施工图。当建筑平面图、立面图、剖面图的比例尺较小，建筑物上许多细部构造无法表示清楚时，要根据施工需要另外绘制比例尺较大的图样。

通常情况下，详图的绘制有相关规定和做法，具体如下。

◆ 详图的比例："国标"规定，详图的比例宜采用 1:1、1:2、1:5、1:10、1:20、1:50 绘制，必要时，也可选用 1:3、1:4、1:25、1:30、1:40 等。

◆ 详图的数量：常见的详图有外墙身详图、楼梯间详图、卫生间详图、厨房详图、门窗详图、阳台详图、雨篷详图等。

◆ 详图标志及详图索引符号：为了便于看图，常采用详图标志和详图索引标志。详图标志又称详图符号，画在详图的下方；详图索引标志又称索引符号，则表示建筑平、立、剖面图中某个部位需另画详图表示，故详图索引符号是标注在需要画出详图的位置附近，并用引出线引出。

图1-4 所示是某住宅楼檐口详图。

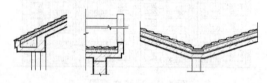

图1-4 建筑详图

5. 其他建筑图纸

另外，根据建筑物的复杂程度不同，剖面图还包括"全剖面图"、"半剖面图"、"局部剖面图"和"详图"，下面对其进行一一讲解。

◆ 全剖面图：全剖面图是指使用剖切面完全地剖开建筑物所得到的剖面图。此种类型的剖面图适用于结构不对称的形体，或者虽然结构对称，但外形简单、内部结构比较复杂的物体。图1-3 为某住宅楼的全剖面图。

◆ 半剖面图：半剖面图是指当物体内外形状均匀，为左右对称或前后对称，而外形又比较复杂时，可将其投影的一半画成表示物体外部形状的正投影，另一半画成表示内部结构的剖视图。当对称中心线为竖直时，将外形投影绘制在中心线左方，剖视面绘制在中心线的右方；当对称线为水平时，将外形投影绘于水平中心线上方，剖视面绘制在水平中心线的下方，如图 1-5 所示。这种投影图和剖视图各占一半的图称为半剖视图。

◆ 局部剖面图：局部剖面图是指使用剖切面局部地剖开物体后所得到的视图。局部剖面图仅仅是物体整个形状投影图中的一部分，因此不标注剖切形，但是局部剖视图和外形之间要用波浪线分开，且波浪线不得与轮廓线重合，也不能超出轮廓线之外，如图1-6 所示。

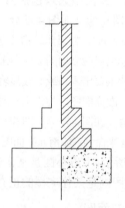

图1-5 半剖视图

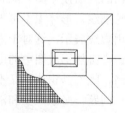

图1-6 局部剖视图

1.1.3　建筑设计图纸的绘图原理

建筑平面图、建筑立面图和建筑剖面图是建造建筑物的 3 种重要图纸，这些图纸的绘制都是根据投影的原理绘制的。在建筑工程上常用的一种投影法是正投影法，使用正投影法绘制的投影图称为正投影图，如图 1-7 所示，它能准确地反映空间物体的形状与大小，是施工生产中的主要图样。

图 1-7　正投影图

正投影图主要有三面正投影图、展开投影图、镜像投影图、剖视图和断面图等，具体如下。

1.　三面投影图

所谓三面投影，是把物体的 3 个面在各投影面上的正投影称为视图，而将相应的投射方向称为视向，分别有正视、俯视、侧视。正面投影、俯视（水平）投影、侧面投影分别称为正视图（正立面图或正面图）、俯视图（平面图）、左侧立面图（侧面图），如图 1-8 所示。

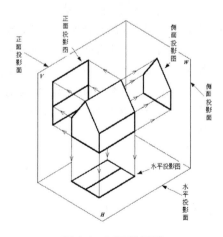

图 1-8　三面投影图

建筑物的三面投影图总称为三视图或三面图。在画三面图时首先要熟悉形体，进行形体分析，然后确定正视方向，选定作图比例，最后依据投影规律画三面图。

三面投影图能反映出建筑物 3 个面的形状以及相关尺寸，具体介绍如下。

- ◆　正面投影图（主视图）：能反映建筑物的正立面形状以及物体的高度和长度，及其上下、左右的位置关系。
- ◆　侧面图投影图（侧视图）：能反映物体的侧立面形状以及物体的高度和宽度，及其上下、前后的位置关系。
- ◆　水平投影图（俯视图）：能反映物体的水平面形状以及物体的长度和宽度，及其前后、左右的位置关系。

另外，三面图之间还有"三等"关系，如图 1-9 所示。具体介绍如下。

- ◆　长对正 —— 正面投影图的长与水平投影图的长相等。
- ◆　高平齐 —— 正面投影图的高与侧面投影图的高相等。
- ◆　宽相等 —— 平面投影图的宽与侧面投影图的宽相等。

"长对正"、"高平齐"、"宽相等"是绘制和识读建筑物正投影图必须遵循的投影规律。

另外，如果建筑物形体比较复杂时，除了绘制建筑物的三面投影图之外，有时为了便于绘图和识图，还需要画出建筑物的其他三面的投影图，其他三面的投影图根据投射方向分别称为右侧立面图、底面图和背立面图。

2.　展开投影图

当物体立面的某些部分与投影面不平行，如图形、折线形、曲线形等，可将该部分展至（旋转）与投影面平行后再进行正投影，不过需要在图名后加注"展开"字样，如图 1-10 所示。

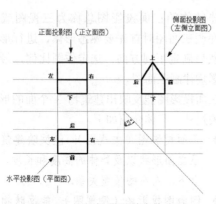

图 1-9　三面投影图的方位关系

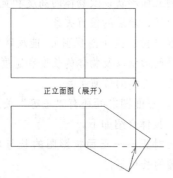

图 1-10　展开投影图

3. 镜像投影图

镜像投影是物体在镜面中的反射图形的正投影，该镜面平行于相应的投影面。此种类型一般用于绘制房屋顶棚的平面图，在装饰工程中应用较多。例如吊顶图案的施工图无论使用一般正投影法，还是使用仰视法绘制的吊顶图案平面图，都不利于看图施工，如果把地面看作是一面镜子，采用镜像投影法而得到的吊顶图案平面图就能真实地反映吊顶图案的实际情况，有利于施工人员看图施工。如图 1-11 所示，左图是某户型的墙体结构图，右图则是使用镜像投影法绘制的该户型的吊顶图。

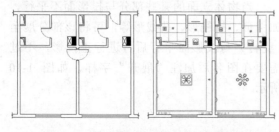

图 1-11　使用镜像投影法绘制的吊顶图

4. 剖视图

由于形体的三面投影图只能表明建筑外形的可见部分的轮廓线，形体上不可见部分的轮廓线在投影图中用虚线表示，这对于内部构造比较复杂的形体来说，必然形成图中的虚、实线重叠交错，混淆不清，既不易识读，又不便于标注尺寸。要解决这一问题，必须减少和消除投影中的虚线。所以在工程制图中采用剖视的方法，假想用一个剖切面将形体剖开，移去剖切面与观察者之间的那部分形体，将剩余部分与剖切面平行的投影面作投影，并将剖切面与形体接触的部分画上剖面线或材料图例，这样得到投影图称为剖视图。图 1-3 所示的就是某建筑物的剖视图。

5. 断面图

同剖视图的形成一样，假想用剖切面将形体剖开后，仅将剖切面与形体接触的部分即截断面向剖切面平行的投影面作投影，所得到的图形称为断面图，又称截面图（见图 1-12）。断面图主要用来表示形体某一局部截断面的形状，根据断面图布置位置的不同分为以下两种类型。

◆ 移出断面图。绘制在视图以外的断面称为移出断面图，如图 1-12（右）所示。不过移出断面图一般要绘制在投影图附近，以便于识读。当移出断面图的尺寸较小时，断面可涂黑表示。

◆ 重合断面图。绘制在视图中的断面称为重合断面图。不过此种断面图要使用细实线绘制，并且不加任何标注，以免与视图的轮廓线混淆；视图上与断面图重合的轮廓线不应断开，要完整地画出，如图 1-13 所示。

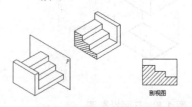

图 1-12　剖视图与断面图

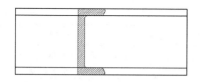

图 1-13　重合断面图

1.1.4　建筑设计图纸的绘图技巧

在绘制建筑设计图纸时，为了节省绘图时间或图纸幅面，按照图家统一制图标准，根据图形结构，规定了几种将投影图适当简化处理的方法，下面我们继续了解这几种方法。

1. 对称图形的画法

当图形结构对称时，可以只绘制一半，但应在对称中心线处画上对称线，并加上对称符号，其中对称线使用细点画线表示，对称符号用一对平行的细短实线表示，其长度为 6 mm~10 mm，间距为 2 mm~3 mm，标注尺寸时靠近对称线处不画起止符号，尺寸数字的书写位置应与对称符号对齐，并按全长尺寸标注，如图 1-14 所示。

2. 折断省略画法

当形体很长，而且沿长度方向断面形状相同或按一定规律变化时，可以假想将该形体折断，省略中间部分，而将两端向中间靠拢画出，然后在断开处画上折断线，如图 1-15 所示。标注尺寸时应标注形体的全长尺寸。

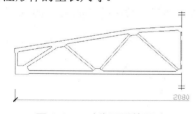

图 1-14　对称图形的画法

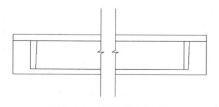

图 1-15　折断省略画法

3. 相同结构省略画线

如果图上有多个完全相同的结构并且按照一定的规律分布时，可以仅画出若干个完整的结构，然后画出其余结构的中心线或中心交点，以确定它们的位置，如图 1-16 所示。

4. 构件局部不同的画线

当两个构件仅部分不同时，可在完整地画出一个构件后，另一个只画不同部分，但应在两个构件的相同部分与不同部分的分界线处画上连接符号，两个连接符号对准在同一线上，连接符号使用折断线表示，并标注出相同的大写字母，如图 1-17 所示。

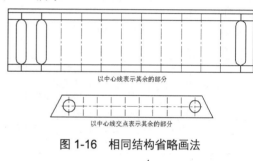

图 1-16　相同结构省略画法

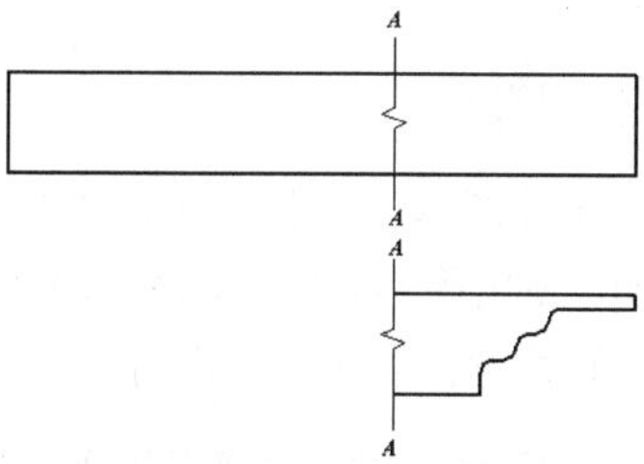

图 1-17　两构件局部不同时的简化画法

1.2　建筑设计制图相关规定

在建筑设计中，建筑设计图纸一般是按照正投影原理以及视图、剖视和断面等的基本图示方法绘制的，所以为了保证制图的质量、提高制图效率、表达统一和便于识读，我国制定了一系列制图标准，在绘制施工图时，应严格遵守标准中的规定。

1.2.1 图纸比例

建筑物形体庞大,必须采用不同的比例来绘制。对于整幢建筑物,或建筑物的局部和细部结构都分别予以缩小绘出,特殊细小的线脚等有时不缩小,甚至需要放大绘出。在建筑施工图中,各种图样常用的比例如表 1-1 所示。一般情况下,一个图样应使用一种比例,但在特殊情况下,由于专业制图的需要,同一种图样也可以使用两种不同的比例。

表 1-1　施工图比例

图名	常用比例	备注
总平面图	1:500、1:1000、1:2000	
平面图 立面图 剖视图	1:50、1:100、 1:200	
次要平面图	1:300、1:400	次要平面图指屋面平面 图、工具建筑的地面平面图等
详图	1:1、1:2、1:5、1:10、1:20、1:25、1:50	1:25 仅适用于结构构件详图

1.2.2 图线

在建筑设计图纸中,为了表明不同的内容并使层次分明,须采用不同线型和线宽的图线绘制。图线的线型和线宽按表 1-2 的说明来选用。

表 1-2　图线的线型、线宽及用途

名称	线宽	用途
粗实线	b	平面图、剖视图中被剖切的主要建筑构造(包括构配件)的轮廓线 建筑立面图的外轮廓线 建筑构造详图中被剖切的主要部分的轮廓线 建筑构配件详图中的构配件的外轮廓线
中实线	0.5b	平面图、剖视图中被剖切的次要建筑构造(包括构配件)的轮廓线 建筑平面图、立面图、剖视图中建筑构配件的轮廓线 建筑构造详图及建筑构配件详图中的一般轮廓线

续表

名称	线宽	用途
细实线	0.35b	小于 0.5b 的图形线、尺寸线、尺寸界线、图例线、索引符号、标高符号等
中虚线	0.5b	建筑构造及建筑构配件不可见的轮廓线 平面图中的起重机轮廓线 拟扩建的建筑物轮廓线
细虚线	0.35b	图例线、小于 0.5b 的不可见轮廓线
粗点画线	b	起重机轨道线
细点画线	0.35b	中心线、对称线、定位轴线
折断线	0.35b	不需绘制全的断开界线
波浪线	0.35b	不需绘制全的断开界线、构造层次的断开界线

1.2.3 定位轴线

建筑施工图中的定位轴线是施工定位、放线的重要依据。凡是承重墙、柱子等主要承重构件,都应绘上轴线来确定其位置。对于非承重的分隔墙、次要的局部承重构件等,有时用分轴线定位,有时也可由注明其与附近轴线的相关尺寸来确定。定位轴线采用细点画线表示,轴线的端部用细实线绘制直径为 8mm 的圆,并对轴线进行编号,如图 1-18 所示,是某建筑施工图的定位轴线。

1.2.4 尺寸、标高和图名

图纸上的尺寸应包括尺寸界线、尺寸线、尺寸起止符号和尺寸数字等,如图 1-19 所示。

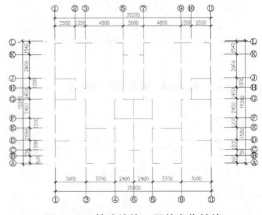

图 1-18　某建筑施工图的定位轴线

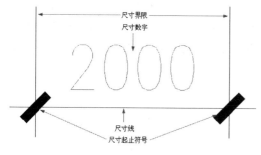

图 1-19　尺寸标注

图 1-21　建筑立面图的尺寸标注与标高

尺寸界线是表示所度量图形尺寸的范围边限，应用细实线标注；尺寸线是表示图形尺寸度量方向的直线，它与被标注的对象之间的距离不宜小于 10mm，且相互平行的尺寸线之间的距离要保持一致，一般为 7mm～10mm；尺寸数字一律使用阿拉伯数字注写，在打印出图后的图纸上，字高一般为 2.5mm～3.5mm，同一张图纸上尺寸数字的大小应一致，并且图样上的尺寸单位，除建筑标高和总平面图等建筑图纸以米（m）为单位之外，其他均应以毫米（mm）为单位。

标高是标注建筑高度的一种尺寸形式，标高符号形式如图 1-20 所示，用细实线绘制。标高符号形式如图 1-20（f）所示。如果同一位置表示几个不同的标高时，数字注写形式如图 1-20（e）所示。标高数字以米（m）为单位，单体建筑工程的施工图注写到小数点后第三位，在总平面图中则注写到小数后两位。在单体建筑工程中，零点标高注写成 ±0.000，负数标高数字前必须加注"－"，正数标高前不写"+"，标高数字不到 1m 时，小数点前应加写"0"。在总平面图中，标高数字注写形式与上述相同。标高有绝对标高和相对标高两种。

图 1-21 所示为某建筑立面图的尺寸标注与标高结果。

1.2.5　图名、字体与投影符号

图名也是建筑施工图纸中的重要内容，图名表明了建筑物的名称。图名一般标注在图样的下方，在图名下应绘制一条粗横线，其粗度应不粗于同张图中所绘图形的粗实线。同张图样中的这种横线粗度应一致。图名下的横线长度，应以所写文字所占长短为准，不要任意绘长。在图名的右侧应用比图名的字号小一号或二号的字号注写比例尺，如图 1-22 所示。

另外，建筑图纸上还应标注相关文字、投影符号和数字等内容，这些内容主要表明了图名、建筑物各构件的名称，以及建造所使用的材料名和面积等，例如房间名、门窗名、材料名、房间面积等。因此，这些文字、字符和数字等应做到排列整齐、清楚正确，与尺寸大小要协调一致。当汉字、字符和数字并列书写时，汉字的字高要略高于字符和数字，汉字应采用国家标准规定的矢量汉字，汉字的高度应不小于 2.5mm，字母与数字的高度不应小于 1.8mm，图纸及说明文字中汉字的字体应采用长仿宋体，图名、大标题、标题栏等可选用长仿宋体、宋体、楷体或黑体等，汉字的最小行距应不小于 2mm，字符与数字的最小行距应不小于 1mm，当汉字与字符数字混合时，最小行距应根据汉字的规定使用。

图 1-23 所示是某建筑平面图中所标注的文字内容及其符号。

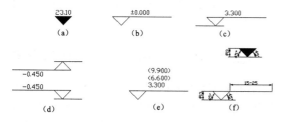

图 1-20　标高符号与标高形式

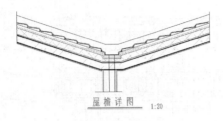

图 1-22　图名

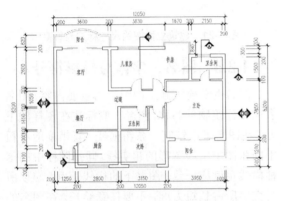

图 1-23　图纸上的文字与投影符号

1.2.6　详图索引符号、指北针及风向频率玫瑰图

图样中的某一局部或某一构件和构件间的构造如需另见详图，应以索引符号索引，即在需要另绘制详图的部位编上索引符号，并在所绘制的详图上编上详图符号且两者必须对应一致，以便看图时查找相应的图样。

索引符号的圆和水平直线均以细实线绘制，圆的直径一般为 10mm。详图符号的圆圈应绘成直径为 14mm 的粗实线圆，图 1-24 所示是某住宅楼檐口详图符号。

另外，在建筑物的底层平面图上，应绘出指北针来表明房屋的朝向，其符号应按国标规定绘制，细实线圆的直径一般以 24mm 为宜，箭尾宽度宜为圆直径的 1/8，即 3mm，圆内指针应涂黑并指向正北，如图 1-25 所示。

风向频率玫瑰图，简称风玫瑰图，是根据某一地区多年统计平均的各个方向吹风次数的百分

数值，并按一定比例绘制的，如图 1-26 所示。一般多用 8 个或 16 个罗盘方位表示，玫瑰图上所表示的风的吹向是从外面吹向地区中心，图中实线为全年风玫瑰图，虚线为夏季风玫瑰图。

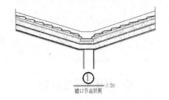

图 1-24　详图索引符号

图 1-25　指北针

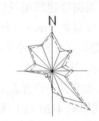

图 1-26　风向玫瑰图

1.3　认识 AutoCAD 绘图空间

在使用 AutoCAD 进行建筑设计之前，首先了解一下 AutoCAD 软件的启动、退出以及 AutoCAD 的绘图空间，这对使用 AutoCAD 进行建筑设计非常重要。

1.3.1　启动与退出 AutoCAD 软件

AutoCAD 软件是由美国 Autodesk 公司开发研制的一款高精度图形设计软件，当成功安装 AutoCAD 2012 绘图软件之后，通过以下几种方式

可以启动 AutoCAD 2012 软件。

- ◆ 双击桌面上的软件图标 。
- ◆ 选择桌面任务栏【开始】/【程序】/【Autodesk】/【AutoCAD 2012】中的 AutoCAD 2012 - Simplified Chinese 选项。
- ◆ 单击 "*.dwg" 格式的文件。

启动 AutoCAD 2012 绘图软件之后，即可进入图 1-27 所示的工作界面，同时自动打开一个名为 "Drawing1.dwg" 的默认绘图文件。

AutoCAD 2012 绘图软件为用户提供了多种工作空间，为的是人性化地将不同类型的工作命令区分开来，这是一个非常好的功能。图 1-27 所示的界面为 "AutoCAD 经典" 工作空间，如果用户为 AutoCAD 初始用户，那么启动 AutoCAD 2012 软件后，则进入图 1-28 所示的 "初始设置工作空间"。

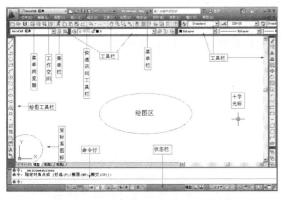

图 1-27 "AutoCAD 经典" 工作空间

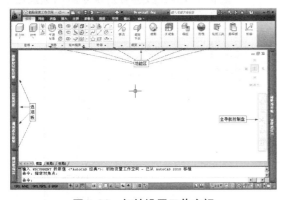

图 1-28 初始设置工作空间

除了 "AutoCAD 经典" 和 "初始设置工作间" 两种工作空间外，AutoCAD 2012 还为用户提供了 "草图与注释"、"三维基础" 和 "三维建模" 3 种工作空间，用户可以根据自己的做图习惯和需要选择相应的工作空间，工作空间的相互切换具体有以下几种方式。

- ◆ 单击标题栏 AutoCAD 经典 按钮，在展开的按钮菜单中选择相应的工作空间，如图 1-29 所示。
- ◆ 执行菜单栏中【工具】/【工作空间】的下一级菜单命令，如图 1-30 所示。

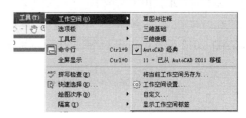

图 1-29 【工作空间】按钮菜单

图 1-30 【工作空间】级联菜单

- ◆ 展开【工作空间】工具栏中的【工作空间控制】下拉表列，选用工作空间，如图 1-31 所示。
- ◆ 单击状态栏上的【切换工作空间】按钮，从弹出的按钮菜单中选择所需工作空间，如图 1-32 所示。

图 1-31 【工作空间控制】列表框

图 1-32 按钮菜单

无论选择何种工作空间,用户都可以在日后对其进行更改,也可以自定义并保存自己的自定义工作空间。

当退出 AutoCAD 2012 绘图软件时,首先要退出当前的 AutoCAD 文件,如果当前文件已经存盘,那么用户可以使用以下几种方式退出软件:

◆ 单击 AutoCAD 2012 标题栏的控制按钮  ;

◆ 按 Alt+F4 快捷键;

◆ 执行菜单栏中的【文件】/【退出】命令;

◆ 在命令行中输入 Quit 或 Exit 后,按 Enter 键;

◆ 展开应用程序菜单,单击 退出AutoCAD 2012 按钮。

在退出 AutoCAD 2012 软件之前,如果没有将当前的绘图文件存盘,那么系统将会弹出图 1-33 所示的提示对话框,单击 是(Y) 按钮,将弹出【图形另存为】对话框,用于对图形进行命名保存;单击 否(N) 按钮,系统将放弃存盘,并退出 AutoCAD 2012 软件;单击 取消 按钮,系统将

取消当前执行的"退出"命令。

1.3.2　认识 AutoCAD 用户界面

从图 1-27 和图 1-28 所示的界面中可以看出,AutoCAD 具有良好的用户界面,其界面主要包括标题栏、菜单栏、工具栏、绘图区、命令行、状态栏、功能区面板等,下面将简单讲述各组成部分的功能及其相关界面元素的设置操作。

1. 标题栏

标题栏位于 AutoCAD 2012 工作界面的最顶部,如图 1-34 所示。标题栏的左端为快速访问工具栏,除

图 1-33 AutoCAD 提示框

此之外,在标题栏上还包括程序名称显示区、信息中心和窗口控制按钮等内容。

图 1-34 标题栏

◆ 在"快速访问"工具栏不但可以快速访问某些命令,还可以添加、删除常用命令按钮到工具栏中,控制菜单栏的显示以及各工具栏的开关状态等。快速访问工具栏的左端是工作空间下拉菜单,单击 AutoCAD 经典 按钮,即可展开工作空间下拉菜单,用于在多种工作空间内进行切换等;单击快速访问工具栏右端的 按钮,可展开图 1-35 所示的下拉列表,用于自定义快速访问工具栏。

◆ "程序名称显示区"主要用于显示当前正在运行的程序名和当前被激活的图形文件名称。

◆ "信息中心"可以快速获取所需信息、搜索所需资源等。

◆ "窗口控制"按钮位于标题栏最右端,主要有"最小化" 、"恢复" /"最大化" 、"关闭"按钮 ,分别用于控制

AutoCAD 窗口的大小和关闭。

小技巧:单击软件界面左上角的 按钮,可打开如图 1-36 所示的应用程序菜单,用户可以通过此菜单快速访问一些常用工具,搜索常用命令和浏览最近使用的文档等。

图 1-35 工具栏下拉列表

图 1-36　应用程序菜单

2. 菜单栏

菜单栏位于标题栏的下侧，如图 1-37 所示，AutoCAD 的常用制图工具和管理编辑等工具都分门别类地排列在这些菜单中，在主菜单项上单击鼠标左键，即可展开此主菜单，然后将光标移至所需命令选项上并单击鼠标左键，即可激活该命令。

| 文件(F) | 编辑(E) | 视图(V) | 插入(I) | 格式(O) | 工具(T) | 绘图(D) | 标注(N) | 修改(M) | 参数(P) | 窗口(W) | 帮助(H) |

图 1-37　菜单栏

AutoCAD 共为用户提供了【文件】、【编辑】、【视图】、【插入】、【格式】、【工具】、【绘图】、【标注】、【修改】、【参数】、【窗口】、【帮助】等 12 个主菜单。各菜单的主要功能介绍如下：

- 【文件】菜单用于对图形文件进行设置、保存、清理、打印以及发布等；

- 【编辑】菜单用于对图形进行一些常规编辑，包括复制、粘贴、链接等；

- 【视图】菜单主要用于调整和管理视图，以方便视图内图形的显示，便于查看和修改图形；

- 【插入】菜单用于向当前文件中引用外部资源，如块、参照、图像、布局以及超链接等；

- 【格式】菜单用于设置与绘图环境有关的参数和样式等，如绘图单位、颜色、线型及文字、尺寸样式等；

- 【工具】菜单为用户设置了一些辅助工具和常规的资源组织管理工具；

- 【绘图】菜单是一个二维和三维图元的绘制菜单，几乎所有的绘图和建模工具都组织在此菜单内；

- 【标注】菜单是一个专用于为图形标注尺寸的菜单，它包含了所有与尺寸标注相关的工具；

- 【修改】菜单主要用于对图形进行修整、编辑、细化和完善等；

- 【参数】菜单主要用于为图形添加几何约束和标注约束等；

- 【窗口】菜单主要用于控制 AutoCAD 多文档的排列方式以及 AutoCAD 界面元素的锁定状态；

- 【帮助】菜单主要用于为用户提供一些帮助性的信息。

菜单栏左端的图标就是"菜单浏览器"图标，菜单栏最右边的按钮是 AutoCAD 文件的窗口控制按钮，如"最小化" ▬ 、"还原" ⬚ /"最大化" ◻ 、"关闭" ✕ 按钮，用于控制图形文件窗口的显示。

小技巧：默认设置下，菜单栏是隐藏的，当变量 MENUBAR 的值为 1 时，显示菜单栏；为 0 时，隐藏菜单栏。

3. 工具栏

工具栏位于绘图窗口的两侧和上侧，将光标移至工具栏按钮上并单击鼠标左键，即可快速激活该命令。默认设置下，AutoCAD 2012 共为用户提供了 51 种工具栏，如图 1-38 所示。在任一工具栏中单击鼠标右键，即可打开菜单；在需要的选项上单击鼠标左键，即可打开相应的工具栏；将打开的工具栏拖到绘图区任一侧，松开鼠标左键可将其固定；相反，也可将固定工具栏拖至绘图区，灵活控制工具栏的开关状态。

在工具栏右键菜单上选择【锁定位置】/【固定的工具栏 / 面板】选项，可以将绘图区 4 侧的工具栏固定，如图 1-39 所示，工具栏一旦被固定后，是不可以被拖动的。另外，用户也可以单击状态栏中的 ⊡ 按钮，从弹出的按钮菜单中控制工具栏和窗口的固定状态，如图 1-40 所示。

> **小技巧**：在工具栏菜单中，带有勾号的表示当前已经打开的工具栏，不带有勾号的表示没有打开的工具栏。为了增大绘图空间，通常只将几种常用的工具栏放在用户界面上，而将其他工具栏隐藏，需要时再调出。

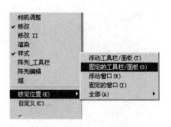

图 1-39 固定工具栏

图 1-40 按钮菜单

4. 功能区

"功能区"主要出现在"二维草图与注释"、"三维建模"、"三维基础"等工作空间内，它代替了 AutoCAD 众多的工具栏，以面板的形式，将各工具按钮分门别类地集合在选项卡内，如图 1-41 所示。

用户在调用工具时，只需在功能区中展开相应选项卡，然后在所需面板上单击相应按钮即可。由于在使用功能区时，无需再显示 AutoCAD 的工具栏，因此，使得应用程序窗口变得单一、简洁、有序。通过这单一简洁的界面，功能区还可以将可用的工作区域最大化。

图 1-38 工具栏菜单

图 1-41 功能区

5. 绘图区

绘图区位于工作界面的正中央，即被工具栏和命令行所包围的整个区域，如图 1-42 所示。此区域是用户的工作区域，图形的设计与修改工作就是在此区域内进行的。默认状态下绘图区是一个无限大的电子屏幕，无论尺寸多大或多小的图形，都可以在绘图区中绘制和灵活显示。

默认设置下，绘图区背景色为深灰色，用户

可以使用菜单【工具】/【选项】命令更改绘图区背景色。下面通过将绘图区背景色更改为白色，学习此种操作技能。操作步骤如下。

Step 1 首先执行菜单栏中的【工具】/【选项】命令，或使用快捷键 OP 激活【选项】命令，打开如图 1-43 所示的【选项】对话框。

> **小技巧**：在绘图区单击鼠标右键，从打开的右键菜单中也可以执行【选项】命令，如图 1-44 所示。

Step 2　展开【显示】选项卡，然后在如图 1-45 所示的【窗口元素】选项组中单击 颜色(C)... 按钮，打开【图形窗口颜色】对话框。

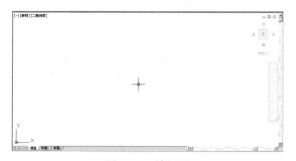

图 1-42　绘图区

图 1-43　【选项】对话框

图 1-44　右键菜单

Step 3　在【图形窗口颜色】对话框中展开【颜色】下拉列表框，将窗口颜色设置为白色，如图 1-46 所示。

Step 4　单击 应用并关闭(A) 按钮返回【选项】对话框。

Step 5　单击 确定 按钮，结果绘图区的背景色显示为"白色"，设置结果如图 1-47 所示。

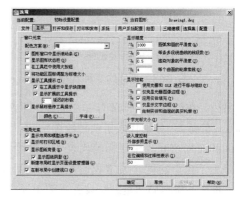

图 1-45　【显示】选项卡

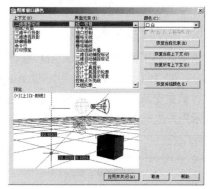

图 1-46　【图形窗口颜色】对话框

当用户移动鼠标时，绘图区会出现一个随光标移动的十字符号，此符号被称为"十字光标"，它是由"拾取点光标"和"选择光标"叠加而成的，其中"拾取点光标"是点的坐标拾取器，当执行绘图命令时，显示为拾点光标；"选择光标"是对象拾取器，当选择对象时，显示为选择光标；当没有任何命令执行的前提下，显示为十字光标，如图 1-48 所示。

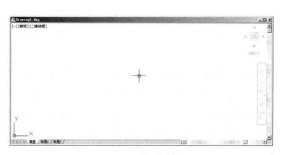

图 1-47　设置结果

十字光标　　拾点光标　　选择光标

图 1-48　光标的 3 种状态

另外，在绘图区左下部有 3 个标签，即模型、布局1、布局2，分别代表了两种绘图空间，即模型空间和布局空间。模型标签代表了当前绘图区窗口是处于模型空间，通常我们在模型空间进行绘图。布局1和布局2是默认设置下的布局空间，主要用于图形的打印输出。用户可以通过单击标签，在这两种操作空间中进行切换。

6. 命令行与文本窗口

绘图区的下侧则是 AutoCAD 独有的窗口组成部分，即"命令行"，它是用户与 AutoCAD 软件进行数据交流的平台，主要功能就是用于提示和显示用户当前的操作步骤，如图 1-49 所示。

图 1-49　命令行

"命令行"分为"命令输入窗口"和"命令历史窗口"两部分，上面两行则为"命令历史窗口"，用于记录执行过的操作信息；下面一行是"命令输入窗口"，用于提示用户输入命令或命令选项。

　小技巧：由于"命令历史窗口"的显示有限，如果需要直观快速地查看更多的历史信息，则可以通过按 F2 功能键，系统则会以"文本窗口"的形式显示历史信息，如图 1-50 所示；再次按 F2 功能键，即可关闭文本窗口。

图 1-50　文本窗口

7. 状态栏与快捷按钮

图 1-51 所示为状态栏，位于 AutoCAD 操作界面的最底部，它由坐标读数器、辅助功能区、状态栏菜单等 3 部分组成，具体如下。

![状态栏]

图 1-51　状态栏

状态栏左侧为坐标读数器，用于显示十字光标所处位置的坐标值；坐标读数器右侧为辅助功能区。辅助功能区左侧的按钮主要用于控制点的精确定位和追踪；中间的按钮主要用于快速查看布局、查看图形、定位视点、注释比例等；右侧的按钮主要用于对工具栏、窗口等固定、工作空间切换以及绘图区的全屏显示等，是一些辅助绘图功能。

单击状态栏右侧小三角图标，将打开如图 1-52 所示的快捷菜单，菜单中的各选项与状态栏中的各按钮功能一致，用户也可以通过各菜单项以及菜单中的各功能键控制各辅助按钮的开关状态。

图 1-52　状态栏菜单

1.4 绘图文件的创建与管理

这一节继续学习 AutoCAD 绘图文件的基本

操作功能，具体有新建文件、保存文件、另存为文件、打开存盘文件与清理垃圾文件等。

1.4.1 新建绘图文件

当启动 AutoCAD 2012 软件之后，系统会自动打开一个名为"Drawing1.dwg"的绘图文件，如果用户需要重新创建一个绘图文件，则需要使用【新建】命令。

执行【新建】命令主要有以下几种方式：

- ◆ 执行菜单栏中的【文件】/【新建】命令；
- ◆ 单击【标准】工具栏或【快速访问】工具栏上的 按钮；
- ◆ 在命令行输入 New 后按 Enter 键；
- ◆ 按快捷键 Ctrl+N。

激活【新建】命令后，打开如图 1-53 所示的【选择样板】对话框。在此对话框中，为用户提供了多种的基本样板文件，其中"acadISo-Named Plot Styles"和"acadiso"都是公制单位的样板文件，两者的区别就在于前者使用的打印样式为"命名打印样式"，后者的打印样式为"颜色相关打印样式"，读者可以根据需求进行取舍。

图 1-53 【选择样板】对话框

图 1-54 打开按钮菜单

选择"acadISo-Named Plot Styles"或"acadiso"样板文件后，单击 打开(0) 按钮，即可创建一张新的空白文件，进入 AutoCAD 默认设置的二维操作界面。

小技巧：AutoCAD 为用户提供了"无样板"方式创建绘图文件的功能，在【选择样板】对话框中单击 打开(0) 按钮右侧的下三角按钮，打开如图 1-54 所示的按钮菜单，在按钮菜单上选择"无样板打开-公制"选项，即可快速新建一个公制单位的绘图文件。

1.4.2 保存与另存文件

【保存】命令用于将绘制的图形以文件的形式进行存盘，存盘的目的就是为了方便以后查看、使用或修改编辑等。执行【保存】命令主要有以下几种方式：

- ◆ 执行菜单栏中的【文件】/【保存】命令；
- ◆ 单击【标准】工具栏或【快速访问】工具栏上的 按钮；
- ◆ 在命令行输入 Save 后按 Enter 键；
- ◆ 按快捷键 Ctrl+S。

执行【保存】命令后，可打开如图 1-55 所示的【图形另存为】对话框，在此对话框内，可以进行如下操作。

- ◆ 设置存盘路径。单击上侧的【保存于】列表，在展开的下拉列表内设置存盘路径。
- ◆ 设置文件名。在【文件名】文本框内输入文件的名称，如"我的文档"。
- ◆ 设置文件格式。单击对话框底部的【文件类型】下拉列表，在展开的下拉列表框内设置文件的格式类型，如图 1-56 所示。
- ◆ 当设置好路径、文件名以及文件格式后，单击 保存(S) 按钮，即可将当前文件存盘。

图 1-55 【图形另存为】对话框

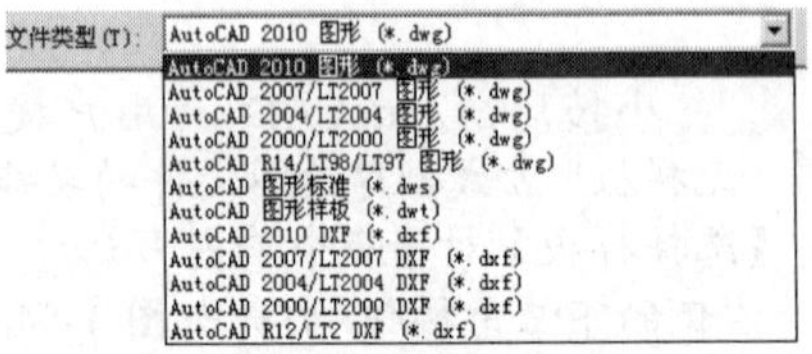

图 1-56 设置文件格式

小技巧：默认的存储类型为"AutoCAD 2012 图形（*.dwg）"，使用此种格式将文件存盘后，只能被 AutoCAD 2012 及其以后的版本所打开，如果用户需要在 AutoCAD 早期版本中打开此文件，必须使用低版本的文件格式进行存盘。

当用户在已存盘的图形的基础上进行了其他的修改工作，又不想将原来的图形覆盖，可以使用【另存为】命令，将修改后的图形以不同的路径或不同的文件名进行存盘。执行【另存为】命令主要有以下几种方式：

◆ 执行菜单栏中的【文件】/【另存为】命令；

◆ 单击【快速访问】工具栏上的 按钮；

◆ 在命令行输入 Saveas 后按 Enter 键；

◆ 按组合键 Crtl+Shift+S。

1.4.3 打开文件与清理垃圾文件

当用户需要查看、使用或编辑已经存盘的图形时，可以使用【打开】命令，将此图形所在的文件打开。执行【打开】命令主要有以下几种方式：

◆ 执行菜单栏中的【文件】/【打开】命令；

◆ 单击【标准】工具栏或【快速访问】工具栏上的 按钮；

◆ 在命令行输入 Open 后按 Enter 键；

◆ 按组合键 Ctrl+O。

激活【打开】命令后，系统将打开【选择文件】对话框，在此对话框中选择需要打开的图形文件，如图 1-57 所示。单击 打开(O) 按钮，即可将此文件打开。

有时为了给图形文件进行"减肥"，以减小文件的存储空间，可以使用【清理】命令，将文件内部的一些无用的垃圾资源（如图层、样式、图块等）清理掉。执行主要有以下种方式：

◆ 执行菜单栏中的【文件】/【图形实用程序】/【清理】命令；

◆ 在命令行输入 Purge 后按 Enter 键；

◆ 使用命令简写 PU。

激活【清理】命令，系统可打开如图 1-58 所示的【清理】对话框。在此对话框中，带有"+"号的选项，表示该选项内含有未使用的垃圾项目，单击该选项将其展开，即可选择需要清理的项目，如果用户需要清理文件中的所有未使用的垃圾项目，可以单击对话框底部的 全部清理(A) 按钮。

图 1-57 【选择文件】对话框

图 1-58 【清理】对话框

1.5 文件的基本选择技能

"图形的选择"也是 AutoCAD 的重要基本技能之一，它常用于对图形进行修改编辑之前。常用的选择方式有点选、窗口和窗交 3 种，下面继续学习图形文件的基本选择技能。

1.5.1　点选

"点选"是最基本、最简单的一种对外选择方式，此种方式一次仅能选择一个对象。在命令行"选择对象："的提示下，系统自动进入点选模式，此时光标指针切换为矩形选择框状，将选择框放在对象的边沿上单击鼠标左键，即可选择该图形，被选择的图形对象以虚线显示，如图 1-59 所示。

图 1-59　点选示例

1.5.2　窗口选择

"窗口选择"也是一种常用的选择方式，使用此方式一次也可以选择多个对象。在命令行"选择对象："的提示下从左向右拉出一矩形选择框，此选择框即为窗口选择框，选择框以实线显示，内部以浅蓝色填充，如图 1-60 所示。

当指定窗口选择框的对角点之后，结果所有完全位于框内的对象都能被选择，如图 1-61 所示。

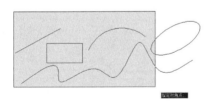

图 1-60　窗口选择框

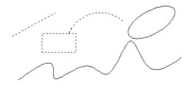

图 1-61　选择结果

1.5.3　窗交选择

"窗交选择"是使用频率非常高的选择方式，使用此方式一次也可以选择多个对象。在命令行"选择对象："提示下从右向左拉出一矩形选择框，

此选择框即为窗交选择框，选择框以虚线显示，内部绿填充，如图 1-62 所示。

当指定选择框的对角点之后，结果所有与选择框相交和完全位于选择框内的对象才能被选择，如图 1-63 所示。

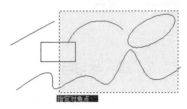

图 1-62　窗交选择框

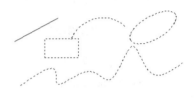

图 1-63　选择结果

1.6　上机与练习

1. 填空题

（1）AutoCAD 2012 为初始用户提供了（　　）、（　　）、（　　）和（　　）工作空间，工作空间的切换主要通过（　　）、（　　）、（　　）、（　　）来实现。

（2）AutoCAD 命令的启动主要有（　　）、（　　）、（　　）和（　　）等 4 种方式。

（3）AutoCAD 绘图文件的默认存盘格式是（　　）。

（4）在修改图形对象时，往往需要事先选择这些图形对象，常用的图形选择方式主要有（　　）、（　　）和（　　）3 种。

（5）使用（　　）命令可以将文件内部的一些无用的垃圾资源，如图层、样式、图块等删除。

2. 上机操作

将默认绘图背景修改为白色、将十字光标相对屏幕进行百分之百显示。

第2章

设置绘图环境与坐标输入

📖 **学习目标**

本章学习有关 AutoCAD 建筑设计绘图环境的设置知识，主要内容包括绘图单位、图形界限、捕捉模式、追踪模式、视图的缩放与调整，以及坐标点的精确输入等，为以后绘制建筑设计图纸奠定基础。

📖 **学习重点**

掌握绘图单位、图形界限、捕捉模式、追踪模式的设置操作，以及坐标点的精确输入技能。

📖 **主要内容**

◆ 设置绘图单位、精度与图形界限
◆ 设置捕捉与追踪模式
◆ 视图的缩放与调整
◆ 坐标点的精确输入

2.1 设置绘图单位、精度与图形界限

在建筑设计中，绘图单位是精确绘图的关键，因此，在使用 AutoCAD 进行建筑图纸的绘制之前，首先需要设置绘图单位。绘图单位的设置主要包括"长度"和"角度"两大部分，系统默认的长度类型为"小数"，角度类型为"十进制度数"。下面学习绘图单位、精度与图形界限的设置技能。

2.1.1 设置绘图单位与精度

AutoCAD 中图形单位的设置包括"长度"和"角度"两大部分，系统默认的长度类型为"小数"，角度类型为"十进制度数"，在实际绘图时，可以根据具体情况，通过执行【单位】命令来设置绘图单位和精度，执行此命令主要有以下几种方法：

◆ 执行菜单栏中的【格式】/【单位】命令；
◆ 在命令行输入 Units 后按 Enter 键；
◆ 使用快捷键 UN。

【任务 1】设置绘图单位和单位精度。

Step 1 首先执行菜单栏中的【格式】/【单位】命令，打开如图 2-1 所示的【图形单位】对话框。

Step 2 在【长度】选项组中单击【类型】下拉列表框，设置长度的类型，默认为"小数"。

小技巧： AutoCAD 提供了"建筑"、"小数"、"工程"、"分数"和"科学"等 5 种长度类型。单击该选框中的▼按钮可以从中选择我们需要的长度类型。

Step 3 展开【精度】下拉列表，设置单位的精度，默认为"0.000"，用户可以根据需要设置单位的精度。

Step 4 在【角度】选项组中展开【类型】下拉列表框，设置角度的类型，默认为"十进制度数"；

在【精度】下拉列表框内设置角度的精度，默认为"0"，用户可以根据需要进行设置。

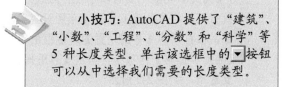
小技巧：【顺时针】单选项是用于设置角度的方向的，如果选中该单选项，那么在绘图过程中就以顺时针为正角度方向，否则以逆时针方向作为正角度方向。

Step 5 在【拖放比例】选项组内用于确定拖放内容的单位，默认为"毫米"。

Step 6 设置角度的基准方向。单击 方向(D)... 按钮，打开如图 2-2 所示的【方向控制】对话框，用来设置角度的起始位置，默认水平向右为 0 角度。

图 2-1 【图形单位】对话框

图 2-2 【方向控制】对话框

2.1.2 设置并检测图形界限

在 AutoCAD 软件中，"图形界限"表示的是"绘图的区域"，它相当于手工绘图时所定制的草纸。在平时绘图过程中，经常需要绘制不同尺寸的图形，在开始绘图之前，一般都需要根据图形的总体范围设置不同的绘图区域，使绘制后的图形完全位于作图区域内，便于视图的调整及用户的观察编辑等。

【图形界限】命令就是专用于设置绘图区域的

工具，此工具还可以进行绘图区域的检测操作，以方便控制图形是否超出作图边界。执行该命令主要有以下几种方式：

- 执行菜单栏中的【格式】/【图形界限】命令；
- 在命令行输入 Limits 后按 Enter 键。

1. 设置图形界限

在默认设置下，每个文件的图形界限为 420×297，即长边为 420、短边为 297。下面通过设置长边为 300、短边为 150 的绘图区域，学习图形界限的设置方法。

【任务 2】设置长边为 300、短边为 150 的图形界限。

Step 1 首先新建空白文件。

Step 2 执行菜单栏中的【格式】/【图形界限】命令，或在命令行中输入 Limits 并按 Enter 键，执行【图形界限】命令。

Step 3 执行【图形界限】命令后，根据 AutoCAD 命令行的操作提示，设置绘图区域。

命令：' _limits
重新设置模型空间界限：
指定左下角点或[开(ON)/关(OFF)] <0.0000, 0.0000>： // Enter，采用默认设置
指定右上角点 <420.0000,297.0000>：//300,150 Enter

> **小技巧**：一般情况下，以坐标系原点作为图形界限的左下角，然后直接输入右上角点的绝对坐标值，即可重新指定图形界限。

2. 图形界限的检测

如果用户需要将输入的坐标值限制在图形界限之内，以防止用户绘制的图形超出边界，可对图形界限进行检测。

【任务 3】检测图形界限。

Step 1 首先激活【图形界限】命令。

Step 2 在命令行"指定左下角点或[开

(ON)/关(OFF)] <0.0000,0.0000>："提示下，输入 on 并按 Enter 键，即可打开图形界限的检测功能。

Step 3 如果用户需要关闭图形界限的检测功能，可以激活"关"选项，此时，AutoCAD 允许用户输入图形界限外部的点。

2.2 设置捕捉与追踪模式

在 AutoCAD 建筑设计中，捕捉与追踪是精确绘图的关键，下面继续学习设置捕捉与追踪的相关方法和技巧。

2.2.1 设置捕捉模式

在绘图之前，为了便于点的精确定位，一般需要事先设置好点的捕捉模式，如捕捉、栅格以及各种特征点的捕捉等。使用这些捕捉功能，可以快速、准确、高精度地绘制图形，从而大大提高绘图的效率和精确度。

1. 设置捕捉

【捕捉】功能用于控制十字光标，使其按照用户定义的间距进行移动，从而精确定位点。利用此功能，可以将鼠标的移动设定一个固定的步长，如 5 或 10，从而使绘图区的光标在 x 轴、y 轴方向的移动量总是步长的整数倍，以提高绘图的精度。

执行【捕捉】功能主要有以下几种方式：

- 执行菜单栏中的【工具】/【草图设置】命令，在打开的【草图设置】对话框中展开【捕捉和栅格】选项卡，勾选【启用捕捉】复选项，如图 2-3 所示；

图 2-3 【草图设置】对话框

◆ 单击状态栏上▦按钮或捕捉按钮（或在此按钮上单击鼠标右键，选择右键菜单中的【启用】选项）。

◆ 按下功能键 F9。

下面通过将 x 轴方向上的步长设置为 20，y 方向上的步长设置为 30。学习"步长捕捉"功能的参数设置和启用操作。

【任务 4】将 x 轴方向上的步长设置为 20、y 方向上的步长设置为 30。

Step 1　在状态栏捕捉按钮上单击鼠标右键，选择【设置】选项，打开【草图设置】对话框。

Step 2　在对话框中勾选【启用捕捉】复选项，即可打开捕捉功能。

Step 3　在【捕捉 x 轴间距】文本框内输入数值 20，将 x 轴方向上的捕捉间距设置为 20。

Step 4　取消【x 和 y 间距相等】复选项，然后在【捕捉 y 轴间距】文本框内输入数值，如 30，将 y 轴方向上的捕捉间距设置为 30。

Step 5　最后单击 确定 按钮，完成捕捉参数的设置。

小技巧：【捕捉类型和样式】选项组，用于设置捕捉的类型及样式，建议使用系统默认设置。

📖　选项解析

◆ 【极轴间距】选项组用于设置极轴追踪的距离，此选项需要在【PolarSnap】捕捉类型下使用。

◆ 【捕捉类型】选项组用于设置捕捉的类型，其中【栅格捕捉】单选项用于将光标沿垂直栅格或水平栅格点捕捉点；【PolarSnap】单选项用于将光标沿当前极轴增量角方向追踪点，此选项需要配合【极轴追踪】功能使用。

2．设置栅格

所谓"栅格"，指的是由一些虚拟的栅格点或栅格线组成的，以直观的方式显示出当前文件内的图形界限区域。这些栅格点和栅格线仅起到参照显示的功能，它不是图形的一部分，也不会被打印输出。

执行【栅格】功能主要有以下几种方式：

◆ 执行菜单栏中的【工具】/【草图设置】命令，在打开的【草图设置】对话框中展开【捕捉和栅格】选项卡，然后勾选【启用栅格捉】复选项；

◆ 单击状态栏▦按钮或栅格按钮（或在此按钮上单击鼠标右键，选择快捷菜单中的【启用】选项）；

◆ 按功能键 F7；

◆ 按快捷键 Ctrl+G。

📖　选项解析

◆ 在图 2-3 所示的【草图设置】对话框中，【栅格样式】选项组用于设置二维模型空间、块编辑器窗口，以及布局空间的栅格显示样式，如果勾选了此选项组中的 3 个复选项，那么系统将会以栅格点的形式显示图形界限区域，如图 2-4 所示。反之，系统将会以栅格线的形式显示图形界限区域，如图 2-5 所示。

图 2-4　栅格点显示

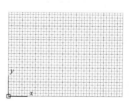

图 2-5　栅格线显示

◆ 【栅格间距】选项组用于设置 x 轴方向和 y 轴方向的栅格间距。两个栅格点之间或两条栅格线之间的默认间距为 10。

◆ 在【栅格行为】选项组中，【自适应栅格】复选项用于设置栅格点或栅格线的显示密度，【显示超出界限的栅格】复选项用于显示图形界限区域外的栅格点或栅格线，【遵循动态 UCS】复选项用于更改栅格平面，以跟随动态 UCS 的 xy 平面。

> **小技巧**：如果用户开启了【栅格】功能，但绘图区并没有显示出栅格点，这是因为当前图形界限太大或太小，导致栅格点太密或太稀的缘故，需要修改栅格点之间的距离。

3. 设置对象捕捉

【对象捕捉】功能主要用于精确捕捉图形对象上的特征点，如端点、中点、圆心等。AutoCAD 提供了 13 种对象捕捉模式，这些捕捉工具分别以对话框和菜单栏的形式出现，以对话框形式出现的捕捉功能为对象的自动捕捉功能，如图 2-6 所示。在此对话框内一旦设置了某种捕捉模式后，系统将一直保持着这种捕捉模式，直到用户取消为止，所以称之为自动对象捕捉。

图 2-6 【对象捕捉】选项卡

执行自动对象捕捉功能主要有以下几种方式：

◆ 单击状态栏上的 □ 按钮或 对象捕捉 按钮（或在此按钮上单击鼠标右键，选择右键菜单上的【启用】选项；

◆ 使用功能键 F3；

◆ 执行菜单栏中的【工具】/【草图设置】命令，在弹出的对话框中勾选【启用对象捕

捉】复选项。

4. 设置临时捕捉

临时捕捉功能位于如图 2-7 所示的菜单上，其工具按钮位于如图 2-8 所示的【对象捕捉】工具栏上。临时捕捉功能是一次性的捕捉功能，即激活一次捕捉模式之后，系统仅允许使用一次，如果用户需要连续使用该捕捉功能，需要重复激活临时捕捉模式。

图 2-7 临时捕捉菜单

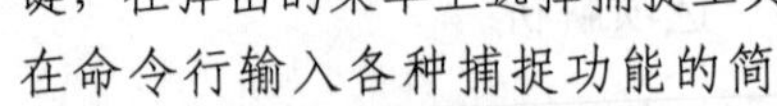

图 2-8 捕捉工具栏

执行临时捕捉功能主要有以下几种方式：

◆ 单击【对象捕捉】工具栏上的各捕捉按钮；

◆ 按住 Ctrl 键或 Shift 键的同时单击鼠标右键，在弹出的菜单上选择捕捉工具；

◆ 在命令行输入各种捕捉功能的简写，如 _mid、_int 和 _endp 等。

13 种临时捕捉功能的含义与操作如下所述。

◆ 捕捉到端点

此种捕捉用来捕捉图形对象的端点。比如线段端点，矩形、多边形的角点等。在命令行出现"指定点"提示下激活此功能，然后将光标放在对象上，系统将自动在距离光标最近位置处显示出端点标记符号，同时在光标右下侧显示工具提示，如图 2-9 所示，此时单击鼠标左键即可捕捉到对象的端点。

◆ 捕捉到中点

此种功能用来捕捉到线段、圆弧等对象的中

点。在命令行出现"指定点"的提示下激活此功能，然后将光标放在对象上，系统自动在中点处显示出中点标记符号，同时在光标右下侧显示出工具提示，如图 2-10 所示。单击鼠标左键即可捕捉到对象中点。

图 2-9　端点捕捉标记

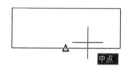

图 2-10　中点捕捉标记

◆　捕捉到交点✕

此种捕捉功能用于捕捉对象之间的交点。在命令行"指定点"的提示下激活此功能，然后将光标放在其中的一个相交对象上，此时会出现一个"延伸交点"的标记符号，如图 2-11 所示，单击鼠标左键拾取该对象作为相交对象，再将光标放到另外一个相交对象上，系统自动在两对象的交点处显示出交点标记符号，如图 2-12 所示，单击鼠标左键就可以捕捉到该交点。

◆　捕捉到外观交点✕

此种捕捉功能用于捕捉三维空间内，对象在当前坐标系平面内投影的交点，也可用于在二维制图中捕捉各对象的相交点或延伸交点。

◆　捕捉到延长线---

此种捕捉用来捕捉线段或弧延长线上的点。在命令行"指定点"的提示下激活此功能，将光标放在对象的一端拾取需要延伸的一端，然后沿着延长线方向移动光标，系统会自动在延长线处引出一条追踪虚线，如图 2-13 所示，此时单击鼠标左键，或输入一距离值，即可在对象延长线上精确定位点。

图 2-11　拾取相交对象

图 2-12　捕捉相交点

图 2-13　捕捉延长线

◆　捕捉到圆心◎

此种捕捉功能是用来捕捉圆、弧或圆环的圆心。在命令行"指定点"的提示下激活此功能，然后将光标放在圆或圆弧等对象的边缘上，也可直接放在圆心位置上，系统自动在圆心处显示出圆心标记符号，如图 2-14 所示，此时单击鼠标左键即可捕捉到圆心。

◆　捕捉到象限点◇

此功能用于捕捉圆、弧的象限点。一个圆 4 等分后，每一部分称为一个象限，象限在圆的连接部位即是象限点。拾取框总是捕捉离它最近的那个象限点，如图 2-15 所示。

◆　捕捉到切点○

此种捕捉功能常用于绘制圆或弧的切线。在命令行"指定点"的提示下激活此功能，将光标放在圆或弧的边缘上，系统会自动在切点处显示出切点标记符号，如图 2-16 所示，此时单击鼠标左键即可捕捉到切点，绘制出对象的切线，结果如图 2-17 所示。

图 2-14　捕捉到圆心

图 2-15　捕捉到象限点

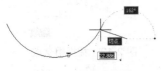

图 2-16　捕捉到切点

图 2-17　绘制切线

◆　捕捉到垂足 ⊥

此种捕捉功能常用于绘制对象的垂线。在命令行"指定点"的提示下激活此功能，将光标放在对象边缘上，系统会自动在垂足点处显示出垂足标记符号，如图 2-18 所示，此时单击鼠标左键即可捕捉到垂足点，绘制对象的垂线，结果如图 2-19 所示。

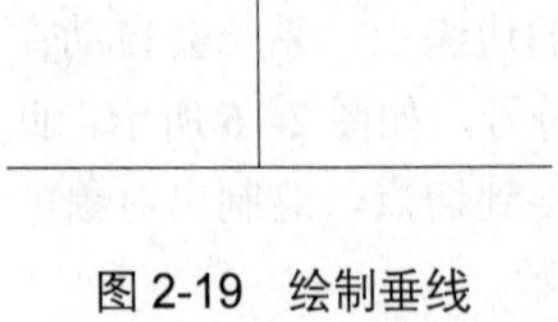

图 2-18　捕捉到垂足点

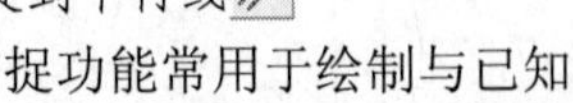

图 2-19　绘制垂线

◆　捕捉到平行线 //

此种捕捉功能常用于绘制与已知线段平行的线。在命令行"指定下一点："的提示下，激活此功能，然后把光标放在已知线段上，此时会出现一平行的标记符号，如图 2-20 所示，移动光标，

系统会自动在平行位置处出现一条向两方无限延伸的追踪虚线，如图 2-21 所示，单击鼠标左键即可绘制出与拾取对象相互平行的线。

◆　捕捉到最近点 ⅙

此种捕捉方式用来捕捉光标距离线、弧、圆等对象最近的点，即捕捉对象离光标最近的点，如图 2-22 所示。

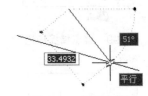

图 2-20　平行标记

图 2-21　引出平行追踪线

图 2-22　捕捉最近点

◆　捕捉到节点 ∘

此种捕捉功能可以捕捉使用【点】命令绘制的点对象。使用时需将拾取框放在节点上，系统会显示出节点的标记符号，单击鼠标左键即可拾取该点。

◆　捕捉到插入点 ⭍

此种捕捉方式用来捕捉块、文字、属性或属性定义等的插入点，对于文本来说就是其定位点。

2.2.2　设置追踪模式

AutoCAD 所提供的捕捉功能仅能捕捉对象上的特征点，如果用户需要捕捉特征点之外的点，可以使用 AutoCAD 精确追踪功能。常用的追踪功能有【正交模式】、【极轴追踪】、【对象追踪】、【捕捉自】和【临时追踪点】等。

1. 设置正交模式

【正交模式】功能用于将光标强行控制在水平或垂直方向上，以追踪并绘制水平和垂直的线段。执行【正交模式】功能主要有以下几种方式：

♦ 单击状态栏上的 L 按钮或 正交 按钮（或在此按钮上单击鼠标右键，选择右键菜单中的【启用】选项）；

♦ 按功能键 F8；

♦ 在命令行输入表达式 Ortho 后按 Enter 键。

> **小技巧：**【正交模式】功能可以追踪定位四个方向，向右引导光标，系统则定位 0° 方向（见图 2-23）；向上引导光标，系统则定位 90° 方向（见图 2-24）；向左引导光标，系统则定位 180° 方向（见图 2-25）；向下引导光标，系统则定位 270° 方向（见图 2-26）。

下面通过绘制如图 2-27 所示的台阶截面轮廓图，学习【正交模式】功能的使用方法和技巧。

图 2-23　0° 方向矢量

图 2-24　90° 方向矢量

图 2-25　180° 方向矢量

图 2-26　270° 方向矢量

【任务 5】绘制台阶截面轮廓图。

Step 1　首先新建公制单位空白文件。

Step 2　按 F8 功能键，打开状态栏上的【正交模式】功能。

Step 3　执行菜单栏中的【绘图】/【直线】命令，配合【正交模式】功能精确绘图。命令行操作如下。

```
命令: _line
    指定第一点:                    //在绘图区
    拾取一点作为起点
    指定下一点或[放弃(U)]:          //向上引导
    光标，输入 150 Enter
    指定下一点或[放弃(U)]:          //向右引导
    光标，输入 300 Enter
    指定下一点或[闭合(C)/放弃(U)]:  //向上
    引导光标，输入 150 Enter
    指定下一点或[闭合(C)/放弃(U)]:  //向右
    引导光标，输入 300 Enter
    指定下一点或[放弃(U)]:          //向上
    引导光标，输入 150 Enter
    指定下一点或[放弃(U)]:          //向右
    引导光标，输入 300 Enter
    指定下一点或[闭合(C)/放弃(U)]:  //向上
    引导光标，输入 150 Enter
    指定下一点或[闭合(C)/放弃(U)]:  //向右
    引导光标，输入 300 Enter
    指定下一点或[闭合(C)/放弃(U)]:  //向下
    引导光标，输入 600 Enter
    指定下一点或[闭合(C)/放弃(U)]:
    // c Enter，闭合图形
```

2. 设置极轴追踪

【极轴追踪】功能是按事先设置的增量角及其倍数，引出相应的极轴追踪虚线，如图 2-28 所示。用户可在追踪虚线所定位的方向矢量上进行精确定位跟踪点。执行【极轴追踪】功能主要有以下几种方法：

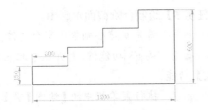

图 2-27 绘制结果

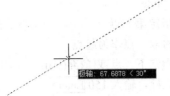

图 2-28 极轴追踪示例

- 单击状态栏上的 ◢ 按钮或 极轴 按钮（或在此按钮上单击鼠标右键，选择右键菜单上的【启用】选项；
- 按下功能键 F10 键；
- 单击【工具】菜单中的【草图设置】命令，打开【草图设置】对话框，在【极轴追踪】选项卡内勾选"启用极轴追踪"复选项，如图 2-29 所示。

小技巧：【正交模式】与【极轴追踪】功能不能同时打开，因为前者是使光标限制在水平或垂直轴上，而后者则可以追踪任意方向矢量。

下面通过绘制长度为 120、角度为 45°的倾斜线段，学习使用【极轴追踪】功能。

【任务 6】绘制长度为 120、角度为 45°的倾斜线段。

Step 1 在状态栏上的 极轴 按钮上单击鼠标右键，在弹出的菜单中选择【设置】选项，打开如图 2-29 所示的对话框。

Step 2 勾选对话框中的【启用极轴追踪】复选项，打开【极轴追踪】功能。

Step 3 单击【增量角】列表框，在展开的下拉列表框中选择 45，如图 2-30 所示，将当前的

追踪角设置为 30°。

图 2-29 【极轴追踪】选项卡

图 2-30 设置追踪角

小技巧：在【极轴角设置】选区中的【增量角】下拉列表框内，系统提供了多种增量角，如 90°、60°、45°、30°、22.5°、18°、15°、10°、5°等，用户可以从中选择一个角度值作为增量角。

Step 4 单击 确定 按钮关闭对话框，完成角度跟踪设置。

Step 5 执行菜单栏中的【绘图】/【直线】命令，配合【极轴追踪】功能绘制长度斜线段。命令行操作如下。

Step 6 命令：_line
 指定第一点： //在绘图区拾取一点作为起点
 指定下一点或[放弃(U)]： //向右上方移动光标，在 45°方向上引出如图 2-31 所示的极轴追踪虚线，然后输入 120 Enter 指定下一点或[放弃(U)]： // Enter，结束命令

28

小技巧：AutoCAD 不但可以在增量角方向上出现极轴追踪虚线，还可以在增量角的倍数方向上出现极轴追踪虚线。

Step 7　绘制结果如图 2-32 所示。

小技巧：如果要选择预设值以外的角度增量值，需事先勾选【附加角】复选项，然后单击 新建(N) 按钮，创建一个附加角，如图 2-33 所示，系统就会以所设置的附加角进行追踪。另外，如果要删除一个角度值，在选取该角度值后，单击 删除 按钮即可。另外，只能删除用户自定义的附加角，而系统预设的增量角不能被删除。

图 2-31　引出 30° 极轴矢量

图 2-32　绘制结果

图 2-33　创建 3° 的附加角

3. 设置对象追踪

【**对象追踪**】功能用于以对象上的某些特征点

作为追踪点，引出向两端无限延伸的对象追踪虚线，如图 2-34 所示，在此追踪虚线上拾取点或输入距离值，即可精确定位到目标点。

执行【对象追踪】功能主要有以下几种方式：

- ◆ 单击状态栏上的 ∠ 按钮或 对象追踪 按钮；
- ◆ 按功能键 F11 ；
- ◆ 执行菜单栏中的【工具】/【草图设置】命令，在打开的对话框中展开【对象捕捉】选项卡，然后勾选【启用对象捕捉追踪】复选项。

在默认设置下，系统仅以水平或垂直的方向进行追踪点，如果用户需要按照某一角度追踪点，可以在【极轴追踪】选项卡中设置追踪的样式，如图 2-35 所示。

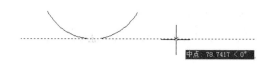

图 2-34　对象追踪虚线

图 2-35　设置对象追踪样式

小技巧：【对象追踪】功能只有在【对象捕捉】和【对象追踪】同时打开的情况下才可使用，而且只能追踪对象捕捉类型里设置的自动对象捕捉点。

📖　**选项解析**

- ◆ 在【对象捕捉追踪设置】选项组中，【仅正交模式】单选项与当前极轴角无关，它仅水平或垂直地追踪对象，即在水平或垂直方向出现向两方无限延伸的对象追踪虚线。

◆ 【用所有极轴角设置追踪】单选项是根据当前所设置的极轴角及极轴角的倍数出现对象追踪虚线，用户可以根据需要进行取舍。

◆ 在【极轴角测量】选项组中，【绝对】单选项用于根据当前坐标系确定极轴追踪角度；而【相对上一段】单选项用于根据上一个绘制的线段确定极轴追踪的角度。

4. 捕捉自与临时追踪点

【捕捉自】功能是借助捕捉和相对坐标定义窗口中相对于某一捕捉点的另外一点。使用【捕捉自】功能时需要先捕捉对象特征点作为目标点的偏移基点，再输入目标点的坐标值。执行【捕捉自】功能主要有以下几种方式：

◆ 单击【对象捕捉】工具栏上的按钮；

◆ 在命令行输入 _from 后按 Enter 键；

◆ 按住 Ctrl 键或 Shift 键单击鼠标右键，选择弹出菜单中的【自】选项。

【临时追踪点】与【对象追踪】功能类似，不同的是前者需要事先精确定位出临时追踪点，然后才能通过此追踪点，引出向两端无限延伸的临时追踪虚线，以进行追踪定位目标点。执行【临时追踪点】功能主要有以下几种法：

◆ 选择临时捕捉菜单中的【临时追踪点】选项；

◆ 单击【对象捕捉】工具栏上的按钮；

◆ 使用快捷键 _tt。

在执行【临时追踪点】功能时，必需拾取一点作为临时追踪点，然后移动光标，引出所需角度的临时追踪虚线，在临时追踪虚线上定位目标点。图 2-36 所示的临时追踪虚线就是以圆心作为临时追踪点，所引出的临时追踪虚线。

图 2-36　临时追踪点示例

2.3 视图的缩放与调整

AutoCAD 为用户提供诸多视图调控功能。其中，视图调控功能菜单如图 2-37 所示，工具栏如图 2-38 所示，导航栏及按钮菜单如图 2-39 所示。使用视窗的调整功能，可以随意调整图形在当前视窗的显示，以方便观察、编辑视窗内的图形细节或图形全貌。下面将继续学习视图的调控功能，为后续绘制建筑设计图纸奠定基础。

图 2-37　缩放菜单

图 2-38【缩放】工具栏

图 2-39　导航控制盘

2.3.1　平移与实时缩放视图

平移视图与实时缩放视图是 AutoCAD 中较常用的两种视图缩放操作功能，使用这两种操作功能，可以非常方便地实时查看视图中的图形对象。下面继续学习视图的平移与实时缩放功能。

1. 平移视图

平移视图是指在随意移动视图，以便观察视图中的图形对象。执行【视图】菜单中【平移】子菜单的各命令，如图 2-40 所示，可执行各种平移工具。

图 2-40 平移菜单

各菜单功能如下：

- ◆ 【实时】用于将视图随着光标的移动而平移，也可在【标准】工具栏上单击🖐按钮，以激活【实时平移】工具；
- ◆ 【点】平移是根据指定的基点和目标点平移视图。定点平移时，需要指定两点，第一点作为基点，第二点作为位移的目标点，平移视图内的图形；
- ◆ 【左】、【右】、【上】和【下】命令分别用于在 x 轴和 y 轴方向上移动视图。

> 小技巧：激活【实时平移】命令后光标变为🖐形状，此时可以按住鼠标左键向需要的方向平移视图，在任何时候都可以按 Enter 键或 Esc 键来停止平移。

2. 实时缩放视图

实时缩放是指随时对视图进行缩放，以方便观察视图上的图形。单击【标准】工具栏上的🔍按钮，或执行菜单【视图】／【缩放】／【实时】命令，都可激活【实时缩放】功能，此时屏幕上将出现一个放大镜形状的光标，便进入了实时缩放状态，按住鼠标左键向下拖动，则视图缩小显示；按住鼠标左键向上拖动，则视图放大显示。

2.3.2 缩放视图

除了实时缩放和平移视图之外，AutoCAD 还提供了多种缩放视图的工具和相关菜单，这些功能按钮和菜单位于图 2-41 所示的【视图】/【缩放】下一级菜单和图 2-42 所示的【缩放】工具栏中。

下面继续对这些功能按钮和相关菜单进行详细讲解。

图 2-41 【缩放】菜单

图 2-42 【缩放】工具栏

1. 窗口缩放

【窗口缩放】功能🔍用于在需要缩放显示的区域内拉出一个矩形框，如图 2-43 所示，将位于框内的图形放大显示在视图内，如图 2-44 所示。当选择框的宽高比与绘图区的宽高比不同时，AutoCAD 将使用选择框宽与高中相对当前视图放大倍数的较小者，以确保所选区域都能显示在视图中。

图 2-43 窗口选择框

图 2-44 窗口缩放结果

2. 比例缩放

【比例缩放】功能 用于按照输入的比例参数调整视图，视图被比例调整后，中心点保持不变。在输入比例参数时，有以下 3 种情况：

- ◆ 第一种情况就是直接在命令行内输入数字，表示相对于图形界限的倍数；
- ◆ 第二种情况就是在输入的数字后加字母 X，表示相对于当前视图的缩放倍数；
- ◆ 第三种情况是在输入的数字后加字母 XP，表示系统将根据图纸空间单位确定缩放比例。

通常情况下，相对于视图的缩放倍数比较直观，较为常用。

3. 动态缩放

【动态缩放】功能 用于动态地浏览和缩放视图，此功能常用于观察和缩放比例比较大的图形。激活该功能后，屏幕将临时切换到虚拟显示屏状态，此时屏幕上显示 3 个视图框，如图 2-45 所示。

图 2-45 动态缩放工具的应用

- ◆ "图形范围或图形界限"视图框是一个蓝色的虚线方框，该框显示图形界限和图形范围中较大的一个。
- ◆ "当前视图框"是一个绿色的线框，该框中的区域就是在使用这一选项之前的视图区域。
- ◆ 以实线显示的矩形框为"选择视图框"，该视图框有两种状态，一种是平移视图框，其大小不能改变，只可任意移动；另一种是缩放视图框，它不能平移，但可调节大小。可用鼠标左键在两种视图框之间切换。

小技巧：如果当前视图与图形界限或视图范围相同，蓝色虚线框便与绿色虚线框重合。平移视图框中有一个"×"号，它表示下一视图的中心点位置。

4. 中心缩放

【中心缩放】功能 用于根据所确定的中心点调整视图。当激活该功能后，用户可直接用鼠标在屏幕上选择一个点作为新的视图中心点，确定中心点后，AutoCAD 要求用户输入放大系数或新视图的高度，具体有两种情况：

- ◆ 第一，直接在命令行输入一个数值，系统将以此数值作为新视图的高度，调整视图；
- ◆ 第二，如果在输入的数值后加一个×，则系统将其看作视图的缩放倍数。

5. 缩放对象与全部缩放

【缩放对象】功能 用于最大限度地显示当前视图内选择的图形，使用此功能可以缩放单个对象，也可以缩放多个对象。

而【全部缩放】功能 用于按照图形界限或图形范围的尺寸，在绘图区域内显示图形。图形界限与图形范围中哪个尺寸大，便由哪个决定图形显示的尺寸。

6. 缩放范围与放大和缩小

【范围缩放】功能 用于将所有图形全部显示在屏幕上，并最大限度地充满整个屏幕，此种选择方式与图形界限无关。而【放大】功能 用于将视图放大一倍显示，【缩小】功能 用于将视图缩小一倍显示。连续单击按钮，可以成倍地放大或缩小视图。

7. 视图的恢复

当视图被缩放或平移后，以前视图的显示状态会被 AutoCAD 自动保存起来，使用软件中的【缩放上一个】功能 可以恢复上一个视图的显示状态，如果用户连续单击该工具按钮，系统将连续地恢复视图，直至退回到前 10 个视图。

2.4 坐标点的精确输入

坐标点的精确输入功能是精确绘图的关键，这一节继续学习坐标点的几种精确输入技能，具体有绝对直角坐标、绝对极坐标、相对直角坐标和相对极坐标 4 种。

2.4.1 绝对点的坐标输入

绝对点的坐标输入功能，指的是以坐标系原点（0,0）作为参考点，进行定位所有点的。此种输入方式又分为绝对直角坐标和绝对极坐标两种。需要注意的是，在使用绝对坐标输入法绘图时，一定要关闭状态栏上的"动态输入"功能 。

1. 绝对直角坐标

绝对直角坐标是以坐标系原点（0,0）作为参考点定位其他点的。其表达式为 **(x,y,z)**，用户可以直接输入该点的 x、y、z 绝对坐标值来表示点。见图 2-46 中的 A 点、B 点和 D 点。在点 A（4,7）中，4 表示从 A 点向 x 轴引垂线，垂足与坐标系原点的距离为 4 个单位；7 表示从 A 点向 y 轴引垂线，垂足与原点的距离为 7 个单位。

> **小技巧**：在默认设置下，当前视图为正交视图，用户在输入坐标点时，只需输入点的 x 坐标和 y 坐标值即可。在输入点的坐标值时，其数字和逗号应在英文 En 方式下进行，坐标中 x 和 y 之间必须以逗号分割，且标点必须为英文标点。

下面通过绘制 100×50 的长方形图形的实例，学习绝对直角坐标的输入功能。

【任务 7】使用绝对直角坐标的输入功能绘制 100×50 的长方形图形。

Step 1　首先新建公制单位空白文件。

Step 2　关闭状态栏上的【动态输入】功能。

Step 3　执行菜单栏中的【绘图】/【直线】命令，使用绝对直角坐标输入功能矩形。命令行操作如下。

命令：_line
　　指定第一点：　　　　　　　//0,0 Enter
　　指定下一点或[放弃(U)]：//100,0 Enter
　　指定下一点或[放弃(U)]：//100, 50 Enter
　　指定下一点或[闭合(C)/放弃(U)]：
　　//0,50 Enter
　　指定下一点或[闭合(C)/放弃(U)]：//c Enter，
　　完成矩形的绘制，结果如图 2-47 所示

2. 绝对极坐标

绝对极坐标也是以坐标系原点作为参考点，通过某点相对于原点的极长和角度来定义点的。其表达式为（L<α），L 表示某点和原点之间的极长，即长度；α 表示某点连接原点的边线与 x 轴的夹角。

图 2-46 中的 C（6<30）点就是用绝对极坐标表示的，6 表示 C 点和原点连线的长度，30 度表示 C 点和原点连线与 x 轴的正向夹角。

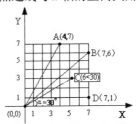

图 2-46　坐标系示例

> **小技巧**：在默认设置下，AutoCAD 是以逆时针来测量角度的。水平向右为 0° 方向，90° 垂直向上，180° 水平向左，270° 垂直向下。

下面继续通过绘制边长为 100，角度为 60° 的正三角形图形的实例，学习绝对直角坐标的输入功能。

【任务 8】使用绝对极坐标的输入功能绘制边长为 100，角度为 60° 的正三角形图形。

Step 1 首先新建公制单位空白文件。

Step 2 执行菜单栏中的【绘图】/【直线】命令，使用绝对坐标输入功能矩形。命令行操作如下。

命令: _line

  指定第一点: //0,0 Enter

  指定下一点或[放弃(U)]: // 100<0 Enter

  指定下一点或[放弃(U)]: // 100<60 Enter

  指定下一点或[闭合(C)/放弃(U)]: //c Enter，

完成正三角形的绘制，结果如图 2-48 所示。

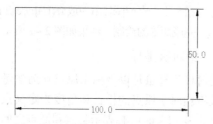

图 2-47　绘制结果

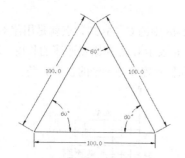

图 2-48　正三角形图形

2.4.2　相对点的坐标输入

  由于绝对坐标点都是以原点作为参考点进行定位的，这就决定了需要输入的点必须与原点有明确的参数关系，否则就不能使用绝对坐标表示点。但是在实际的绘图过程中，并不是所有点都与原点有明确的参数关系，为了弥补绝对坐标点的这一缺陷，AutoCAD 又为用户提供了相对坐标点的输入功能。

  相对坐标点是以任意点作为参考点，定位其他的点。在实际的绘图过程中，经常使用上一点作为参考点。相对坐标点又分为相对直角坐标和相对极坐标两种。

1．相对直角坐标

  相对直角坐标点指的是某一点相对于参照点的 x 轴、y 轴和 z 轴 3 个方向上的坐标差。其表达式为（$@x,y,z$）。在输入相对坐标点时，需要在坐标前加符号"@"，表示相对于。

  小技巧：在实际绘图中，用户经常把上一点看作参照点，后续绘图操作都是相对于上一点进行的，这样便于点的定位。

  在图 2-46 的坐标系中，如果以 A 点作为参照点，使用相对直角坐标表示 B 点，那么 B 点坐标为"@3,–1"。其中，B 点的 x 轴坐标值相对于 A 点增加了（7–4=3）个坐标单位，y 轴坐标值相对于 A 点增加了（6–7=–1）个坐标单位。

  下面继续通过绘制 100×50 的长方形图形的实例，学习相对直角坐标点的输入技能。

  【任务 9】使用相对直角坐标的输入功能绘制 100×50 的长方形图形。

  Step 1 首先新建公制单位空白文件。

  Step 2 执行菜单栏中的【绘图】/【直线】命令，使用相对直角坐标输入功能矩形。命令行操作如下。

命令: _line

  指定第一点: //在绘图区拾取一点作为起点

  指定下一点或[放弃(U)]: // @100,0 Enter

  指定下一点或[放弃(U)]: // @0,50 Enter

  指定下一点或[闭合(C)/放弃(U)]:

  // @-100,0 Enter

  指定下一点或[闭合(C)/放弃(U)]: //c Enter，

完成矩形的绘制，结果如图 2-49 所示。

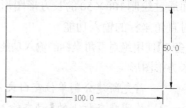

图 2-49　绘制结果

2. 相对极坐标点的输入

相对极坐标就是使用某点相对于参照点的极长距离和偏移角度来表示的，其表达式为（@L<α），其中 L 为极长，表示目标点与参照点之间的距离；α 表示角度，表示目标点与参照点连线与坐标系 x 轴的正方夹角。

图 2-46 的坐标系中，如果以 D 点作为参照点，使用相对极坐标表示 B 点，那么 B 点坐标为"@6<90"。其中，B 点与 D 点之间的距离为 6 个单位，线段 BD 和 x 轴正向夹角为 90°。

> **小技巧：** 如果开启状态栏上的【动态输入】功能，对于第二点和后续输入的点，系统都自动以相对坐标点标示，即在坐标值前自动加入一个@符号。如果用户使用绝对坐标点的输入功能定位点，需要将【动态输入】功能关闭。控制此功能的功能键为 F12。

下面继续通过绘制边长为 100，角度为 60°的正三角形图形的实例，学习相对极坐标点的输入功能。

【任务 10】 使用相对极坐标的输入功能绘制边长为 100，角度为 60°的正三角形图形。

Step 1　首先新建公制单位空白文件。

Step 2　执行菜单栏中的【绘图】/【直线】命令，使用相对极坐标输入功能矩形。命令行操作如下。

```
命令: _line
    指定第一点:                    //在绘
图区拾取一点作为起点
    指定下一点或[放弃(U)]: //输入@100<
0 Enter
    指定下一点或[放弃(U)]: //输入@100<
120 Enter
    指定下一点或[闭合(C)/放弃(U)]:  // cEnter,
    完成绘制，结果如图 2-50 所示
```

通过以上操作可以看出，相同尺寸的图形，可以采用不同的坐标输入法进行绘制，因此，在实际工程图的绘制过程中，要根据具体情况，选择合适的坐标输入法。

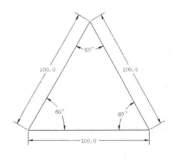

图 2-50　正三角形图形

2.5 上机实训

2.5.1 【实训 1】绘制双扇立面窗

1. 实训目的

本实训要求绘制双扇立面图，通过本例的操作熟练掌握绘图单位的设置、视图的缩放、视图的调控以及坐标点的精确输入等技能，具体实训目的如下。

- ◆ 掌握绘图单位、图形界限的设置技能和方法。
- ◆ 掌握坐标的精确输入技能。
- ◆ 掌握图形文件的存储技能。

2. 实训要求

首先创建绘图文件，并设置视图高度，然后设置捕捉与追踪模式，并使用【直线】命令配合坐标精确输入功能绘制图形。在具体的绘制过程中，用户可结合前面讲解的相关知识，使用不同的坐标输入功能进行练习。本例最终效果如图 2-51 所示。

图 2-51　双扇立面窗

具体要求如下。

（1）启动 AutoCAD 程序，并新建公制单位的空白文档。

（2）设置图纸高度、捕捉模式与追踪模式，使其满足绘图要求。

（3）根据图形相关尺寸要求，绘制完成双扇窗立面图。

（4）将绘制的图形命名保存。

3. 完成实训

效果文件：	效果文件\第 2 章\ "双扇立面窗.dwg"
视频文件：	视频文件\第 2 章\ "双扇立面窗.avi"

Step 1　单击【快速访问】工具栏上的 按钮，新建绘图文件。

Step 2　执行菜单栏中的【视图】/【缩放】/【中心】命令，将视图高度调整为 1000 个单位。命令行操作如下。

命令:'_zoom

　　指定窗口的角点，输入比例因子 (nX 或 nXP)，或者[全部(A)/中心(C)/动态(D)/范围(E)/上一个(P)/比例(S)/窗口(W)/对象(O)] <实时>: _c

　　指定中心点:　　//在绘图区拾取一点

　　输入比例或高度 <1040.6382>: //1000 Enter

Step 3　执行菜单栏中的【工具】/【草图设置】命令，在打开的对话框中启用并设置捕捉和追踪模式，如图 2-52 所示。

Step 4　展开【极轴追踪】选项卡，设置极轴角并启用【极轴追踪】功能。

Step 5　执行菜单栏中的【绘图】/【直线】命令，配合【极轴追踪】功能绘制玻璃橱柜的外框轮廓线。命令行操作如下。

命令:_line

　　指定第一点:　　　　//在左下侧拾取一点作为起点

　　指定下一点或[放弃(U)]: //水平向右引出图 2-53 所示的极轴追踪虚线，然后输

入 860 Enter

指定下一点或[放弃(U)]:　　　　//垂直向上引出图 2-54 所示的极轴追踪虚线，然后输入 700 Enter

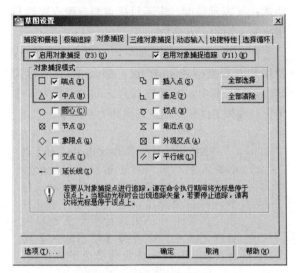

图 2-52　设置捕捉模式

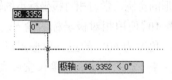

图 2-53　引出 0° 矢量

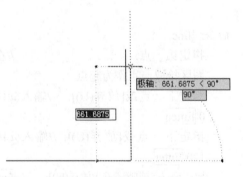

图 2-54　引出 90° 矢量

指定下一点或[闭合(C)/放弃(U)]: //水平向左引出图 2-55 所示的极轴追踪虚线，然后输入 860 Enter

指定下一点或 [闭合 (C)/ 放弃 (U)]:
//c Enter，闭合图形，结果如图 2-56
所示

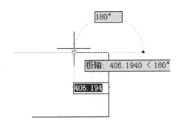

图 2-55　引出 180° 矢量

图 2-56　绘制结果

Step 6　按下 F8 功能键，打开状态栏上的
【正交模式】功能。

Step 7　执行菜单栏中的【绘图】/【直线】
命令，配合【正交模式】和【对象捕捉】等功能
绘制内框轮廓。命令行操作如下。

命令: _line

　　指定第一点:　　　　//按住 Shift 键
　　单击鼠标右键，选择【自】选项
　　_from 基点:　　　　//捕捉外框的左
　　下角点作为偏移基点
　　<偏移>:　　　　//@30,30 Enter
　　指定下一点或[放弃(U)]:　//向右引
　　出 0° 的方向矢量，输入 370 Enter
　　指定下一点或[放弃(U)]:　//向上引
　　出 270° 方向矢量，输入 640 Enter
　　指定下一点或[闭合(C)/放弃(U)]: //向左
　　引出 180°方向矢量，输入 370 Enter
　　指定下一点或 [闭合 (C)/ 放弃
　　(U)]:　　　　//c Enter

命令:　// Enter，重复执行命令

LINE 指定第一点:　　//激活【捕捉自】
功能
　_from 基点:　　　　//捕捉外框的右下
角点
　<偏移>:　　　　//@-30,30 Enter
　指定下一点或[放弃(U)]:　//向左引出
　180°方向矢量，输入 370 Enter
　指定下一点或[放弃(U)]:　//向上引出
　90°方向矢量，输入 640 Enter
　指定下一点或 [闭合 (C)/ 放弃 (U)]:
　//向右引出 0°方向矢量，输入 370 Enter
　指定下一点或 [闭合 (C)/ 放弃 (U)]:
　//c Enter，绘制结果如图 2-57 所示

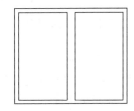

图 2-57　绘制内框

Step 8　重复执行【直线】命令，配合中
点捕捉功能绘制两扇橱柜的对齐线。命令行操作
如下。

命令:　　　　　　　　// Enter，
　　重复执行画线命令
　LINE 指定第一点:　　　//捕捉外框
　上侧水平边中点
　指定下一点或[放弃(U)]:　//捕捉外框
　下侧水平边中点
　指定下一点或[放弃(U)]:　// Enter，绘
制结果如图 2-58 所示

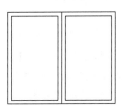

图 2-58　绘制结果

Step 9 加载线型。执行菜单栏中的【格式】/【线型】命令，加载名为 DASHDE 的线型，并设置此线型为当前线型、设置线型比例为 3，如图 2-59 所示。

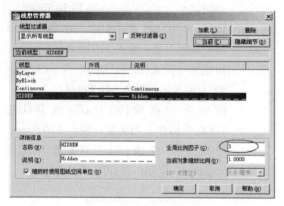

图 2-59 设置线型

Step 10 设置颜色。执行菜单栏中的【格式】/【颜色】命令，将当前颜色设置为"红色"。

Step 11 使用快捷键"L"激活【直线】命令，配合中点捕捉功能绘制开启方向线。命令行操作如下。

命令：_line
　　指定第一点： //捕捉
　　左侧外轮廓线的中点
　　指定下一点或[放弃(U)]： //捕捉
　　下侧外轮廓线的中点
　　指定下一点或[放弃(U)]： //捕捉
　　右侧外轮廓线的中点
　　指定下一点或[闭合(C)/放弃(U)]： //捕捉
　　上侧外轮廓线的中点
　　指定下一点或[闭合(C)/放弃(U)]：
　　//C Enter，闭合图形，绘制结果如图 2-60 所示

Step 12 展开【颜色控制】下拉列表，将当前颜色设置为"随层"；展开【线型控制】下拉列表，将当前线型设置为"随层"。

Step 13 绘制玻璃示意线。使用【直线】命令，配合平行线捕捉功能，在平行线方向上捕捉点，绘制三条倾斜相互平行的直线作为玻璃示意线，结果如图 2-61 所示。

Step 14 最后执行【保存】命令，将图形命名存储为"双扇立面窗.dwg"。

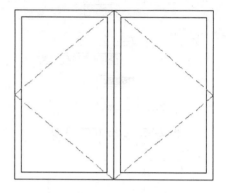

图 2-60 绘制方向线

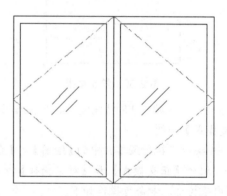

图 2-61 绘制结果

2.5.2 【实训 2】绘制 4 号图框

1. 实训目的

本实训要求绘制 4 号图框，通过本例的操作熟练掌握图形界限的设置、视图的缩放、调控以及绝对坐标输入技能，具体实训目的如下。

● 掌握绘图界限的设置技能和方法。
● 掌握绝对坐标输入技能。
● 掌握图形文件的存储技能。

2. 实训要求

首先创建绘图文件，并设置图形界限，然后设置捕捉与追踪模式，并使用【直线】命令配合绝对坐标输入功能绘制图形。在具体的绘制过程

中，用户还可以结合前面讲解的相关知识，使用其他坐标输入功能进行练习。本例最终效果如图2-62 所示。

具体要求如下。

（1）启动 AutoCAD 程序，并新建公制单位的空白文档。

（2）设置图形界限、捕捉模式与追踪模式，使其满足绘图要求。

（3）根据 1 号图框尺寸要求，绘制完成 4 号图框。

（4）将绘制的图形命名保存。

3. 完成实训

效果文件：	效果文件\第 2 章\ "4 号图框.dwg"
视频文件：	视频文件\第 2 章\ "4 号图框.avi "

Step 1　单击【快速访问】工具栏 按钮，激活【新建】命令，打开【选择样板】对话框。

Step 2　在对话框中选择 "acad.dwt" 样板，然后单击 打开(O) 按钮，以此样板文件作为基础样板，新建空白文件。

Step 3　单击状态栏上的 按钮，或按 F12 功能键，关闭状态栏上的【动态输入】功能。

Step 4　单击【标准】工具栏上的 按钮，激活【实时平移】功能，将光标绘图区的右上方进行平移，结果如图 2-63 所示。

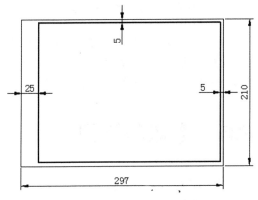

图 2-62　4 号图框

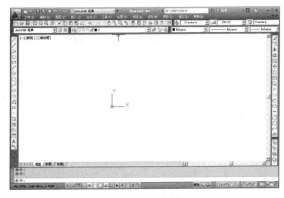

图 2-63　平移结果

> **提示：** 平移视图的目的就是为了让坐标系图标处在原点位置上，便于直观地定位点。此时在坐标系图标内出现一个 "+" 符号。

Step 5　执行菜单栏中的【绘图】/【直线】命令，或单击【绘图】工具栏 按钮，激活【直线】命令，配合绝对直角坐标点的定位功能，绘制 4 号图纸的外框。命令行操作如下。

命令: _line

指定第一点:　　　　　　//0,0 Enter，以原点作为起点

指定下一点或[放弃(U)]: //297,0 Enter，输入第二点的绝对直角坐标

指定下一点或 [放弃 (U)]: //297,210 Enter，输入第三点的绝对直角坐标

指定下一点或 [闭合 (C)/ 放弃 (U)]: //0,210 Enter，输入第四点的绝对直角坐标

指定下一点或 [闭合 (C)/ 放弃 (U)]: //C Enter，激活 "闭合" 选项功能，绘制结果如图 2-64 所示

Step 6　在命令行输入 "UCS" 并按 Enter 键，以创建新的用户坐标系。命令行操作如下。

命令: ucs　　　　　　　　// Enter，激活【UCS】命令

当前 UCS 名称: *世界*

指定 UCS 的原点或[面(F)/命名(NA)/对象 (OB)/ 上 一 个 (P)/ 视 图 (V)/ 世 界

(W)/X/Y/Z/Z 轴(ZA)] <世界>: //m Enter
指定新原点或[Z 向深度(Z)] <0,0,0>:
//25,5 Enter，结果如图 2-65 所示

图 2-64　绘制外框

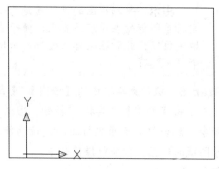

图 2-65　定义用户坐标系

Step 7　执行菜单栏中的【格式】/【线宽】
命令，在打开的【线宽设置】对话框中启用线宽
的显示功能，并设置当前的线宽参数，如图 2-66
所示。

Step 8　在命令行输入 "Line"，按 Enter 键，
配合绝对直角坐标输入法绘制 4 号图纸的内框。
命令行操作如下。

命令: line　　　　//Enter，激活【直线】命令
　　指定第一点：//0,0 Enter，定位起点
　　指定下一点或[放弃(U)]：//267,0 Enter，
　　输入第二点绝对直角坐标
　　指定下一点或[放弃(U)]：//267,200 Enter，
　　输入第三点绝对直角坐标
　　指 定 下 一 点 或 [闭 合 (C)/ 放 弃 (U)]：
　　//0,200 Enter，输入第四点绝对直角坐标
　　指定下一点或[闭合(C)/放弃(U)]: //c Enter，
　　闭合图形，绘制结果如图 2-67 所示

Step 9　执行菜单栏中的【视图】/【显示】
/【UCS 图标】/【开】命令，关闭坐标系图标的显
示，结果如图 2-68 所示。

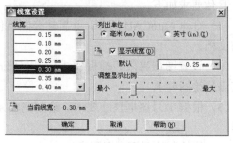

图 2-66　【线宽设置】对话框

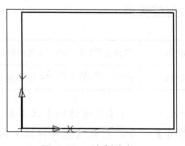

图 2-67　绘制内框

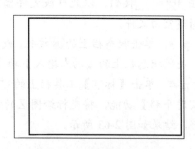

图 2-68　隐藏坐标系图标

Step 10　最后执行菜单【文件】/【保存】
命令，或单击【快速访问】工具栏上的 📄 按钮，
将图形命名存盘为 "4 号图框.dwg" 文件。

▌2.6▌ 上机与练习

1. 填空题

（1）为了精确定位图形点，AutoCAD 为用户

提供了点的坐标输入功能，具体有（　　）、（　　）、（　　）以及（　　）等 4 种。

（2）根据图形特征点的不同，AutoCAD 又为用户提供了 13 种对象捕捉功能，这些捕捉功能分为（　　）和（　　）两种情况，用户可以通过对话框或菜单快速启用这些捕捉功能。

（3）除点的坐标输入和对象捕捉等功能之外，AutoCAD 还提供了点的追踪功能，以方便追踪定位特征点之外的目标点，常用的追踪功能有（　　）、（　　）、（　　）3 种。

（4）使用（　　）命令可以设置绘图的区域；使用（　　）命令可以设置绘图单位以及单位的精度。

（5）如果将文件中的所有图形最大化显示在屏幕上，则可以使用（　　）功能；如果将某一个图形最大化显示，则可以使用（　　）功能。

2．实训操作题

绘制如图 2-69 所示的矮柜立面图。

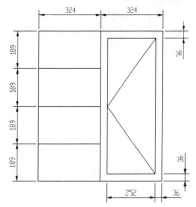

图 2-69　实训操作题

第**3**章

建筑设计从基本图形开始

📖 学习目标

本章主要学习 AutoCAD 建筑设计中基本图形的绘制、复合图形的绘制以及图形的基本编辑技能，主要内容包括绘制点、绘制线、绘制矩形、绘制多边形、绘制圆等闭合图形，以及复制图形、镜像图形、偏移图形、阵列图形、延伸、修剪图线、倒角、圆角图线、拉长、拉伸图线、缩放、旋转、打断、合并、移动、分解等图形的基本编辑技巧，为以后绘制建筑设计图纸奠定基础。

📖 学习重点

掌握线、矩形、圆、多边形等基本图形的绘制，以及复制、镜像、阵列延伸、修剪、倒角、圆角、拉伸、拉长、打断、偏移、分解等图形的编辑技能。

📖 主要内容

- ◆ 绘制点、线等基本图元
- ◆ 绘制矩形、多边形、圆等闭合图元
- ◆ 复制、镜像、偏移、阵列图形
- ◆ 打断、延伸、倒角、圆角图线
- ◆ 分解、移动、缩放、旋转图形

3.1 绘制基本图形

无论是简单的建筑构件，还是复杂的建筑工程图，都是在基本图形元素，如点、线、圆、弧等的基础上，根据设计要求，通过修改和完善而最终成图的。所以要想绘制一幅完整的建筑施工图纸，就必须了解和掌握基本图形的绘制技能，这一节就来学习这些基本图形的绘制技能。

3.1.1 绘制点图元

在 AutoCAD 中，点也是一个基本图元对象，常用于在图线上添加等分标记，在 AutoCAD 建筑装饰工程制图中，点可以充当灯具使用，下面学习绘制点图元的方法。

1. 设置点样式

系统默认下，点是一个小点来显示的，在绘制点图元时，首先需要根据绘图需要设置点样式，AutoCAD 提供了多种点样式供用户选择，当用户选择了某个点样式后，绘制的点图元就会以当前的点样式显示。

【任务1】设置点样式。

Step 1　执行菜单栏中的【格式】/【点样式】命令，打开【点样式】对话框，如图 3-1 所示。

Step 2　从对话框中可以看出，AutoCAD 共为用户提供了 20 种点样式。

Step 3　在所需样式上单击鼠标左键，例如单击 "⊗" 点样式，将该点样式设置为当前点样式。

图 3-1　设置点参数

图 3-2　绘制单点

Step 4　在【点大小】文本框内输入点的大小尺寸。

Step 5　【相对于屏幕设置尺寸】选项表示按照屏幕尺寸的百分比显示点。

Step 6　【用绝对单位设置尺寸】选项表示按照点的实际尺寸来显示点。

Step 7　设置完成之后，单击 确定 按钮关闭该对话框，绘制的点就会以当前选择的点样式显示，如图 3-2 所示。

2. 绘制单点

【单点】命令用于绘制单个点对象。执行此命令后，单击鼠标左键或输入点的坐标，即可绘制单个点，然后系统会自动结束命令。执行【单点】命令主要有以下几种方式：

- ◆ 执行菜单栏中的栏【绘图】/【点】/【单点】命令；
- ◆ 在命令行输入 Point 或 PO；

执行此命令后，在绘图区单击鼠标左键，即可绘制单点，点就会以当前选择的点样式进行显示，如上图 3-2 所示，需要说明的是，执行【单点】命令后，只能绘制一个点图元，如果要绘制多个点图元，则需要多次执行该命令，或使用【多点】命令进行绘制。

3. 绘制多点

【多点】命令可以连续地绘制多个点对象，直至按下 Esc 键为止。执行【多点】命令主要有以下几种方式：

- ◆ 执行菜单栏中的【绘图】/【点】/【多点】命令；
- ◆ 单击【绘图】工具栏或面板上的 · 按钮。

执行此命令后，在绘图区连续单击鼠标左键，即可绘制多个点图元，绘制的点就会以当前选择的点样式显示，如上图 3-2 所示，如果要结束多点的绘制，可以按键盘上的 Esc 键结束。

4. 使用点定数等分图线

【定数等分】命令用于将图形按照指定的等分数目进行等分，并在等分点处放置点标记符号。执行【定数等分】命令主要有以下几种方式：

◆ 执行菜单栏中的【绘图】/【点】/【定数等分】命令；

◆ 单击【常用】选项卡中【绘图】面板上的按钮；

◆ 在命令行输入 Divide 或 DIV。

下面通过将长度为 100 的水平线段等分为 5 份的实例，学习定数等分图线的方法。

【任务 2】定数等分图线。

Step 1 新建空白文件。

Step 2 使用快捷键 L 激活【直线】命令，绘制长度为 100 的水平线段，命令行操作如下。

```
命令: _line
    指定第一个点:          //在绘图区拾取一点
    指定下一点或[放弃(U)]:  // @100,0 Enter
    指定下一点或[放弃(U)]:  // Enter
```

Step 3 执行菜单栏中的【绘图】/【点】/【定数等分】命令，对绘制的水平线段进行等分。命令行操作如下。

```
命令: _divide
    选择要定数等分的对象:      //单击刚绘制的线段
    输入线段数目或[块(B)]:    //5 Enter，等分结果如图 3-3 所示
```

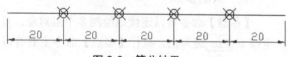

图 3-3 等分结果

> **小技巧**：对象被等分以后，并没有在等分点处断开，而是在等分点处放置了点的标记符号。另外，使用命令中的【块】选项功能，可以在对象等分点处放置事先定制好的内部图块。

5. 使用点定距等分图线

【定距等分】命令用于将图形按照指定的等分间距进行等分，并在等分点处放置点标记符号。执行【定距等分】命令主要有以下几种方式：

◆ 执行菜单栏中的【绘图】/【点】/【定距等分】命令；

◆ 单击【常用】选项卡中【绘图】面板上的按钮；

◆ 在命令行输入 Measure 或 ME。

下面通过将长度为 100 的线段定距等分为 4 段的实例，学习定距等分图线的方法。

【任务 3】定距等分图线。

Step 1 新建空白文件。

Step 2 使用快捷键 L 激活【直线】命令，绘制长度为 100 的水平线段，命令行操作如下。

```
命令: _line
    指定第一个点:          //在绘图区拾取一点
    指定下一点或[放弃(U)]:  // @100,0 Enter
    指定下一点或[放弃(U)]:  //Enter
```

Step 3 执行菜单栏中的【绘图】/【点】/【定距等分】命令，将该水平线定距等分。命令行操作如下。

```
命令: _measure
    选择要定距等分的对象:      //在绘制的线段左侧单击鼠标左键
    指定线段长度或[块(B)]:    //25 Enter，等分结果如图 3-4 所示
```

图 3-4 等分结果

> **提示**：在选择等分对象时，鼠标单击的位置，即是对象等分的起始位置，单击的位置不同，等分结果也不同。

3.1.2 绘制线图元

在 AutoCAD 中，线图元包括直线、多线、多

段线、构造线、样条曲线等，这些线图元是组成图形的基本单元，这一节继续学习线图元的绘制方法和技巧。

1. 绘制直线

【直线】命令是最简单、最常用的一个绘图工具，常用于绘制闭合或非闭合图线。执行此命令主要有以下几种方式：

- ◆ 执行菜单栏中的【绘图】/【直线】命令；
- ◆ 单击【绘图】工具栏或【面板】上的　按钮；
- ◆ 在命令行输入 Line 或 L。

执行【直线】命令后，命令行操作如下。

命令：_line

指定第一点：　　　　//拾取一点或输入点的起点坐标

指定下一点或[放弃(U)]：　//输入下一点坐标 Enter

指定下一点或[放弃(U)]：　　//输入下一点坐标 Enter

指定下一点或[闭合(C)/放弃(U)]：// Enter，结束直线的绘制

如果要绘制闭合的图形对象，在命令行"指定下一点或[闭合(C)/放弃(U)]："提示下输入 C，按 Enter 键，激活【闭合】选项，即可绘制首尾相连的闭合图线。

2. 绘制多线

【多线】命令用于绘制两条或两条以上的平行元素构成的复合线对象。执行【多线】命令主要有以下几种方式：

- ◆ 执行菜单栏中的【绘图】/【多线】命令；
- ◆ 在命令行输入 Mline 或 ML。

下面通过绘制多线的实例，学习【多线】命令的执行方法。

【任务 4】绘制长度为 500、宽度为 40 的多线。

Step 1　新建空白文件。

Step 2　直线菜单栏中的【绘图】/【多线】命令，命令行操作如下。

命令：_mline

当前设置:对正=上,比例=20.00,样式 = STANDARD

指定起点或[对正(J)/比例(S)/样式(ST)]：//s Enter，激活【比例】选项

输入多线比例<20.00>：　　//40 Enter,设置多线比例

当前设置: 对正=上,比例=50.00,样式 = STANDARD

指定起点或[对正(J)/比例(S)/样式(ST)]：//在绘图区拾取一点作为起点

指定下一点：　　　　//@500,0 Enter

指定下一点或[放弃(U)]：// Enter，绘制结果如图 3-5 所示

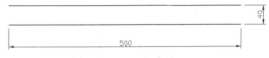

图 3-5　绘制多线

- ◆ 【比例】选项用于设置多线的比例，即多线宽度。另外，如果用户输入的比例值为负值，这多条平行线的顺序会产生反转。
- ◆ 【对正】选项用于设置多线的对正方式，AutoCAD 共提供了 3 种对正方式，即上对正、下对正和中心对正，如图 3-6 所示。

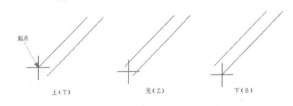

图 3-6　多线的对正方式

3. 设置多线样式

默认多线样式只能绘制由两条平行元素构成的多线，如果需要绘制其他样式的多线时，可以使用【多线样式】命令进行设置。

【任务 5】设置多线样式。

Step 1　执行菜单栏中的【格式】/【多线样

式】命令，或使用命令表达式 Mlstyle 激活【多线样式】命令，打开如图 3-7 所示的【多线样式】对话框。

Step 2 单击【多线样式】对话框中的 新建(N)... 按钮，在打开的【创建新的多线样式】对话框中为新样式命名，如图 3-8 所示。

图 3-7 【多线样式】对话框

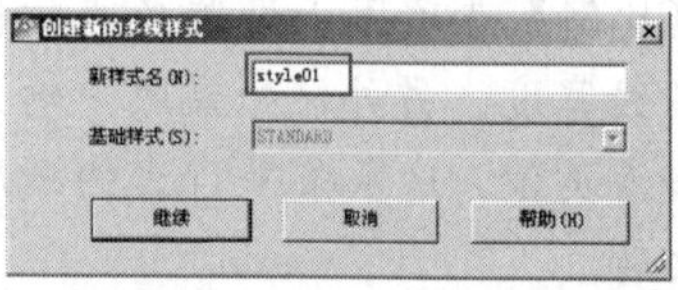

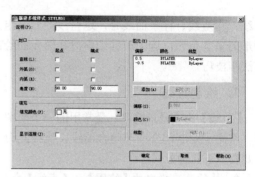

图 3-9 【创建新的多线样式】对话框

图 3-10 添加多线元素

图 3-8 【创建新的多线样式】对话框

Step 3 在【创建新的多线样式】对话框中单击 继续 按钮，打开如图 3-9 所示的【创建新的多线样式】对话框。

Step 4 单击 添加(A) 按钮，添加一个 0 号元素，并设置元素颜色为红色，如图 3-10 所示。

Step 5 单击 线型(Y)... 按钮，在打开的【选择线型】对话框中单击 加载(L)... 按钮，在打开的【加载或重载线型】对话框中选择图 3-11 所示的线型。

Step 6 单击 确定 按钮，结果线型被加载到【选择线型】对话框内，如图 3-12 所示。

Step 7 选择加载的线型，单击 确定 按钮，将此线型赋给刚添加的多线元素，结果如图 3-13 所示。

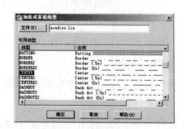

图 3-11 选择线型

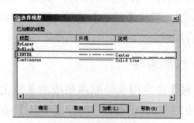

图 3-12 加载线型

图 3-13 设置元素线型

Step 8 在左侧【封口】选项组中，设置多线两端的封口形式，如图 3-14 所示。

Step 9　单击 确定 按钮返回【多线样式】对话框，结果新线样式出现在预览框中，如图 3-15 所示。

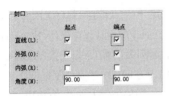

图 3-14　设置多线封口

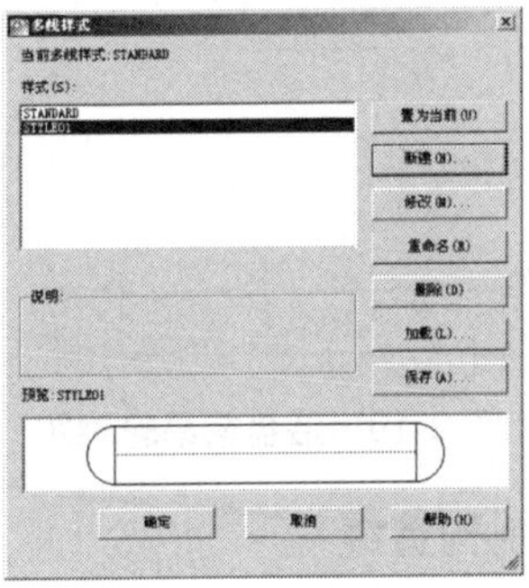

图 3-15　样式效果

Step 10　返回【多线样式】对话框，单击 保存(A)... 按钮，在打开的【保存多线样式】对话框中可以将样新式以"*mln"的格式进行保存，如图 3-16 所示，以方便在其他文件中使用。

Step 11　在【多线样式】对话框中选择设置的多线样式，单击 置为当前(U) 按钮，将其设置为当前样式。

Step 12　使用快捷键"ML"激活【多线】命令，使用当前多线样式绘制一条水平多线，观看其效果，如图 3-17 所示。

图 3-16　样式的设置效果

图 3-17　多线样式示例

4. 绘制多段线

【多段线】命令用于绘制由直线段或弧线段组成的图形，所绘制的多段线可以具有宽度、可以闭合或不闭合，可以为直线段，也可以为弧线段，如图 3-18 所示，无论包含有多少条直线段或弧线段，系统都将其作为一个独立对象。

图 3-18　多段线示例

执行【多段线】命令主要有以下几种方式：

◆　执行菜单栏中的【绘图】／【多段线】命令；

◆　单击【绘图】工具栏或【面板】上的 按钮；

◆　在命令行输入 Pline 或 PL。

下面配合坐标点的输入功能，通过绘制浴盘简易轮廓图，学习【多段线】命令的使用方法和技巧。

【任务 6】绘制浴盘简易轮廓图。

Step 1　执行【新建】命令，新建公制单位绘图文件。

Step 2　执行菜单栏中的【视图】／【缩放】／【中心】命令，将视图高度调整为 1500 个单位。命令行操作如下。

命令:'_zoom

指定窗口的角点,输入比例因子 (nX 或 nXP),或者[全部(A)/中心(C)/动态(D)/范围(E)/上一个(P)/比例(S)/窗口(W)/对象(O)] <实时>: _c

指定中心点:　　　　　　　　//在绘图区

拾取一点

输入比例或高度 <2114.7616>: //1500 Enter

Step 3　单击【绘图】工具栏中的 按钮，激活【多段线】命令，配合坐标输入功能绘制浴盘外轮廓线。命令行操作如下。

命令: _pline

指定起点: //在绘图区拾取一点
作为起点

当前线宽为 0.0000

指定下一个点或[圆弧(A)/半宽(H)/长度
(L)/放弃(U)/宽度(W)]: //@1300,0 Enter

指定下一点或[圆弧(A)/闭合(C)/半宽(H)/
长度(L)/放弃(U)/宽度(W)]: //a Enter

 提示: 激活【圆弧】选项, 可以将
当前画线模式转化为画弧模式, 以绘制
弧线段。

指定圆弧的端点或[角度(A)/圆心(CE)/闭
合(CL)/方向(D)/半宽(H)/直线(L)/半径
(R)/第二个点(S)/放弃(U)/宽度(W)]:
//@800<90 Enter

指定圆弧的端点或[角度(A)/圆心(CE)/闭
合(CL)/方向(D)/半宽(H)/直线(L)/半径
(R)/第二个点(S)/放弃(U)/宽度(W)]:
//l Enter

 提示: 激活【直线】选项, 可以将
当前画弧模式转化为画线模式, 以绘制
直线段。

指定下一点或[圆弧(A)/闭合(C)/半宽(H)/
长度(L)/放弃(U)/宽度(W)]: //@1300<180
Enter

指定下一点或[圆弧(A)/闭合(C)/半宽(H)/
长度(L)/放弃(U)/宽度(W)]: //a Enter

指定圆弧的端点或[角度(A)/圆心(CE)/闭
合(CL)/方向(D)/半宽(H)/直线(L)/半径
(R)/第二个点(S)/放弃(U)/宽度(W)]:
//@-100,-100 Enter

指定圆弧的端点或[角度(A)/圆心(CE)/闭
合(CL)/方向(D)/半宽(H)/直线(L)/半径
(R)/第二个点(S)/放弃(U)/宽度(W)]:
//l Enter

指定下一点或[圆弧(A)/闭合(C)/半宽(H)/
长度(L)/放弃(U)/宽度(W)]: //@0,-600
Enter

指定下一点或[圆弧(A)/闭合(C)/半宽(H)/
长度(L)/放弃(U)/宽度(W)]: //a Enter

指定圆弧的端点或[角度(A)/圆心(CE)/闭合
(CL)/方向(D)/半宽(H)/直线(L)/半径(R)/第
二个点(S)/放弃(U)/宽度(W)]: //cl Enter,
结束命令, 绘制结果如图 3-19 所示

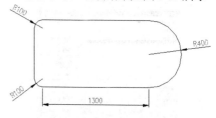

图 3-19 浴盘简易轮廓图

5. 绘制构造线

【构造线】命令用于绘制向两方无限延伸的直线。此种直线通常用作绘图时的辅助线或参照线, 不能作为图形轮廓线的一部分, 但是可以通过修改工具将其编辑为图形轮廓线。

执行【构造线】命令主要有以下几种方式:

◆ 执行菜单栏中的【绘图】/【构造线】命令;

◆ 单击【绘图】工具栏或【面板】上的 按钮;

◆ 在命令行输入 Xline 或 XL。

下面通过绘制图 3-20 所示的构造线, 学习绘制构造线的方法和技巧。

【任务 7】绘制构造线。

Step 1 执行【新建】命令, 新建公制单位绘图文件。

Step 2 执行菜单栏中的【绘图】【构造线】命令, 其命令行操作如下。

命令: _xline

指定点或[水平(H)/垂直(V)/角度(A)/二等
分(B)/偏移(O)]: //在绘图区拾取一点

指定通过点: //@1,0 Enter, 绘制
水平构造线

指定通过点: //@0,1 Enter, 绘制

垂直构造线

指定通过点：　　　//@1<45 Enter，绘制 45 度构造线

指定通过点：　　// Enter，结束命令，绘制结果如图 3-20 所示

- 【水平】选项用于绘制水平构造线。激活该选项后，系统将定位出水平方向矢量，用户只需要指定通过点就可以绘制水平构造线。

- 【垂直】选项用于绘制垂直构造线。激活该选项后，系统将定位出垂直方向矢量，用户只需要指定通过点就可以绘制垂直构造线。

- 【角度】选项用于绘制具有一定角度的倾斜构造线。

- 【二等分】选项用于在角的二等分位置上绘制构造线，如图 3-21 所示。

- 【偏移】选项用于绘制与所选直线平行的构造线，如图 3-22 所示。

图 3-20　绘制构造线

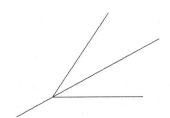

图 3-21　二等分示例

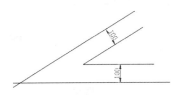

图 3-22　偏移示例

6. 绘制样条曲线

【样条曲线】命令用于绘制由某些数据点拟合而成的光滑曲线，执行【样条曲线】命令主要有以下几种方式：

- 执行菜单栏中的【绘图】/【样条曲线】命令；

- 单击【绘图】工具栏或【面板】上的 ∿ 按钮；

- 在命令行输入 Spline 或 SPL。

下面通过绘制一段样条曲线的实例，学习绘制样条曲线的方法和技巧。

【任务 8】绘制一段样条曲线。

Step 1　执行【新建】命令，新建公制单位绘图文件。

Step 2　执行菜单栏中的【绘图】/【样条曲线】命令，命令行操作过程如下。

命令: _spline

　　　当前设置: 方式=拟合　　节点=弦

　　　指定第一个点或[方式(M)/节点(K)/对象(O)]:　　　//捕捉点 1

　　　输入下一个点或[起点切向(T)/公差(L)]: //捕捉点 2

　　　输入下一个点或[端点相切(T)/公差(L)/放弃(U)/闭合(C)]:　　//捕捉点 3

　　　输入下一个点或[端点相切(T)/公差(L)/放弃(U)/闭合(C)]:　　//捕捉点 4

　　　输入下一个点或[端点相切(T)/公差(L)/放弃(U)/闭合(C)]:　// Enter，结果如图 3-23 所示

- 【节点】选项用于指定节点的参数化，以影响曲线通过拟合点时的形状。

- 【对象】选项用于把样条曲线拟合的多段线转变为样条曲线。

- 【闭合】选项用于绘制闭合的样条曲线。

- 【拟合公差】选项用来控制样条曲线对数据点的接近程度。

- 【方式】选项主要用于设置样条曲线的创建方式，即使用拟合点或使用控制点，两

种方式下样条曲线的夹点示例如图 3-24 所示。

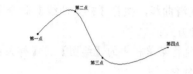

图 3-23 样条曲线示例

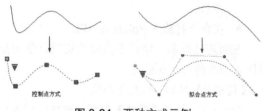

图 3-24 两种方式示例

7. 绘制圆弧

【圆弧】命令是用于绘制弧形曲线的工具，AutoCAD 共提供了 11 种画弧功能，在【绘图】/【圆弧】级联菜单中有画弧的相关命令，如图 3-25 所示。

图 3-25 11 种画弧

执行此命令主要有以下几种方式：

◆ 执行【绘图】/【圆弧】级联菜单中的各命令；

◆ 单击【绘图】工具栏或【面板】上的 按钮；

◆ 在命令行输入 Arc 或 A。

默认设置下的画弧方式为"三点画弧"，用户只需指定 3 个点，即可绘制圆弧。除此之外，其他 10 种画弧方式可以归纳为以下 4 类，具体内容如下所述。

◆ "起点、圆心"画弧方式分为"起点、圆心、

端点"、"起点、圆心、角度"和"起点、圆心、长度" 3 种，如图 3-26 所示。当用户指定了弧的起点和圆心后，只需定位弧端点、或角度、长度等，即可精确画弧。

◆ "起点、端点"画弧方式分为"起点、端点、角度"、"起点、端点、方向"和"起点、端点、半径" 3 种，如图 3-27 所示。当用户指定了圆弧的起点和端点后，只需定位出弧的角度、切向或半径，即可精确画弧。

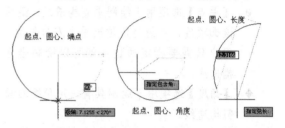

图 3-26 用"起点、圆心"方式画弧

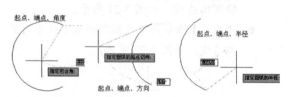

图 3-27 "起点、端点"方式画弧

◆ "圆心、起点"画弧方式分为"圆心、起点、端点"、"圆心、起点、角度"和"圆心、起点、长度" 3 种，如图 3-28 所示。当指定了弧的圆心和起点后，只需定位出弧的端点、角度或长度，即可精确画弧。

◆ 连续画弧。当结束【圆弧】命令后，执行菜单栏中的【绘图】/【圆弧】/【继续】命令，即可进入"连续画弧"状态，绘制的圆弧与前一个圆弧的终点连接并与之相切，如图 3-29 所示。

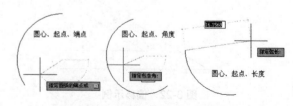

图 3-28 "圆心、起点"方式画弧

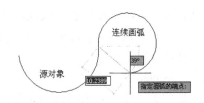

图 3-29　连续画弧方式

3.1.3　绘制闭合图形

闭合图形主要有矩形、圆、椭圆、多边形以及边界等，这些闭合图元也是 AutoCAD 建筑设计中不可缺少的基本图元，这一节继续学习闭合图形的绘制方法和技巧。

1. 绘制圆

AutoCAD 为用户提供了 6 种画圆命令，这些命令都放置在菜单栏【绘图】/【圆】的级联菜单下，如图 3-30 所示，执行这些命令一般有以下几种方式：

图 3-30　6 种画圆方式

◆ 执行菜单栏中【绘图】/【圆】级联菜单中的各种命令；

◆ 单击【绘图】工具栏或【面板】上的 ⊘ 按钮；

◆ 在命令行输入 Circle 或 C。

执行相关命令后，即可绘制圆图形，各种画圆方式如下：

◆ "圆心、半径"画圆方式为系统默认方式，当用户指定圆心后，直接输入圆的半径，即可精确画圆；

◆ "圆心、直径"画圆方式用于输入圆的直径进行精确画圆；

◆ "两点"画圆方式，此方式用于指定圆直径的两个端点，进行精确定圆；

◆ "三点"画圆方式用于指定圆周上的任意

3 个点，进行精确定圆；

◆ "相切、相切、半径"画圆方式用于通过拾取两个相切对象，然后输入圆的半径，即可绘制出与两个对象都相切的圆图形，如图 3-31 所示；

◆ "相切、相切、相切"画圆方式用于绘制与已知的 3 个对象都相切的圆，如图 3-32 所示。

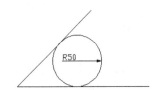

图 3-31　"相切、相切、半径"画圆

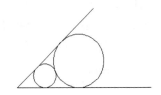

图 3-32　"相切、相切、相切"画圆

2. 绘制椭圆

【椭圆】命令用于绘制由两条不等的轴所控制的闭合曲线，椭圆具有中心点、长轴和短轴等几何特征。执行此命令主要有以下几种方式：

◆ 执行菜单栏中的【绘图】/【椭圆】/【圆心】命令，如图 3-33 所示；

◆ 单击【绘图】工具栏或【面板】上的 ⬯ 按钮；

◆ 在命令行输入 Ellipse 或 EL。

下面通过绘制长度为 150、短轴为 60 的椭圆，学习使用【椭圆】命令。

【任务 9】绘制长度为 150、短轴为 60 的椭圆。

Step 1　执行【新建】命令，新建公制单位绘图文件。

Step 2　执行菜单栏中的【绘图 】/【椭圆】/【圆心】命令，命令后操作过程如下。

Step 3　命令: _ellipse

　　　指定椭圆轴的端点或[圆弧(A)/

中心点(C)]: //拾取一点，定位椭圆轴的一个端点
　　　　　　指定轴的另一个端点://@150,0 Enter
　　　　　　指定另一条半轴长度或[旋转(R)]:
　　　　　　//30 Enter，绘制结果如图3-34所示
　　　　　　除了此方式画椭圆外，另外一种
　　　　　　画椭圆的方式为"中心点"方式，
　　　　　　此种方式需要首先定位椭圆中
　　　　　　心，然后指定椭圆轴的一个端点
　　　　　　和椭圆另一半轴的长度。命令行
　　　　　　操作如下。

命令: _ellipse
　　　　指定椭圆轴的端点或[圆弧(A)/中心点
　　　　(C)]: //C Enter
　　　　指定椭圆的中心点: //捕捉大椭圆的圆心
　　　　指定轴的端点: //@0,30 Enter
　　　　指定另一条半轴长度或[旋转(R)]: //20
　　　　Enter，绘制结果如图3-35所示

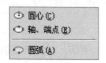

图 3-33 　【椭圆】子菜单

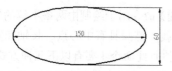

图 3-34 　绘制椭圆

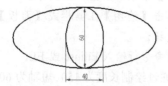

图 3-35 　绘制内部椭圆

3. 绘制矩形

【矩形】命令用于创建4条直线围成的闭合图形，执行此命令主要有以下几种方式:

- 执行菜单栏中的【绘图】/【矩形】命令;
- 单击【绘图】工具栏或【面板】上的 ▭ 按钮;
- 在命令行输入 Rectang 或 REC。

默认设置下画矩形的方式为"对角点"方式，用户只需定位出矩形的两个对角点，即可精确绘制矩形。其命令行操作如下。

命令: _rectang
　　　　指定第一个角点或[倒角(C)/标高(E)/圆
　　　　角(F)/厚度(T)/宽度(W)]: //拾取一点
　　　　指定另一个角点或[面积(A)/尺寸(D)/旋
　　　　转(R)]: //@200,100 Enter，结果如图
　　　　3-36所示

📖 **选项解析**

- 【尺寸】选项用于直接输入矩形的长度和宽度，进行矩形绘制。
- 【倒角】选项用于绘制具有一定倒角的特征矩形，如图3-37所示。
- 【圆角】选项用于绘制圆角矩形，如图3-38所示。在绘制圆角矩形之前，需要事先设置好圆角半径。
- 【厚度】和【宽度】选项用于设置矩形各边的厚度和宽度，以绘制具有一定厚度和宽度的矩形。
- 【标高】选项用于设置矩形在三维空间内的基面高度，即距离当前坐标系的 xoy 坐标平面的高度。

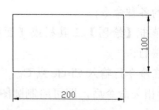

图 3-36 　绘制结果

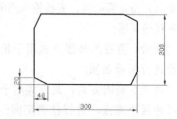

图 3-37 　倒角矩形

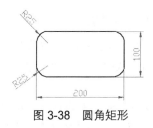

图 3-38　圆角矩形

4. 绘制多边形

【多边形】命令用于绘制等边、等角的封闭几何图形。执行此命令主要有以下几种方式：

◆ 执行菜单栏中的【绘图】/【正多边形】命令；

◆ 单击【绘图】工具栏或【面板】上的 ⬡ 按钮；

◆ 在命令行输入 Polygon 或 PO L。

下面通过绘制边数为 5、外切圆半径为 100 的多边形的实例，学习绘制多边形的方法。

【任务 10】绘制边数为 5、外切圆半径为 100 的多边形。

Step 1　执行【新建】命令，新建公制单位绘图文件。

Step 2　执行菜单栏中的【绘图 】/【多边形】命令，命令后操作过程如下。

命令：_polygon

　　输入边的数目 <4>：//5 Enter，设置正多
　　边形的边数

　　指定正多边形的中心点或[边(E)]：//拾取
　　一点作为中心点

　　输入选项[内接于圆(I)/外切于圆(C)] <I>：
　　//I Enter，激活【内接于圆】选项

　　指定圆的半径：//100Enter，绘制结果
　　如图 3-39 所示

> **小技巧**：当确定了正多边形的边数和中心点之后，使用【外切于圆】选项只需输入正多边形内切圆的半径，就可精确绘制出正多边形。

5. 创建闭合边界

"边界"实际上就是一条闭合的多段线，此种多段线不能直接绘制，而需要使用【边界】命令从多个相交对象中进行提取，或将多个首尾相连的对象转化成边界。

执行此命令主要有以下几种方式：

◆ 执行菜单栏中的【绘图】/【边界】命令；

◆ 单击【常用】选项卡中【绘图】面板上的 ⊡ 按钮；

◆ 在命令行 Boundary 或 BO。

下面通过从多个对象中提取边界，学习【边界】命令的使用方法。

【任务 11】从多个对象中提取边界。

Step 1　新建空白文件。

Step 2　根据图示尺寸绘制图 3-40 所示的矩形和圆。

Step 3　执行菜单栏中的【绘图】/【边界】命令，打开如图 3-41 所示的【边界创建】对话框。

Step 4　采用默认设置，单击左上角的【拾取点】按钮 ⬚，返回绘图区，在矩形内部拾取一点，此时系统自动分析出一个闭合的虚线边界，如图 3-42 所示。

图 3-39　绘制结果

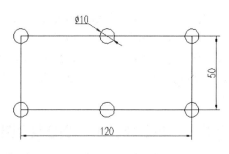

图 3-40　绘制结果

Step 5　继续在命令行"拾取内部点："的提示下，按 Enter 键，结束命令，结果创建出一个

闭合的多段线边界。

Step 6 使用快捷键 M 激活【移动】命令，选择刚创建的闭合边界，将其外移，结果如图 3-43 所示。

图 3-41 【边界创建】对话框

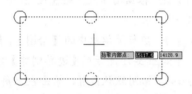

图 3-42 创建虚线边界

图 3-43 移出边界

3.2 创建复合图形

所谓复合图形，其实是通过相关命令快速将多个图形组合成为一组图形，这些相关命令主要有【复制】、【镜像】、【偏移】、【矩形阵列】、【环形阵列】和【路径阵列】，这一节继续学习复合图形的创建方法和技巧。

3.2.1 通过复制与镜像创建复合图形

【复制】与【镜像】是两个较常用的图形组合命令，使用这两个命令，可以快速将一个图形对象创建为形状、尺寸都相同的多个对象。

1. 复制图形对象

【复制】命令用于将图形对象从一个位置复制到其他位置，从而生产多个形状、尺寸都相同的多个对象。

执行【复制】命令主要有以下几种方式：

◆ 执行菜单栏中的【修改】/【复制】命令；

◆ 单击【修改】工具栏或【面板】上的 按钮；

◆ 在命令行输入 Copy 或 Co。

下面通过将一个圆进行复制的实例，学习复制图形的方法和技巧。

【任务 12】 将圆图形进行复制。

Step 1 新建空白文件。

Step 2 使用【圆】命令绘制半径为 100 和半径为 20 的同心圆，如图 3-44 所示。

Step 3 设置【圆心】捕捉和【象限点】捕捉模式。

Step 4 激活【复制】命令，对半径为 20 的圆进行复制，其命令行操作如下。

命令: _copy

　　选择对象:　　　　//选择半径为 20 的圆

　　选择对象:　　　　// Enter，结束选择

　　当前设置：复制模式 = 多个

　　指定基点或[位移(D)/模式(O)] <位移>:
//捕捉圆心作为基点

　　指定第二个点或[阵列(A)] <使用第一个点作为位移>:　　//捕捉半径为 100 的圆上象限点

　　指定第二个点或[阵列(A)/退出(E)/放弃(U)] <退出>:　　//捕捉半径为 100 的圆下象限点

　　指定第二个点或[阵列(A)/退出(E)/放弃(U)] <退出>:　　//捕捉半径为 100 的圆左象限点

　　指定第二个点或[阵列(A)/退出(E)/放弃(U)] <退出>:　　//捕捉半径为 100 的圆右象限点

　　指定第二个点或[阵列(A)/退出(E)/放弃(U)] <退出>:　　// Enter，复制结果如图 3-45 所示

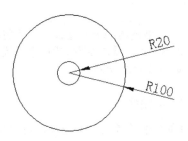

图 3-44　绘制同心圆

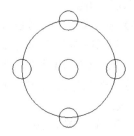

图 3-45　复制圆

2. 镜像图形对象

【镜像】命令用于将图形沿着指定的两点进行对称复制，通常使用【镜像】命令创建一些结构对称的图形，镜像对象时，源对象可以保留，也可以删除。

执行【镜像】命令主要有以下几种方式：

◆ 执行菜单栏中的【修改】/【镜像】命令；
◆ 单击【修改】工具栏或【面板】上的 ⚎ 按钮；
◆ 在命令行输入 Mirror 或 MI。

【任务 13】通过镜像创建复合图形。

Step 1　新建空白文件。

Step 2　使用【多边形】命令绘制外切圆半径为 50 的 6 边形图形，如图 3-46 所示。

Step 3　执行【镜像】命令，对多边形进行镜像，其命令行操作如下。

命令: _mirror

选择对象:　　　//选择多边形图形
选择对象:　　　// Enter，结束选择
指定镜像线的第一点://捕捉多边形右端点
指定镜像线的第二点:　//@0,1 Enter
要删除源对象吗? [是(Y)/否(N)] <N>:

// Enter，镜像结果如图 3-47 所示

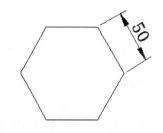

图 3-46　绘制多边形

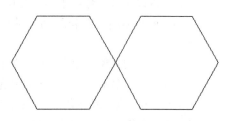

图 3-47　镜像结果

3.2.2　通过偏移创建复合图形

【偏移】命令用于将选择的图线按照一定的距离或指定的通过点，进行偏移复制，以创建同尺寸或同形状的复合对象。

执行【偏移】命令主要有以下几种方式：

◆ 执行菜单栏中的【修改】/【偏移】命令；
◆ 单击【修改】工具栏或【面板】上的 ⚏ 按钮；
◆ 在命令行输入 Offset 或 O。

偏移对象时有定点偏移和距离偏移两种方式，下面对这两种方式进行讲解。

1. 距离偏移

所谓距离偏移是指通过输入偏移距离偏移对象，这是系统默认的一种偏移方式，下面通过简单操作，学习距离偏移对象的方法和技巧。

【任务 14】将圆和直线偏移 20 个绘图单位。

Step 1　新建空白文件。

Step 2　使用【圆】命令和【直线】命令绘制半径为 30 的圆和长度为 60 的水平线，如图 3-48 所示。

Step 3 执行【偏移】命令对其进行距离偏移，命令行操作如下。

命令: _offset

　　当前设置: 删除源=否 图层=源 OFFSET GAPTYPE=0

　　指定偏移距离或[通过(T)/删除(E)/图层(L)] <10.0000>: //20 Enter，设置偏移距离

　　选择要偏移的对象，或[退出(E)/放弃(U)] <退出>: //单击圆形作为偏移对象

　　指定要偏移的那一侧上的点，或[退出(E)/多个(M)/放弃(U)] <退出>: //在圆的外侧拾取一点

　　选择要偏移的对象，或[退出(E)/放弃(U)] <退出>: //单击直线作为偏移对象

　　指定要偏移的那一侧上的点，或[退出(E)/多个(M)/放弃(U)] <退出>: //在直线上侧拾取一点

　　选择要偏移的对象，或[退出(E)/放弃(U)] <退出>: //Enter，结果如图 3-49 所示

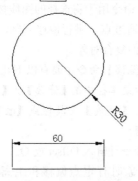

图 3-48　绘制的圆和直线

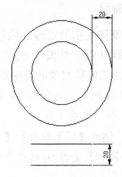

图 3-49　偏移结果

　　小技巧:【删除】选项用于将源偏移对象删除;【图层】选项用于设置偏移后的对象所在图层。

2. 定点偏移

　　使用命令中的【通过】选项，可以指定偏移后目标对象的通过点，来偏移源对象，即定点偏移。下面学习此种功能。

　　【任务 15】通过象限点和圆心偏移直线对象。

　　Step 1　绘制图 3-50 所示的圆和水平直线。

　　Step 2　执行【偏移】命令，通过圆的象限点和圆心，对下方的水平线进行偏移，命令行操作如下

命令: _offset

　　当前设置: 删除源=否　图层=源 OFFSETGAPTYPE=0

　　指定偏移距离或[通过(T)/删除(E)/图层(L)] <通过>: //t Enter

　　选择要偏移的对象，或[退出(E)/放弃(U)] <退出>: //选择水平线

　　指定通过点或[退出(E)/多个(M)/放弃(U)] <退出>: //捕捉圆的下象限点

　　指定通过点或[退出(E)/多个(M)/放弃(U)] <退出>: //捕捉圆的圆心

　　指定通过点或[退出(E)/多个(M)/放弃(U)] <退出>: //捕捉圆的上象限点

　　选择要偏移的对象，或[退出(E)/放弃(U)] <退出>://Enter，偏移结果如图 3-51 所示

图 3-50　绘制圆和直线

图 3-51　定点偏移结果

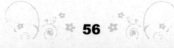

3.2.3 通过阵列创建复合图形

阵列包括【矩形阵列】、【环形阵列】和【路径阵列】3 个命令，使用这 3 个命令可以快速创建规则的多重图形结构，下面继续学习使用阵列创建复合图形的方法和技巧。

1. 通过矩形阵列创建复合图形

【矩形阵列】命令是一种用于创建规则图形结构的复合命令，使用此命令可以将图形按照指定的行数和列数，成"矩形"的排列方式进行大规模复制，以创建均布结构的图形，这些矩形结构的图形具有关联性。

执行【矩形阵列】命令主要有以下几种方式：

◆ 执行菜单栏中的【修改】/【阵列】/【矩形阵列】命令；

◆ 单击【修改】工具栏或面板中的 按钮；

◆ 在命令行输入 Arrayrect 后按 Enter 键；

◆ 使用快捷键 AR。

【任务 16】使用矩形阵列创建立柱图形对象。

Step 1 打开 "\素材文件\3-1.dwg" 文件，如图 3-52 所示。

图 3-52 打开的图形

Step 2 单击【修改】工具栏上的 按钮，激活【矩形阵列】命令，对图形进行阵列，命令行操作如下。

命令: _arrayrect
　　选择对象: //拉出图 3-53 所示的窗口选择框选择对象
　　选择对象: // Enter 类型 = 矩形 关联 = 是 为项目数指定对角点或[基点(B)/角度(A)/计数(C)] <计数>: //c Enter

输入行数或[表达式(E)] <4>: //1 Enter
输入列数或[表达式(E)] <4>: //4 Enter
指定对角点以间隔项目或[间距(S)] <间距>: //s Enter
指定列之间的距离或[表达式(E)] <60>: //50 Enter
按 Enter 键接受或[关联(AS)/基点(B)/行(R)/ 列 (C)/ 层 (L)/ 退 出 (X)] < 退 出 >:// Enter，阵列结果如图 3-54 所示

Step 3 重复执行【矩形阵列】命令，继续对图形进行阵列，命令行操作如下。

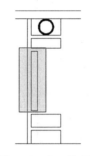

图 3-53 窗口选择

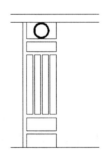

图 3-54 阵列结果

命令: _arrayrect
　　选择对象: //拉出图 3-55 所示的窗交选择框选择对象
　　选择对象: // Enter
　　类型 = 矩形 关联 = 是
　　为项目数指定对角点或[基点(B)/角度(A)/计数(C)] <计数>: //c Enter
　　输入行数或[表达式(E)] <4>: //1 Enter
　　输入列数或[表达式(E)] <4>: //8 Enter

指定对角点以间隔项目或[间距(S)] <间
距>: //s Enter
指定列之间的距离或[表达式(E)] <60>:
//215 Enter
按 Enter 键接受或[关联(AS)/基点(B)/行
(R)/列(C)/层(L)/退出(X)] <退出>:
// Enter，阵列后的对象夹点效果如图
3-56 所示

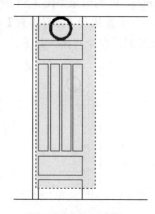

图 3-55　窗交选择

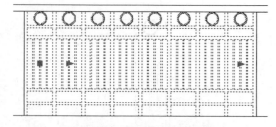

图 3-56　阵列对象的夹点效果

📖 选项设置

◆ 【基点】选项用于设置阵列的基点。
◆ 【角度】选项用于设置阵列对象的放置角
度，使阵列后的图形对象沿着某一角度进
行倾斜，如图 3-57 所示，不设置倾斜角度
下的阵列效果如图 3-58 所示。
◆ 【行】选项用于设置阵列的行数。
◆ 【列】选项用于输入阵列的列数。
◆ 【间距】选项框用于设置对象的行偏移或
阵列偏距离。

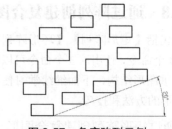

图 3-57　角度阵列示例

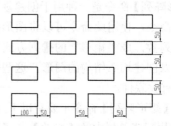

图 3-58　不设置角度下的阵列效果

2. 通过环形阵列创建复合图形

【环形阵列】指的是将图形按照阵列中心点和
数目，成"圆形"排列，以快速创建聚心结构图
形，执行【环形阵列】命令主要有以下几种方式：

◆ 执行菜单栏中的【修改】/【阵列】/【环
形阵列】命令；
◆ 单击【修改】工具栏或面板上的 按钮；
◆ 在命令行输入 Arraypolar 后按 Enter 键；
◆ 使用快捷键 AR。

下面通过典型实例学习【环形阵列】命令的
使用方法和操作技巧。

【任务 17】使用环形阵列创建建筑平面图。

Step 1　打开 "\素材文件\3-2.dwg" 文件。

Step 2　单击【修改】工具栏上的 按钮，
激活【环形阵列】命令。

Step 3　在窗口中选择图 3-59 所示的对象
进行阵列。命令行操作如下。

命令: _arraypolar
选择对象:　　　　　//拉出图 3-46 所示的
窗口选择框
选择对象:　　// Enter
类型 = 极轴　关联 = 是
指定阵列的中心点或[基点(B)/旋转轴
(A)]:　　//捕捉图 3-60 所示的圆心

输入项目数或[项目间角度(A)/表达式(E)]

<3>: // 4 Enter

指定填充角度(+=逆时针、-=顺时针)或

[表达式(EX)] <360>: // Enter

按 Enter 键接受或[关联(AS)/基点(B)/项

目(I)/项目间角度(A)/填充角度(F)/行

(ROW)/层(L)/旋转项目(ROT)/退出(X)] <

退出>: // Enter，阵列结果

如图3-61所示

📖 **参数设置**

◆ 【基点】选项用于设置阵列对象的基点；
【旋转轴】选项用于指定阵列对象的旋转轴。

◆ 【总项目数】文本框用于输入环形阵列的
数量。

◆ 【填充角度】文本框用于输入环形阵列的
角度，正值为逆时针阵列，负值为顺时针
阵列。

◆ 【项目间角度】选项用于设置阵列对象间
的角度。另外，用户也可通过单击右侧按
钮 ⓘ，在绘图窗区中直接指定两点来定义
角度。

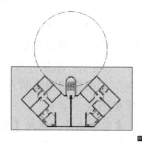

图3-59 窗口选择

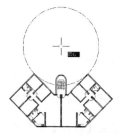

图3-60 捕捉圆心

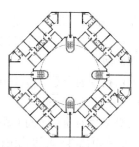

图3-61 阵列结果图

3. 通过路径阵列创建复合图形

【路径阵列】命令用于将对象沿指定的路径或
路径的某部分进行等距阵列，执行【环形阵列】
命令主要有以下几种方式：

◆ 执行菜单栏中的【修改】/【阵列】/【路
径阵列】命令；

◆ 单击【修改】工具栏或面板上的 🔧 按钮；

◆ 在命令行输入"Arraypath"后按 Enter 键；

◆ 使用快捷键AR。

下面通过典型实例学习【路径阵列】命令的
使用方法和操作技巧。

【任务18】使用环形阵列创建石桥栏杆。

Step 1 打开 "\素材文件\3-3.dwg" 文件，
如图3-62所示。

Step 2 单击【修改】工具栏或面板上的 🔧
按钮，激活【路径阵列】命令，对栏杆进行阵列。
命令行操作如下。

命令: _arraypath

　　选择对象: //窗口选择图3-63所示
　　的栏杆柱

图3-62 打开结果

图3-63 窗口选择

　　选择对象: // Enter

类型 = 路径　关联 = 是

选择路径曲线：　//选择图3-64所示的样条曲线

输入沿路径的项数或[方向(O)/表达式(E)]<方向>：　//9 Enter

指定沿路径的项目之间的距离或[定数等分(D)/总距离(T)/表达式(E)] <沿路径平均定数等分(D)>：　//t Enter

输入起点和端点项目之间的总距离<2391>：　//捕捉图3-65所示的端点

按 Enter 键接受或[关联(AS)/基点(B)/项目(I)/行(R)/层(L)/对齐项目(A)/Z 方向(Z)/退出

图3-64　选择路径曲线

图3-65　捕捉端点

(X)] <退出>：　//AS Enter

创建关联阵列[是(Y)/否(N)] <是>：//N Enter

按 Enter 键接受或[关联(AS)/基点(B)/项目(I)/行(R)/层(L)/对齐项目(A)/Z 方向(Z)/退出(X)] <退出>：//Enter，阵列结果如图3-66所示

Step 3　接下来使用【修剪】和【延伸】命令，对轮廓线进行修剪和完善，结果如图3-67所示。

图3-66　阵列结果

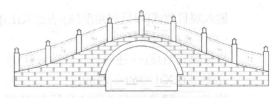

图3-67　完善结果

3.3 图形的基本编辑

这一节继续学习建筑设计中各类基本几何图形的常规编辑技能和图形的修饰完善技能。

3.3.1　修剪与延伸图线

这一节首先学习【修剪】与【延伸】两个命令。

1. 修剪图线

【修剪】命令用于沿着指定的修剪边界，修剪掉图形上指定的部分，执行【修剪】命令主要有以下几种方式：

◆　执行菜单栏中的【修改】/【修剪】命令；

◆　单击【修改】工具栏或【面板】上的 ⊹ 按钮；

◆　在命令行输入 Trim 或 TR。

在修剪对象时，边界必须要与修剪对象相交，或其延长线相交，才能成功地修剪对象，下面通过一个简单的操作，学习修剪图线的方法和技巧。

【任务19】修剪图线。

Step 1　新建空白文件，使用【直线】命令绘制图3-68所示的两组图形对象。

图3-68　绘制图形对象

Step 2　单击【修改】工具栏 ⊹ 按钮，激活【修剪】命令，对左边的相交图线进行修剪。命令行操作如下。

命令: _trim

当前设置: 投影=UCS，边=无

选择剪切边...

选择对象或<全部选择>: //选择左边水平直线作为修剪边界

选择对象:　　　　　// Enter，结束选择

选择要修剪的对象，或按住 Shift 键选择要延伸的对象，或[栏选(F)/窗交(C)/投影式(P)/边(E)/删除(R)/放弃(U)]:　　　// 在左边垂直直线的下方单击

选择要修剪的对象，或按住 Shift 键选择要延伸的对象，或[栏选(F)/窗交(C)/投影(P)/边(E)/删除(R)/放弃(U)]: // Enter，结束命令

Step 3　按 Enter 键重复直线【修剪】命令，对右边的水平线段进行修剪。命令行操作如下。

命令: _trim

当前设置:投影=UCS，边=无

选择剪切边...

选择对象或<全部选择>: //选择右边的垂直线作为修剪边界

选择对象:　　　　// Enter，结束选择

选择要修剪的对象，或按住 Shift 键选择要延伸的对象，或[栏选(F)/窗交(C)/投影式(P)/边(E)/删除(R)/放弃(U)]:　　　// 在右边水平线的左端单击

选择要修剪的对象，或按住 Shift 键选择要延伸的对象，或[栏选(F)/窗交(C)/投影(P)/边(E)/删除(R)/放弃(U)]:　　　// Enter，结束命令，结果如图3-69 所示

> **小技巧**：当修剪多个对象时，可以使用【栏选】和【窗交】两种选项功能，而"栏选"方式需要绘制一条或多条栅栏线，所有与栅栏线相交的对象都会被修剪掉。

2．延伸图线

【延伸】命令用于将图线延长至事先指定的边界上。用于延伸的对象有直线、圆弧、椭圆弧、非闭合的二维多段线和三维多段线以及射线等。

执行【延伸】命令主要有以下几种方式：

◆ 执行菜单栏中的【修改】/【延伸】命令；

◆ 单击【修改】工具栏或【面板】上的 ⊣ 按钮；

◆ 在命令行输入 Extend 或 EX。

需要说明的是，在指定边界时，有两种情况，一种是对象被延长后，与边界存在有一个实际的交点，另一种就是与边界的延长线相交于一点。

执行【延伸】命令后。命令行操作如下。

命令: _extend

当前设置: 投影=UCS，边=无

选择边界的边...

选择对象或<全部选择>:　　//选择图3-69 （右）所示的水平图线

选择对象:　　　　// Enter，结束选择。

选择要延伸的对象，或按住 Shift 键选择要修剪的对象，或[栏选(F)/窗交(C)/投影(P)/边(E)/放弃(U)]:　　//在图 3-69（右）所示的垂直直线的下端单击

图 3-69　修剪结果

选择要延伸的对象，或按住 Shift 键选择要修剪的对象，或[栏选(F)/窗交(C)/投影(P)/边(E)/放弃(U)]:　　// Enter，结束命令，结果垂直直线被延伸到水平线上，如图 3-70 所示

图 3-70　延伸结果

3.3.2　倒角与圆角图线

下面继续学习倒角与圆角图线。

1. 倒角图线

【倒角】命令主要是使用一条线段连接两条非平行的图线。执行【倒角】命令主要有以下几种方式：

♦ 执行菜单栏中的【修改】/【倒角】命令；

♦ 单击【修改】工具栏或【面板】上的 按钮；

♦ 在命令行输入 Chamfer 或 CHA。

执行【倒角】命令后，对图线进行倒角。命令行操作如下。

命令: _chamfer

（"修剪"模式）当前倒角距离 1 = 0.0000，距离 2 = 0.0000

选择第一条直线或[放弃(U)/多段线(P)/距离(D)/角度(A)/修剪(T)/方式(E)/多个(M)]： // d Enter

指定第一个倒角距离 <0.0000>: //30 Enter，设置第一倒角长度

指定第二个倒角距离 <25.0000>: //10 Enter，设置第二倒角长度

选择第一条直线或[放弃(U)/多段线(P)/距离(D)/角度(A)/修剪(T)/方式(E)/多个(M)]： //选择图 3-70（右）所示的水平线段

选择第二条直线，或按住 Shift 键选择直线以应用角点或[距离(D)/角度(A)/方法(M)]://选择图 3-70（右）所示的垂直线段，倒角结果如图 3-71 所示

📖 选项解析

♦ 【角度】选项用于指定倒角长度和倒角角度，进行对两图线倒角。

♦ 【多段线】选项用于为整条多段线的所有相邻元素边进行同时倒角操作。

♦ 【方式】选项用于确定倒角的方式。变量"Chammode"控制着倒角的方式，当变量值为 0 时，则为距离倒角；当变量值为 1 时，则为角度倒角。

♦ 【修剪】选项用于设置倒角的修剪模式，如

"修剪"和"不修剪"。当倒角模式为"修剪"时，被倒角的图线将被修剪；当倒角模式为"不修剪"时，那么用于倒角的图线将不被修剪，如图 3-72 所示。

图 3-71 倒角图线

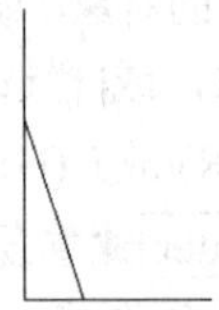

图 3-72 非修剪模式下的倒角

2. 圆角图线

【圆角】命令主要是使用一段圆弧光滑地连接两条图线。执行【圆角】命令主要有以下几种方式：

♦ 执行菜单栏中的【修改】/【圆角】命令；

♦ 单击【修改】工具栏或【面板】上的 按钮；

♦ 在命令行输入 Fillet 或 F。

执行【圆角】命令后，对图线进行圆角，命令行操作如下。

命令: _fillet

当前设置: 模式 = 修剪，半径 = 0.0000

选择第一个对象或[放弃(U)/多段线(P)/半径(R)/修剪(T)/多个(M)]: //r Enter

指定圆角半径 <0.0000>: //20 Enter，设置圆角半径

选择第一个对象或[放弃(U)/多段线(P)/半径(R)/修剪(T)/多个(M)]: //选择图 3-70（右）所示的水平线段

选择第二个对象，或按住 Shift 键选择对象以应用角点或[半径(R)]://选择图 3-70（右）所示的垂直线段，结果如图 3-73 所示

▣　选项解析

◆ 【半径】选项用于设置圆角半径。

◆ 【多段线】选项用于对多段线每相邻元素进行圆角处理。

◆ 【多个】选项用于为多个对象进行圆角处理，不需要重复执行命令。

◆ 【修剪】选项用于设置圆角模式，即 "修剪"和"不修剪"，"非修剪"模式下的圆角效果如图 3-74 所示。

图 3-73　圆角图线

图 3-74　非修剪模式下的圆角

3.3.3　拉长与拉伸图线

下面继续学习拉长图线与拉伸图线。

1. 拉伸图形

【拉伸】命令用于通过拉伸图形中的部分元素，达到修改图形的目的。执行【拉伸】命令主要有以下几种方式：

◆ 执行菜单栏中的【修改】／【拉伸】命令；

◆ 单击【修改】工具栏或【面板】上的 按钮；

◆ 在命令行输入 Stretch 或 S。

下面通过将单人沙发编辑为双人沙发的操作，学习使用【拉伸】命令。

【任务 20】将单人沙发拉伸为双人沙发。

Step 1　打开 "\素材文件\3-4.dwg" 文件，这是一个单人沙发的平面图。

Step 2　单击【修改】工具栏上的 按钮，

激活【拉伸】命令，对单人沙发平面图进行水平拉伸。命令行操作如下。

命令: _stretch

以交叉窗口或交叉多边形选择要拉伸的对象……

选择对象:　　　//拉出图 3-75 所示的窗交选择框

选择对象:　　　// Enter

小技巧：在选择拉伸图形时，需要使用窗交选择方式，而在窗交选择时，需要拉长的图形必须与选择框相交。

指定基点或[位移(D)] <位移>:　　//捕捉图 3-76 所示的端点

指定第二个点或<使用第一个点作为位移>: //捕捉图 3-77 所示的端点，拉伸结果如图 3-78 所示

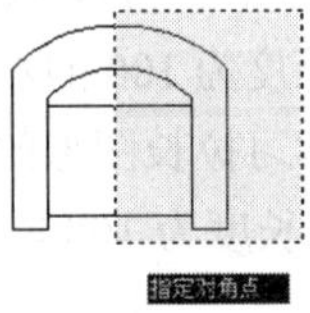

图 3-75　窗交选择

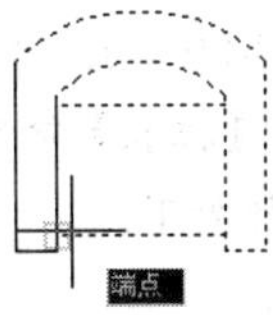

图 3-76　捕捉端点

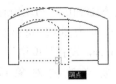

图 3-77　捕捉端点

Step 3　使用【直线】命令，配合中点捕捉功能绘制图 3-79 所示的分界线。

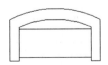

图 3-78　拉伸结果

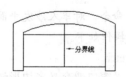

图 3-79　拉伸结果

　小技巧：如果图形完全处于选择框内时，拉伸的结果只能是图形对象相对于原位置上的平移。

2. 拉长图形

【拉长】命令主要用于更改直线的长度或弧线的角度。执行【拉长】命令主要有以下几种方式：

Step 4　执行菜单栏中的【修改】/【拉长】命令；

Step 5　单击【常用】选项卡/【修改】面板上的 按钮；

Step 6　在命令行输入 Lengthen 或 LEN。

下面通过将长度为 100 的水平线拉长 50 个绘图单位的操作，学习拉长图形的方法。

【任务 21】将长度为 100 的水平线拉长 50 个绘图。

Step 1　使用【直线】命令绘制长度为 100 的水平线段，如图 3-80（上）所示。

Step 2　执行【拉长】命令，将线段拉长 50 个单位。命令行操作如下。

命令：_lengthen

　　选择对象或[增量(DE)/百分数(P)/全部(T)/动态(DY)]：　//DE Enter

　　输入长度增量或[角度(A)] <0.0000>：//50 Enter，设置长度增量

　　选择要修改的对象或[放弃(U)]：//在直线的右端单击鼠标左键

　　选择要修改的对象或[放弃(U)]：// Enter，拉长结果如图 3-80（下）所示

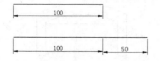

图 3-80　拉长结果

　小技巧：如果把增量值设置为正值，系统将拉长对象；反之则缩短对象。另外，【百分数】选项是以总长的百分比值进行拉长或缩短对象，长度的百分数值必须为正且非零；【全部】选项用于指定一个总长度或者总角度进行拉长或缩短对象。

3.3.4　缩放与旋转图形

下面继续学习缩放图形与旋转图形。

1. 旋转图形

【旋转】命令用于将图形围绕指定的基点进行旋转。执行【旋转】命令主要有以下几种方式：

◆　执行菜单栏中的【修改】/【旋转】命令；

◆　单击【修改】工具栏或面板上的 按钮；

◆　在命令行输入 Rotate 或 RO。

绘制矩形图形，使用【旋转】命令将其旋转 30°。命令行操作如下。

命令：_rotate

　　UCS 当前的正角方向：　ANGDIR=逆时针　ANGBASE=0

　　选择对象：　　　　　//选择矩形

　　选择对象：　　　　　// Enter，结束选择

　　指定基点：　　　　　//捕捉矩形左下角点作为基点

　　指定旋转角度，或[复制(C)/参照(R)] <0>：//30 Enter，旋转结果如图 3-81（中）所示

提示：输入的角度为正值，将按逆时针方向旋转；输入的角度为负值，按顺时针方向旋转。另外如果激活【复制】选项，则可以对图形进行旋转复制，其结果如图 3-81（右）所示。

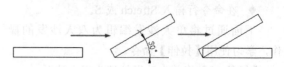

图 3-81　旋转图形示例

2. 缩放图形

【缩放】命令用于将图形进行等比放大或等比

缩小。此命令主要用于创建形状相同、大小不同的图形结构。执行【缩放】命令主要有以下几种方式：

- ◆ 执行菜单栏中的【修改】/【缩放】命令；
- ◆ 单击【修改】工具栏或面板上的 ⬜ 按钮；
- ◆ 在命令行输入 Scale 或 SC。

执行【缩放】命令后，其命令行操作如下。

命令：_scale

选择对象： //选择图 3-82（左）所示的小树图形

选择对象： // Enter ，结束选择

指定基点： //捕捉小树底部的端点

指定比例因子或 [复制 (C)/ 参照 (R)] <1.0000>： //0.5 Enter ，结果如图 3-82（右）所示

图 3-82　缩放示例

3.3.5　打断与合并图形

下面继续学习打断与合并图形。

1. 打断图线

【打断】命令用于打断并删除图形上的一部分，或将图形打断为相连的两部分。执行【打断】命令主要有以下几种方式：

- ◆ 执行菜单栏中的【修改】/【打断】命令；
- ◆ 单击【修改】工具栏或面板上的 ⬜ 按钮；
- ◆ 在命令行输入 Break 或 BR。

执行【打断】命令后，命令行操作如下：

命令：_break

选择对象： //选择上侧的线段

指定第二个打断点 或[第一点(F)]： //f Enter ，激活【第一点】选项

指定第一个打断点： //捕捉线段中点作为第一断点

指定第二个打断点： //@50,0 Enter ，结果如图 3-83 所示

2. 合并图线

【合并】命令用于将同角度的两条或多条线段合并为一条线段，还可以将圆弧或椭圆弧合并为一个整圆和椭圆。执行此命令主要有以下几种方式：

- ◆ 执行菜单栏中的【修改】/【合并】命令；
- ◆ 单击【修改】工具栏或面板上的 ⬜ 按钮；
- ◆ 在命令行输入 Join 或 J。

执行【合并】命令，将两条线段合并为一条线段，命令行操作如下。

命令：_join

选择源对象或要一次合并的多个对象： //选择左侧线段

选择要合并的对象： //选择右侧线段

选择要合并的对象： // Enter ，结果如图 3-84 所示

2 条直线已合并为 1 条直线

图 3-83　打断结果

图 3-84　合并线段

3.3.6　移动与分解图形

下面继续学习移动图形与分解图形。

1. 移动图形

【移动】命令主要用于将图形从一个位置移动到另一个位置。执行【移动】命令主要有以下几种方式：

- ◆ 执行菜单栏中的【修改】/【移动】命令；
- ◆ 单击【修改】工具栏或面板上的 ⬛ 按钮；

◆ 在命令行输入 Move 或 M。

执行【移动】命令后，其命令行操作如下。

命令: _move

选择对象: //选择图 3-85 所示的矩形

选择对象: // Enter ，结束对象的选择

指定基点或[位移(D)] <位移>: //捕捉矩形左侧垂直边的中点

指定第二个点或 <使用第一个点作为位移>: //捕捉直线的右端点，结果如图 3-86 所示

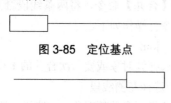

图 3-85 定位基点

图 3-86 移动结果

2. 分解图形

【分解】命令主要用于将组合对象分解成各自独立的对象，以方便对各对象进行编辑。执行【分解】命令主要有以下几种方式：

◆ 执行菜单栏中的【修改】/【分解】命令；

◆ 单击【修改】工具栏或面板上的 按钮；

◆ 在命令行输入 Explode 或 X。

例如，矩形是由 4 条直线元素组成的单个对象，如果用户需要对其中的一条边进行编辑，则首先将矩形分解还原为四条线对象，如图 3-87 所示。

（分解前） （分解后）

图 3-87 分解示例

3.4 上机实训

3.4.1 【实训1】绘制双开门平面图

1. 实训目的

本实训要求绘制双开门平面图，通过本例的操作，熟练掌握基本图形的绘制与图形的编辑等相关技能，具体实训目的如下。

● 掌握图形界限的设置、捕捉模式的设置以及视图的调控技能。

● 掌握直线、矩形、圆弧等基本图形的绘制技能。

● 掌握图形的旋转、镜像技能。

2. 实训要求

首先创建绘图文件，并设置视图高度，然后设置捕捉与追踪模式，使用【直线】、【矩形】和【圆弧】命令，配合坐标精确输入功能绘制单开门，最后使用【镜像】命令对单开门进行镜像，创建双开门。在具体的绘制过程中，用户可结合前面讲解的相关知识，使用不同的坐标输入功能进行练习。本例最终效果如图 3-88 所示。

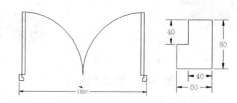

图 3-88 双开门平面图

具体要求如下。

（1）启动 AutoCAD 程序，并新建公制单位的空白文档。

（2）设置图纸高度、捕捉模式与追踪模式，使其满足绘图要求。

（3）根据图形相关尺寸要求，绘制完成双开门平面图。

（4）将绘制的图形命名保存。

3. 完成实训

效果文件:	效果文件\第 3 章\"绘制双开门构件.dwg"
视频文件:	视频文件\第 3\"绘制压盖零件图.avi

Step 1 执行【新建】命令，快速创建空白文件。

Step 2　打开状态栏上的【对象捕捉】和【正交追踪】功能。

Step 3　选择【格式】菜单中的【图形界限】命令，将图形界限设置为 2500×2000。

Step 4　执行菜单栏中的【视图】/【缩放】/【全部】命令，将图形界限最大化显示。

Step 5　执行菜单栏中的【绘图】/【直线】命令，配合【正交追踪】功能绘制双开门右侧的门垛。命令行操作如下。

```
命令: _line
    指定第一点:                        //在绘
    图窗口的左下区域拾取一点
    指定下一点或[放弃(U)]:             //水平
    向右引导光标，输入 60 Enter
    指定下一点或[放弃(U)]:             //水平
    向上引导光标，输入 80 Enter
    指定下一点或[闭合(C)/放弃(U)]: //水平
    向左引导光标，输入 40 Enter
    指定下一点或[闭合(C)/放弃(U)]: //水平
    向下引导光标，输入 40 Enter
    指定下一点或[闭合(C)/放弃(U)]: //水平
    向左引导光标，输入 20 Enter
    指定下一点或[闭合(C)/放弃(U)]: //c Enter，
    结果如图 3-89 所示
```

Step 6　关闭【正交追踪】功能，然后执行菜单栏中的【绘图】/【矩形】命令，绘制长度为 40、宽度为 860 的矩形，命令行操作如下。

```
命令: _rectang
    指定第一个角点或[倒角(C)/标高(E)/圆
    角(F)/厚度(T)/宽度(W)]:       //捕捉门
    垛上侧端点，如图 3-90 所示
    指定另一个角点或[尺寸(D)]: //@-40,860
    Enter，绘制结果如图 3-91 所示
```

图 3-89　绘制门垛

图 3-90　捕捉端点

Step 7　选择【绘图】菜单栏中的【圆弧】/【起点、圆心、端点】命令，绘制门的弧形开启方向。命令行操作如下。

```
命令: _arc
    指定圆弧的起点或[圆心(C)]:        //捕捉
    图 3-92 所示的端点
    指定圆弧的第二个点或[圆心(C)/端点
    (E)]: _c
    指定圆弧的圆心:                    //捕捉
    图 3-93 所示的端点
```

图 3-91　绘制平面门

图 3-92　定位起点

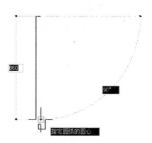

图 3-93　定位圆心

指定圆弧的端点或[角度(A)/弦长(L)]:

//使用捕捉与追踪功能，向左引出图 3-94 所示的对象追踪虚线，然后拾取一点定位弧端点，结果如图 3-95 所示

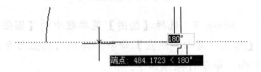

图 3-94　捕捉与追踪的应用

图 3-95　绘制结果

Step 8　单击【修改】工具栏或面板上的 ⚠ 按钮，激活【镜像】命令，选择刚绘制的单开门镜像为双开门。命令行操作过程如下。

命令: _mirror

选择对象:　　　　　　　//框选刚绘制的单开门图形，如图 3-96 所示

选择对象:　　　　　　//Enter，结束对象的选择

指定镜像线的第一点:　　//捕捉图 3-97 所示的弧端点

指定镜像线的第二点:　　//@0,1 Enter

是否删除源对象？[是(Y)/否(N)] <N>:

//Enter，结果如图 3-98 所示

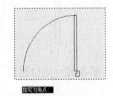

图 3-96　窗交选择

图 3-97　定位第一镜像点

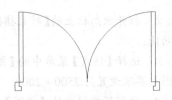

图 3-98　镜像结果

Step 9　最后执行【保存】命令，将图形命令存储为"绘制双开门构件.dwg"。

3.4.2　【实训2】绘制罗马柱立面构件

1. 实训目的

本实训要求绘制罗马柱立面构件，通过本例的操作熟练掌握基本图形的绘制与图形的编辑等相关技能，具体实训目的如下。

◆ 掌握图形界限的设置、捕捉模式的设置以及视图的调控技能。

◆ 掌握直线、矩形、圆弧等基本图形的绘制技能。

◆ 掌握图形的偏移、复制、修剪等编辑技能。

2. 实训要求

首先创建绘图文件，并设置视图高度，然后设置捕捉与追踪模式，使用【直线】、【矩形】和【圆弧】命令，配合坐标精确输入功能绘制罗马柱立面图，最后使用【修剪】命令对图形进行修剪，创建完成罗马柱立面图例。在具体的绘制过程中，用户可结合前面讲解的相关知识，使用不同的绘图方法进行绘制。本例最终效果如图 3-99 所示。

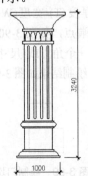

图 3-99　双开门平面图

具体要求如下。

（1）启动 AutoCAD 程序，并新建公制单位的空白文档。

（2）设置图纸高度、捕捉模式与追踪模式，使其满足绘图要求。

（3）根据图形相关尺寸要求，绘制完成罗马柱立面图例的绘制。

（4）将绘制的图形命名保存。

3.　完成实训

效果文件：	效果文件\第 3 章\"绘制罗马柱构件.dwg"
视频文件：	视频文件\第 3 章\"绘制罗马柱构件.avi"

Step 1　新建文件，并将视图高度设置为 4200 个单位。

Step 2　使用快捷键"REC"激活【矩形】命令，绘制长度为 1250、宽度为 3240 的矩形作为外部边框。

Step 3　使用快捷键"X"激活【分解】命令，将刚绘制的矩形分解。

Step 4　单击【修改】工具栏或面板上的 按钮，将矩形下侧水平边向上偏移，间距为 40、100、40、480、32、96、32、1720、56、224、56、296 个单位，如图 3-100 所示。

Step 5　重复执行【偏移】命令，将矩形的左侧垂直边向右偏移 125、40、100、40、640、40、100、40 个绘图单位，结果如图 3-101 所示。

图 3-100　偏移水平线

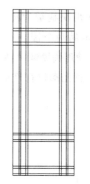

图 3-101　偏移垂直线

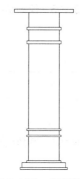

图 3-102　修剪结果

Step 6　使用快捷键"TR"激活【修剪】命令，对偏移后的图形进行修剪编辑，结果如图 3-102 所示。

Step 7　单击【绘图】工具栏或面板上的 按钮，绘制装饰柱的上部弧形轮廓线，命令行过程如下。

命令: _arc
　　指定圆弧的起点或[圆心(C)]: //捕捉端点 A
　　指定圆弧的第二个点或[圆心(C)/端点(E)]: //e Enter
　　指定圆弧的端点: 　　　　　　//捕捉端点 B
　　指定圆弧的圆心或[角度(A)/方向(D)/半径(R)]: 　　//a Enter
　　指定包含角: 　//-60 Enter，绘制结果如图 3-103 所示。

Step 8　对刚绘制的圆弧镜像，然后单击【修改】工具栏或面板上的 按钮，对水平轮廓线 A 和 B 进行圆角，圆角结果如图 3-104 所示。

Step 9 使用快捷键"R"激活【圆】命令，绘制图 3-105 所示的两个圆，圆的半径为 100。

Step 10 使用快捷键"TR"激活【修剪】命令，对绘制的两个圆图形进行修剪，结果如图 3-106 所示。

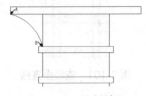

图 3-103 绘制结果

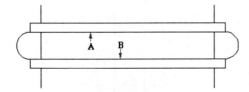

图 3-104 圆角结果

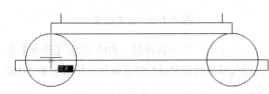

图 3-105 绘制结果

图 3-106 绘制结果

Step 11 使用快捷键"EL"激活【椭圆】命令，配合中点捕捉功能，绘制水平长度为 60 的椭圆，如图 3-107 所示。

Step 12 单击【修改】工具栏或面板上的 ⊞ 按钮，将椭圆阵列 4 份，其中列偏移为 120，阵列结果如图 3-108 所示。

Step 13 使用快捷键"MI"激活【镜像】命令，对右侧的 3 个椭圆进行垂直镜像，然后对所有椭圆进行修剪，结果如图 3-109 所示。

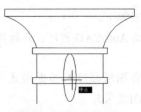

图 3-107 绘制椭圆

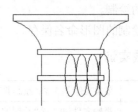

图 3-108 阵列结果

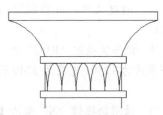

图 3-109 修剪结果

Step 14 使用快捷键"REC"激活【矩形】命令，配合【捕捉自】功能，以 W 点作为参照点，以 @72.5,70 作为左下角点，绘制长度为 45、宽度为 1580 的矩形，如图 3-110 所示。

Step 15 将矩形分解，然后使用【圆角】命令对矩形的两条垂直边进行圆角，并删除矩形的两条水平边，结果如图 3-111 所示。

Step 16 单击【修改】工具栏或面板上的 ⊞ 按钮，将矩形的两条垂直边和两条圆弧向右阵列 4 份，列偏移为 150，阵列结果如图 3-112 所示。

Step 17 最后执行【保存】命令，将图形命名保存为"绘制罗马柱构件.dwg"。

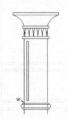

图 3-110 绘制矩形

图 3-111 圆角结果

图 3-112 阵列结果

3.5 上机与练习

1. 填空题

（1）AutoCAD 不仅为用户提供了（　　）、（　　）和（　　）等 3 种绘制矩形的方式，还为用户提供了（　　）矩形、（　　）矩形、（　　）矩形以及（　　）矩形等特征矩形的绘制功能。

（2）（　　）命令可以将图形按指定的行数和列数进行均布排列；（　　）命令可以将图形按指定的中心点和阵列的数目成弧形或环形排列；（　　）命令可以将对象沿指定的路径或路径的某部分进行等距阵列。

（3）在对图线进行圆角处理时，圆角半径的设置是关键，除了使用命令中的选项功能进行设置外，还可以使用变量（　　）快速设置。

（4）如果需要按照指定的距离拉长或缩短图线，可以使用（　　）功能；如果没有距离条件的限制，则可以使用（　　）功能。

（5）使用（　　）命令不但可以绘制多重直线段，还可以绘制多重弧线段，而所有直线序列和弧线序列，都作为一个单一的对象存在。

（6）使用【偏移】命令偏移图形时，具体有（　　）和（　　）两种偏移方式。

（7）使用【修剪】或【延伸】命令编辑图线时，都需要事先指定（　　）；另外，按住（　　）键，这两种命令可以达到相反的操作结果。

（8）在旋转图形时，常用的旋转方式有（　　）和（　　）两种；在缩放图形时，常用的两种方式有（　　）和（　　）。

2. 实训操作题

依照图示尺寸，结合所学知识绘制图 3-113 所示的双扇立面门。

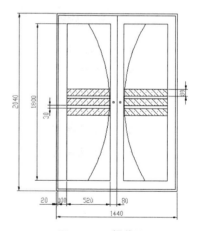

图 3-113 操作题

第**4**章

建筑设计资源的应用与管理

📖 学习目标

本章主要掌握 AutoCAD 建筑设计资源的制作、应用与管理；建筑设计资源的查看与共享以及图案填充与夹点编辑等。主要内容包括制作内部块、创建外部块、应用图块资源、查看图块、共享图块、绘制预定图案、填充自定义图案以及图形的夹点编辑等，为以后绘制建筑设计图纸奠定基础。

📖 学习重点

掌握制作图块、创建外部图块、查看图形资源、共享图形资源、填充图案以及图形的夹点编辑等技能。

📖 主要内容

- ◆ 创建块
- ◆ 写块
- ◆ 插入块
- ◆ 设计中心
- ◆ 工具选项板
- ◆ 夹点编辑

4.1 制作与使用建筑图块资源

任何一幅复杂的工程图纸，都是由许许多多的基本元素共同组合而成的，如墙、窗元素、建筑构件元素、尺寸元素以及符号元素等，通过这些元素的组合，最终组成一幅完整的建筑工程图纸。那么，在绘制建筑工程图纸时，如果所有构图元素都逐一绘制，就会花费太长的时间，大大降低绘图速度，为此，AutoCAD 为用户提供了一些高效制图工具和资源组合工具，使用这些工具，可以将常用图形资源创建为块，以方便多次重复使用，这样不仅可以加快制图速度，还能使绘制的建筑工程图纸更专业、更标准和更规范。这一节就来学习创建与制作建筑设计资源的相关技巧。

4.1.1 创建内部图块资源

所谓内部图块是指将单个或多个图形集合成为一个整体单元，保存于当前文件内，子类图块文件只能供当前文件重复使用，而不能用于其他文件。在 AutoCAD 中，【创建块】命令就是用于创建内部图块的命令。

执行【创建块】命令主要有以下几种方式：

◆ 执行菜单栏中的【绘图】/【块】/【创建】命令；
◆ 单击【绘图】工具栏或【块】面板上的 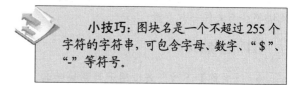 按钮；
◆ 在命令行输入 Block 或 B。

下面通过创建"沙发与茶几"内部块，学习【创建块】命令的使用方法和操作技巧。

【任务1】创建"沙发与茶几"内部块。

Step 1 打开"\素材文件\4-1.dwg"文件，如图4-1所示。

Step 2 单击【绘图】工具栏或【块】面板上的 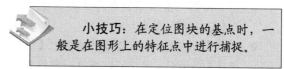 按钮，激活【创建块】命令，打开如图4-2

所示的【块定义】对话框。

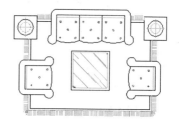

图4-1 打开结果

图4-2 【块定义】对话框

Step 3 定义块名。在【名称】文本框内输入"沙发与茶几"作为块的名称，在【对象】选区激活【保留】单选项，其他参数采用默认设置。

> **小技巧**：图块名是一个不超过255个字符的字符串，可包含字母、数字、"$"、"-"等符号。

Step 4 定义基点。在【基点】选区中，单击【拾取点】按钮 ，返回绘图区，捕捉图4-3所示的端点作为块的基点。

> **小技巧**：在定位图块的基点时，一般是在图形上的特征点中进行捕捉。

Step 5 选择块对象。单击【选择对象】按钮 ，返回绘图区框选所有的图形对象。

Step 6 预览效果。按 Enter 键返回到【块定义】对话框，则在此对话框内出现图块的预览图标，如图4-4所示。

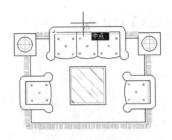

图 4-3 捕捉端点

图 4-4 参数设置

小技巧：如果在定义块时，勾选了【按照统一比例缩放】复选项，那么在插入块时，仅可以对块进行等比缩放。

Step 7 单击 确定 按钮关闭【块定义】对话框，结果所创建的图块保存在当前文件内，此块将会与文件一起存盘。

📖 **选项解析**

◆ 【名称】下拉列表框用于为新块赋名。

◆ 【基点】选项组主要用于确定图块的插入基点。在定义基点时，用户可以直接在【X】、【Y】、【Z】文本框中键入基点坐标值，也可以在绘图区直接捕捉图形上的特征点。AutoCAD 默认基点为原点。

◆ 单击【快速选择】按钮，将弹出【快速选择】对话框，用户可以按照一定的条件定义一个选择集。

◆ 【转换为块】单选项用于将创建块的源图形转化为图块。

◆ 【删除】单选项用于将组成图块的图形对象从当前绘图区中删除。

◆ 【在块编辑器中打开】复选项用于定义完

块后自动进入块编辑器窗口，以便对图块进行编辑管理。

4.1.2 创建外部块资源

由于"内部块"仅供当前文件所引用，为了弥补内部块的这一缺陷，AutoCAD 为用户提供了【写块】命令，使用此命令可以定义外部块，所定义的外部块不但可以被当前文件所使用，还可以供其他文件重复引用，下面学习外部块的具体定义过程。

【任务 2】 将内部块创建为外部块资源。

Step 1 继续上例操作。

Step 2 在命令行输入 Wblock 或 W 后按 Enter 键，激活【写块】命令，打开【写块】对话框。

Step 3 在【源】选项组内激活【块】选项，然后展开【块】下拉列表框，选择"沙发与茶几"内部块，如图 4-5 所示。

小技巧：【块】单选项用于将当前文件中的内部图块转换为外部块，进行存盘。当激活该选项时，其右侧的下拉文本框被激活，可从中选择需要被写入块文件的内部图块。

Step 4 在【文件名或路径】文本框内，设置外部块的存盘路径、名称和单位，如图 4-6 所示。

Step 5 单击 确定 按钮，结果"沙发与茶几"内部块被转化为外部图块，以独立文件形式存盘。

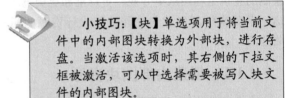

图 4-5 选择块

图 4-6 创建外部块

小技巧：【整个图形】单选项用于将当前文件中的所有图形对象，创建为一个整体图块进行存盘；【对象】单选项是系统默认选项，用于有选择性地，将当前文件中的部分图形或全部图形创建为一个独立的外部图块。具体操作与创建与内部块相同。

4.1.3 应用图块资源

当创建图块资源之后，不管是内部块资源还是外部块资源，都可以将其引用到当前的绘图文件中。在 AutoCAD 中，【插入块】命令就是用于将内部块、外部块和已存盘的 DWG 文件，引用到当前图形文件中，以组合更为复杂的图形结构。

执行【插入块】命令主要有以下几种方式：

◆ 执行菜单栏中的【插入】/【块】命令；

◆ 单击【绘图】工具栏或【块】面板上的 按钮；

◆ 在命令行输入 Insert 或 I。

下面以不同的缩放比例和旋转解度，引用刚定义的"沙发与茶几"图块资源，学习图块资源的引用技巧。

【任务3】向当前文件中引用图块资源。

Step 1 继续上例操作。

Step 2 单击【绘图】工具栏或【块】面板上的 按钮，激活【插入块】命令，打开【插入】对话框。

Step 3 展开【名称】下拉列表，选择"沙发与茶几"作为需要插入块的图块。

Step 3 在【缩放比例】选项组中勾选【统一比例】复选项，同时设置图块的缩放比例为 0.6，如图 4-7 所示。

小技巧：如果勾选了【分解】选项，那么插入的图块则不是一个独立的对象，而是被还原成一个个单独的图形对象。

Step 4 其他参数采用默认设置，单击 确定 按钮返回绘图区，在命令行"指定插入点或[基点(B)/比例(S)/旋转(R)]:"提示下，拾取一点作为块的插入点，结果如图 4-8 所示。

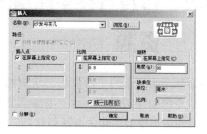

图 4-7 设置参数

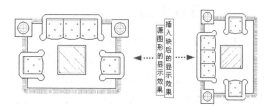

图 4-8 插入结果

📖 **选项解析**

◆ 【名称】文本框用于设置需要插入的内部块。

小技巧：如果需要插入外部块或已存盘的图形文件，可以单击 浏览(B)... 按钮，从打开的【选择图形文件】对话框中选择相应外部块或文件。

◆ 【插入点】选项组用于确定图块插入点的坐标。用户可以勾选【在屏幕上指定】复选项，直接在屏幕绘图区拾取一点，也可以在【X】、【Y】、【Z】3 个文本框中输入插入点的坐标值。

◆ 【比例】选项组是用于确定图块的插入比例。

◆ 【旋转】选项组用于确定图块插入时的旋转角度。用户可以勾选【在屏幕上指定】复选项，直接在绘图区指定旋转的角度，也可以在【角度】文本框中输入图块的旋转角度。

4.2 查看与共享建筑图形资源

前面章节主要学习了绘制内部块资源以及创建外部块资源的相关知识，这一节继续学习查看与共享建筑图形资源的相关方法与技巧。

4.2.1 使用设计中心窗口查看与共享设计资源

【设计中心】窗口与 Windows 的资源管理器界面功能相似，如图 4-9 所示，但它却是一个直观、高效的制图工具，主要用于对 AutoCAD 的图形资源进行管理、查看与共享等，执行【设计中心】命令即可打开该窗口。

图 4-9 【设计中心】窗口

执行【设计中心】命令主要有以下几种方式：

- 执行菜单栏中的【工具】/【选项板】/【设计中心】命令；
- 单击【标准】工具栏或【选项板】面板上的 ▦ 按钮；
- 在命令行输入 Adcenter 或 ADC；
- 按快捷键 Ctrl+2。

1. 认识【设计中心】窗口

在打开的【设计中心】窗口中共包括【文件夹】、【打开的图形】、【历史记录】3 个选项卡，

分别用于显示计算机和网络驱动器上的文件与文件夹的层次结构、打开图形的列表、自定义内容等，具体如下。

- 在【文件夹】选项卡中，左侧为"树状管理视窗"，用于显示计算机或网络驱动器中文件和文件夹的层次关系；右侧为"控制面板"，用于显示在左侧树状视窗中选定文件的内容。
- 【打开的图形】选项卡用于显示 AutoCAD 任务中当前所有打开的图形，包括最小化的图形。
- 【历史记录】选项卡用于显示最近在设计中心打开的文件的列表。它可以显示【浏览Web】对话框最近连接过的 20 条地址的记录。

📖 选项解析

- 单击【加载】按钮 ☞，将弹出【加载】对话框，以方便浏览本地和网络驱动器或 Web 上的文件，然后选择内容加载到内容区域。
- 单击【上一级】按钮 ☜，将显示活动容器的上一级容器的内容。容器可以是文件夹也可以是一个图形文件。
- 单击【搜索】按钮 ☌，可弹出【搜索】对话框，用于指定搜索条件，查找图形、块以及图形中的非图形对象，如线型、图层等，还可以将搜索到的对象添加到当前文件中，为当前图形文件所使用。
- 单击【收藏夹】按钮 ☑，将在设计中心右侧窗口中显示 Autodesk Favorites 文件夹内容。
- 单击【主页】按钮 ☖，系统将设计中心返回到默认文件夹。安装时，默认文件夹被设置为"...\Sample\DesignCenter."
- 单击【树状图切换】按钮 ☷，设计中心左侧将显示或隐藏树状管理视窗。如果在绘图区域中需要更多空间，可以单击该按钮隐藏树状管理视窗。
- 【预览】按钮 ☑，用于显示和隐藏图像的预览框。当预览框被打开时，在上部的面板中选择一个项目，则在预览框内将显示

出该项目的预览图像。如果选定项目没有保存的预览图像，则该预览框为空。

◆ 【说明】按钮📄，用于显示和隐藏选定项目的文字信息。

2. 通过【设计中心】窗口查看和打开设计资源

通过【设计中心】窗口，不但可以方便查看本机或网络机上的 AutoCAD 资源，还可以将设计资源直接引用到绘图文件中。

【任务 4】通过【设计中心】窗口查看和打开设计资源。

Step 1　执行【设计中心】命令，打开【设计中心】窗口。

Step 2　查看文件夹资源。在左侧树状窗口中定位并展开需要查看的文件夹，那么在右侧窗口中，即可查看该文件夹中的所有图形资源，如图 4-10 所示。

Step 3　查看文件内部资源。在左侧树状窗口中定位需要查看的文件，在右侧窗口中即可显示出文件内部的所有资源，如图 4-11 所示。

图 4-10　查看文件夹资源

图 4-11　查看文件内部资源

Step 4　如果用户需要进一步查看某一类内部资源，如文件内部的所有图块，可以在右侧

窗口中双击块的图标，即可显示出所有的图块，如图 4-12 所示。

Step 5　打开 CAD 文件。如果用户需要打开某 CAD 文件，可以在该文件图标上单击鼠标右键，然后选择右键菜单上的【在应用程序窗口中打开】选项，即可打开此文件，如图 4-13 所示。

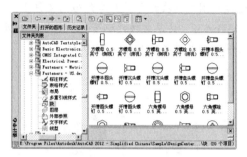

图 4-12　查看块资源

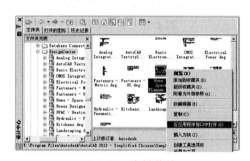

图 4-13　右键菜单

> **小技巧**：有 2 种打开图形文件的方法，在窗口中按住 Ctrl 键定位文件，按住鼠标左键不动将其拖曳到绘图区域；将图形图标从设计中心直接拖曳到应用程序窗口，或绘图区域以外的任何位置。

3. 通过【设计中心】窗口共享设计资源

在【设计中心】窗口中不但可以查看本机上的所有设计资源，还可以将有用的图形资源以及图形的一些内部资源应用到自己的图纸中。

【任务 5】通过【设计中心】窗口共享图形资源。

Step 1　在左侧树状窗口中查找并定位所需文件的上一级文件夹，然后在右侧窗口中定位所需文件。

Step 2 此时在此文件图标上单击鼠标右键，从弹出的右键菜单中选择【插入为块】选项，如图 4-14 所示。

Step 3 此时打开【插入】对话框，根据实际需要设置参数，然后单击 确定 按钮，即可将选择的图形以块的形式共享到当前文件中。

Step 4 共享文件内部资源。定位并打开所需文件的内部资源，如图 4-15 所示。

图 4-14 共享文件

图 4-15 浏览图块资源

Step 5 在设计中心右侧窗口中选择某一图块，单击鼠标右键，从弹出的右键菜单中选择【插入块】选项，就可以将此图块插入到当前图形文件中。

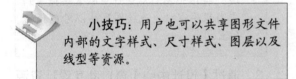

小技巧：用户也可以共享图形文件内部的文字样式、尺寸样式、图层以及线型等资源。

4.2.2 通过【工具选项板】窗口应用图形资源

【工具选项板】主要用于组织、共享图形资源和高效执行命令等，执行【工具选项板】命令主要有以下几种方式：

◆ 执行菜单栏中的【工具】/【选项板】/【工具选项板】命令；

◆ 单击【标准】工具栏或【选项板】面板上的 按钮；

◆ 在命令行输入 Toolpalettes；

◆ 按快捷键 Ctrl+3。

执行【工具选项板】命令后，可打开图 4-16 所示的【工具选项板】窗口，该窗口主要由各选项卡和标题栏两部分组成，在窗口标题栏上单击鼠标右键，可打开标题栏菜单以控制窗口及工具选项卡的显示状态等。在选项板中单击鼠标右键，可打开图 4-17 所示的右键菜单，通过此右键菜单，也可以控制工具面板的显示状态、透明度，还可以很方便地创建、删除和重命名工具面板等。

图 4-16 【工具选项板】窗口

图 4-17 右键菜单

1. 通过【工具选项板】命令引用图形资源

下面通过向图形文件中插入图块及填充图案为例，学习【工具选项板】命令的使用方法和技巧。

【任务 6】通过【工具选项板】命令引用图形

资源。

Step 1 新建空白文件。

Step 2 打开【工具选项板】窗口，然后展开【建筑】选项卡，选择图 4-18 所示图例。

Step 3 在选择的图例上单击鼠标左键，然后在命令行"指定插入点或 [基点 (B)/ 比例 (S)/X/Y/Z/旋转 (R)]:"提示下，在绘图区拾取一点，将此图例插入到当前文件内，结果如图 4-19 所示。

图 4-18 【建筑】选项卡

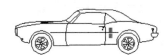

图 4-19 插入结果

小技巧：用户也可以将光标定位到所需图例上，然后按住鼠标左键不放，将其拖入到当前图形中。

2. 自定义【工具选项板】

除了引用【工具选项板】中系统提供的一些图形资源外，用户还可以将已定义的图块文件创建为新的【工具选项板】，以方便查看和调用。

【任务 7】将已有图形资源定义为新的【工具选项板】。

Step 1 首先打开【设计中心】窗口和【工具选项板】窗口。

Step 2 在【设计中心】的内容区域，定位需要添加到当前【工具选项板】中的图形、

图块或图案填充等内容，例如定位在"第 5 章"中的"墙体结构图.dwg"文件上，如图 4-20 所示。

Step 3 按住鼠标左键将选择的内容直接拖到【工具选项板】中，即可添加该项目，添加结果如图 4-21 所示。

图 4-20 选择要定义的文件

图 4-21 添加图形文件到工具选项板

Step 4 在【设计中心】窗口左侧的树状图中，选择需要创建为【工具选项板】的文件或文件夹，例如选择"图块"的文件夹，单击鼠标右键，从弹出的菜单中选择【创建块的工具选项板】选项，如图 4-22 所示。

Step 5 系统将此文件夹中的所有图形文件创建为新的【工具选项板】，选项板名称为文件的名称，如图 4-23 所示。

图 4-22 选择文件

图 4-23　创建新的［工具选项板］

4.3　创建图案填充与渐变色

"图案"是由各种图线进行不同的排列组合而构成的一种图形元素，此类图形元素作为一个独立的整体，被填充到各种封闭的区域内，以表达各自的图形信息，如图 4-24 所示。

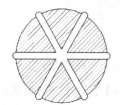
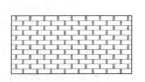

图 4-24　图案填充示例

执行【图案填充】命令主要有以下几种方式：

◆ 执行菜单栏中的【绘图】/【图案填充】命令；

◆ 单击【绘图】工具栏或面板上的 按钮；

◆ 在命令行输入 Bhatch 或 H。

4.3.1　绘制预定义图案

AutoCAD 为用户提供了"预定义图案"和"用户定义图案"两种现有图案，下面学习预定义图案的填充过程。

【任务 8】向图形文件中填充预定义图案。

Step 1　打开"\素材文件\4-4.dwg"文件，如图 4-25 所示。

Step 2　执行菜单栏中的【绘图】/【图案填充】命令，打开图 4-26 所示的【图案填充和渐变色】对话框。

Step 3　单击【样列】文本框中的图案，或单击【图案】列表框右端的按钮 ，打开【填充图案选项板】对话框，然后选择图 4-27 所示的填充图案。

小技巧：【样例】文本框用于显示当前图案的预览图像，在样例图案上直接单击鼠标左键，也可快速打开【填充图案选项板】对话框，以选择所需图案。

Step 4　单击 确定 按钮，返回【图案填充和渐变色】对话框，设置填充角度和填充比例，如图 4-28 所示。

图 4-25　打开结果

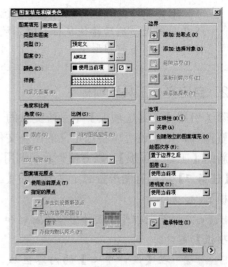

图 4-26　【图案填充和渐变色】对话框

图 4-27 选择填充图案

图 4-28 设置填充参数

小技巧：【角度】下拉列表框用于设置图案的倾斜角度；【比例】下拉列表框用于设置图案的填充比例。

Step 5 在【边界】选项组中单击【添加：选择对象】按钮，返回绘图区拾取图 4-29 所示的区域作为填充边界。

Step 6 按 Enter 键返回【图案填充和渐变色】对话框，单击 确定 按钮结束操作，填充结果如图 4-30 所示。

图 4-29 拾取填充区域

图 4-30 填充结果

小技巧：如果填充效果不理想，或者不符合需要，要按下 Esc 键返回【图案填充和渐变色】对话框重新调整参数。

📖 选项解析

◆ 【添加：拾取点】按钮 用于在填充区域内部拾取任意一点，AutoCAD 将自动搜索到包含该内点的区域边界，并以虚线显示边界。

小技巧：用户可以连续地拾取多个要填充的目标区域，如果选择了不需要的区域，可单击鼠标右键，从弹出的快捷菜单中选择"放弃上次选择/拾取"或"全部清除"命令。

◆ 【添加：选择对象】按钮 用于直接选择需要填充的单个闭合图形，作为填充边界。

◆ 【删除边界】按钮 用于删除位于选定填充区内但不填充的区域。

◆ 【查看选择集】按钮 用于查看所确定的边界。

◆ 【继承特性】按钮 用于在当前图形中选择一个已填充的图案，系统将继承该图案类型的一切属性并将其设置为当前图案。

◆ 【关联】复选项与【创建独立的图案填充】复选项用于确定填充图形与边界的关系，分别用于创建关联和不关联的填充图案。

◆ 【注释性】复选项用于为图案添加注释特性。

◆ 【绘图次序】下拉列表用于设置填充图案和填充边界的绘图次序。

◆ 【图层】下拉列表用于设置填充图案的所在层。

◆ 【透明度】下拉表用于设置填充图案的透明度，拖曳下侧的滑块，可以调整透明度值。设置透明度后的图案显示效果如图4-31所示。

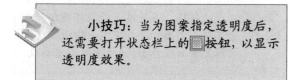

小技巧：当为图案指定透明度后，还需要打开状态栏上的▦按钮，以显示透明度效果。

4.3.2 绘制用户定义图案

用户定义图案其实也是系统预设的一种图案，只是这种图案是水平排列的直线，用户可以通过相关设置，将其编辑为自定义图案进行填充。

下面通过为景观桥填充用户定义图案，学习用户定义图案的具体填充过程。

【任务9】为景观桥填充用户定义图案。

Step 1 继续上节操作。

Step 2 使用快捷键"H"激活【图案填充】命令，打开【图案填充和渐变色】对话框。

Step 3 在打开的【图案填充和渐变色】对话框中设置图案类型及参数，如图4-32所示。

Step 4 单击【添加:选择对象】按钮▦，返回绘图区，拾取图4-33所示的区域进行填充，填充图4-34所示的图案。

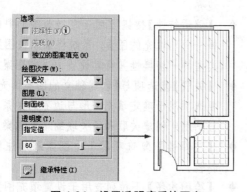

图 4-31 设置透明度后的图案

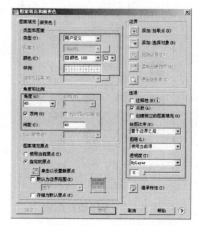

图 4-32 设置图案和填充参数

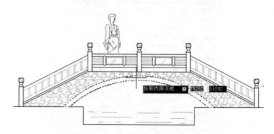

图 4-33 拾取填充区域

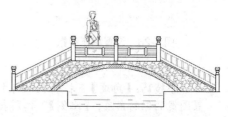

图 4-34 填充结果

📖 选项解析

◆ 【类型】列表框内包含"预定义"、"用户定义"、"自定义"3种图样类型，如图4-35所示，用户可以根据具体情况选择相关类型的图案。

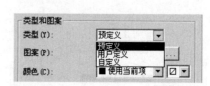

图 4-35 【类型】下拉列表框

小技巧："预定义"图样只适用于封闭的填充边界；"用户定义"图样可以使用图形的当前线型创建填充图样；"自定义"图样就是使用自定义的 PAT 文件中的图样进行填充。

- ◆ 【图案】列表框用于显示预定义类型的填充图案名称。用户可从下拉列表框中选择所需的图案。

- ◆ 【相对于图纸空间】选项仅用于布局选项卡，它是相对图纸空间单位进行图案的填充。运用此选项，可以根据适合于布局的比例显示填充图案。

- ◆ 【间距】文本框可设置用户定义填充图案的直线间距，只有激活了【类型】列表框中的【用户自定义】选项，此选项才可用。

- ◆ 【双向】复选框仅适用于用户定义图案，勾选该复选框，将增加一组与原图线垂直的线。

- ◆ 【ISO 笔宽】选项决定运用 ISO 剖面线图案的线与线之间的间隔，它只在选择 ISO 线型图案时才可用。

4.3.3　绘制渐变色

渐变色是一种由单色或双色组成的颜色，在【图案填充和渐变色】对话框中进入 渐变色 选项卡，打开如图 4-36 所示的【渐变色】选项卡，用于为指定的边界填充渐变色。

- ◆ 【单色】单选项用于以一种渐变色进行填充；██████████ 颜色框用于显示当前的填充颜色，双击该颜色框或单击其右侧的 ... 按钮，可以弹出如图 4-37 所示的【选择颜色】对话框，用户可根据需要选择所需的颜色。

- ◆ 【暗——明】滑动条 ◄▒▒▒▒▶：拖动滑块可以调整填充颜色的明暗度，如果用户激活【双色】单选项，此滑动条自动转换为颜色显示框。

- ◆ 【双色】单选项用于以两种颜色的渐变色作为填充色；【角度】选项用于设置渐变填充的倾斜角度。

渐变色也是一种用于对图形进行填充的颜色，下面通过为台灯灯罩和灯座填充渐变色，学习渐变色图案的填充过程。

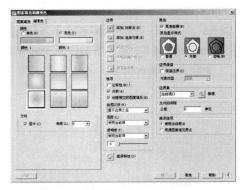

图 4-36　【渐变色】选项卡

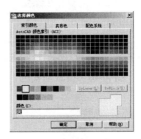

图 4-37　【选择颜色】对话框

【任务 10】为台灯灯罩和灯座填充渐变色。

Step 1　打开文件"\素材文件\4-5.dwg"，如图 4-38 所示。

Step 2　使用快捷键"H"激活【图案填充】命令，打开【图案填充和渐变色】对话框。

Step 3　展开【渐变色】选项卡，然后选中【双色】单选项，如图 4-39 所示。

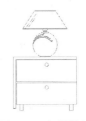

图 4-38　打开结果

图 4-39 【颜色】选项组

Step 4 将颜色 1 的颜色设置为 211 号色；将颜色 2 的颜色设置为黄色，然后设置渐变方式等，如图 4-40 所示。

Step 5 单击【添加:选择对象】按钮，返回绘图区指定填充边界，填充图 4-41 所示的渐变色。

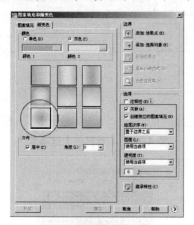

图 4-40 设置渐变色

图 4-41 填充渐变色

4.3.4 图案填充的孤岛设置及其他选项

所谓孤岛是指在一个边界包围的区域内又定义了另外一个边界，它可以实现对两个边界之间的区域进行填充，而内边界包围的内区域不填充。

单击【图案填充和渐变色】对话框右下角的【更多选项】扩展按钮，即可展开右侧的【孤岛】选项，在【孤岛显示样式】选项组中提供了"普通"、"外部"和"忽略"3 种方式，如图 4-42 所示。

◆ "普通"方式是从最外层的外边界向内边界填充，第一层填充，第二层不填充，如此交替进行。

◆ "外部"方式是只填充从最外边界向内第一边界之间的区域。

◆ "忽略"方式是忽略最外层边界以内的其他任何边界，以最外层边界向内填充全部图形。

孤岛的 3 种方式如图 4-43 所示。

图 4-42 孤岛填充样式

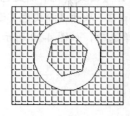 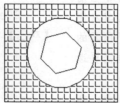 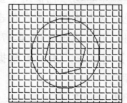

图 4-43 孤岛的 3 种方式

◆ 【保留边界】选项用于设置是否保留填充边界。系统默认设置为不保留填充边界。

◆ 【允许间隙】选项用于设置填充边界的允许间隙值，处在间隙值范围内的非封闭区域也可填充图案。

◆ 【继承选项】选项组用于设置图案填充的原点，即使用当前原点还是使用源图案填充的原点。

4.4 对象的夹点编辑

这一节继续学习图形的另一种编辑功能，即：夹点编辑。

4.4.1　夹点与夹点编辑

在没有任何命令执行的前提下选择图形，此时图形上会显示出一些蓝色实心的小方框，如图 4-44 所示，这些蓝色小方框即为图形的夹点，不同的图形结构，其夹点个数及位置也会不同。

图 4-44　图形的夹点

图 4-45　热点

"夹点编辑"功能就是将多种修改工具组合在一起，通过编辑图形上的这些夹点，来达到快速编辑图形的目的。用户只需单击图形上的任何一个夹点，即可进入夹点编辑模式，此时所单击的夹点以"红色"亮显，称之为"热点"或者是"夹基点"，如图 4-45 所示。

4.4.2　使用夹点编辑功能编辑图形

当进入夹点编辑模式后，在绘图区单击鼠标右键，可打开夹点编辑菜单，如图 4-46 所示。用户可以在夹点编辑菜单中选择一种夹点模式或在当前模式下可用的任意选项。

此夹点编辑菜单中共有两类夹点命令，第一类夹点命令为一级修改菜单，包括【拉伸】、【拉长】、

【移动】、【旋转】、【缩放】、【镜像】命令，用户可以通过执行菜单栏中的各修改命令进行编辑。

图 4-46　夹点编辑菜单

> **小技巧**：夹点编辑菜单中的【移动】、【旋转】等功能与【修改】工具栏上的【移动】、【旋转】等功能是一样的，在此不再细述。

第二类夹点命令为二级选项菜单，如【基点】、【复制】、【参照】、【放弃】等，不过这些选项菜单在一级修改命令的前提下才能使用。

> **小技巧**：如果用户要将多个夹点作为夹基点，并且保持各选定夹点之间的几何图形完好如初，需要在选择夹点时按住 Shift 键，再点击各夹点使其变为夹基点；如果要从显示夹点的选择集中删除特定对象，也要按住 Shift 键。

除了使用夹点编辑命令编辑图形之外，当进入夹点编辑模式后，在命令行输入各夹点命令及各命令选项，也可以夹点编辑图形。另外，用户也可以通过连续按 Enter 键，系统即可在【移动】、【旋转】、【比例缩放】、【镜像】、【拉伸】这 5 种命令及各命令选项中循环执行。

4.5 上机实训

4.5.1　【实训 1】为建筑户型图插入单开门

1. 实训目的

本实训要求为建筑户型图插入单开门，通过

本例的操作熟练掌握图形资源的快速应用技能，具体实训目的如下。

- ◆ 掌握图块资源的快速创建技能。
- ◆ 掌握图块文件的快速引用技能。
- ◆ 掌握图块资源的编辑调整技能。

2. 实训要求

首先打开建筑户型平面图，然后设置捕捉与追踪模式，使用【直线】、【矩形】和【圆弧】命令，配合坐标精确输入功能绘制单开门，然后使用【创建块】命令将单开门创建为内部块，再使用【写块】命令将单开门的内部块创建为外部块，以便于其他文件能使用，最后向建筑户型平面图中插入单开门图块文件。在具体的操作过程中，用户可结合前面讲解的相关知识，分别使用【插入】命令、【设计中心】窗口以及【工具选项板】窗口，向建筑户型图中快速引用单开门图块资源，对所学知识进行综合巩固练习。

本例最终效果如图4-47所示。

具体要求如下。

（1）启动 AutoCAD 程序，并打开建筑户型平面图文件。

（2）使用【直线】、【矩形】和【圆弧】命令，配合坐标精确输入功能绘制单开门。

（3）综合应用【插入】对话框、【设计中心】窗口以及【工具选项板】窗口，向建筑户型图中快速引用单开门图块资源。

（4）将绘制的图形命名保存。

3. 完成实训

效果文件：	效果文件\第4章\"为户型图插入单开门构件.dwg"
视频文件：	视频文件\第3章\"为户型图插入单开门构件.avi"

Step 1 打开 "\素材文件\4-2.dwg" 文件，如图4-48所示。

Step 2 展开【图层控制】下拉列表，将 "0图层" 设置为当前图层。

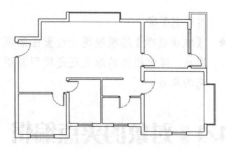

图 4-47 将建筑户型图中插入单开门

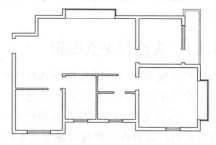

图 4-48 打开的素材文件

Step 3 使用快捷键 "L" 激活【直线】命令，配合【正交模式】功能绘制单开门的门垛。命令行操作如下。

命令: _line
　　指定第一点:　　//在绘图窗口的左下区域拾取一点
　　指定下一点或[放弃(U)]:　　//水平向右引导光标，输入 60 Enter
　　指定下一点或[放弃(U)]:　　//水平向上引导光标，输入 80 Enter
　　指定下一点或[闭合(C)/放弃(U)]: //水平向左引导光标，输入 40 Enter
　　指定下一点或[闭合(C)/放弃(U)]: //水平向下引导光标，输入 40 Enter
　　指定下一点或[闭合(C)/放弃(U)]: //水平向左引导光标，输入 20 Enter
　　指定下一点或[闭合(C)/放弃(U)]://c Enter，闭合图形，结果如图4-49所示

Step 4 使用快捷键 "MI" 激活【镜像】命令，配合【捕捉自】功能，将刚绘制的门垛镜像，结果如图4-50所示。

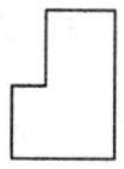

图 4-49　绘制门垛

图 4-50　镜像结果

Step 5　使用快捷键 "REC" 激活【矩形】命令，以图 4-51 所示点 A、B 作为对角点，绘制图 4-52 所示的矩形作为门的轮廓线。

Step 6　使用快捷键 "RO" 激活【旋转】命令，对刚绘制的矩形旋转-90°，结果如图 4-53 所示。

Step 7　执行菜单栏中的【绘图】/【圆弧】/【起点、圆心、端点】命令，绘制圆弧作为门的开启方向，结果如图 4-54 所示。

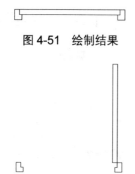

图 4-51　绘制结果

图 4-52　旋转结果

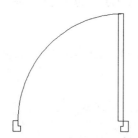

图 4-53　绘制开启方向

Step 8　执行菜单栏中的【绘图】/【块】/【创建】命令，将绘制的单开门定义为内部块，块名为"单开门"，基点为右侧门垛的中点，并删除

源单开门图形。

Step 9　将"门窗层"设置为当前图层，然后单击【绘图】工具栏上的按钮，插入"单开门"图块，设置参数如图 4-54 所示。

Step 10　单击 确定 按钮返回绘图区，在命令行"指定插入点或[基点(B)/比例(S)/旋转(R)]:"提示下，捕捉图 4-55 所示的交点作为插入点。

Step 11　重复执行【插入块】命令，设置插入参数如图 4-56 所示，插入点见图 4-57 中的中点。

图 4-54　设置参数

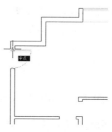

图 4-55　定位插入点

Step 12　重复执行【插入块】命令，设置插入参数如图 4-58 所示，插入点见图 4-59 中的中点。

Step 13　重复执行【插入块】命令，设置插入参数如图 4-60 所示，插入结果见图 4-61 中的中点。

图 4-56　设置参数

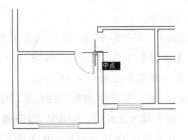

图 4-57　定位插入点

图 4-58　设置参数

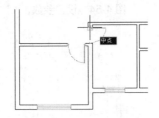

图 4-59　定位插入点

图 4-60　设置参数

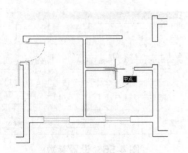

图 4-61　定位插入点

Step 14　重复执行【插入块】命令，设置插入参数如图 4-62 所示，插入结果见图 4-63 中的中点。

Step 15　重复执行【插入块】命令，设置插入参数如图 4-64 所示，插入结果见图 4-65 中的中点。

Step 16　重复执行【插入块】命令，设置块参数如图 4-64 所示，插入阳台位置的门图块。

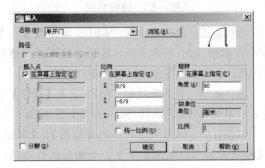

图 4-62　设置参数

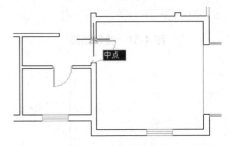

图 4-63　定位插入点

Step 17　最后执行【另存为】命令，将图形命名并存储为"为户型图插入单开门构件.dwg"。

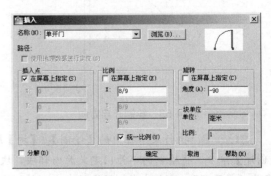

图 4-64　设置参数

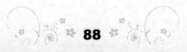

图 4-65　定位插入点

4.5.2　【实训 2】为建筑平面图布置室内用具

1. 实训目的

本实训要求为建筑平面图布置室内用具，通过本例的操作，熟练掌握图块资源的快速应用技能，具体实训目的如下。

◆ 掌握使用【插入】命令向图形中快速插入图块资源的技能。

◆ 掌握使用【设计中心】窗口向图形中快速引用图块资源的技能。

◆ 掌握使用【工具选项板】窗口向图形中快速引用图块资源的技能。

2. 实训要求

首先打开建筑平面图，然后设置捕捉与追踪模式，分别使用【插入】命令、【设计中心】窗口以及【工具选项板】窗口向建筑平面图中快速引用室内用具图块资源，对所学知识进行综合巩固练习。

本例最终效果如图 4-66 所示。

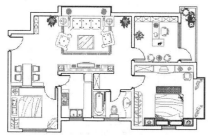

图 4-66　布置使用用具

具体要求如下。

（1）启动 AutoCAD 程序，并打开建筑平面图素材文件。

（2）设置捕捉模式与追踪模式，使其满足绘图要求。

（3）分别使用【插入】命令、【设计中心】窗口以及【工具选项板】窗口，向建筑平面图中快速引用室内用具图块资源。

（4）将绘制的图形命名并保存。

3. 完成实训

效果文件：	效果文件\第 4 章\"为户型图布置室内用具.dwg"
视频文件：	视频文件\第 4 章\"为户型图布置室内用具.avi"

Step 1　打开文件 "\素材文件\4-3.dwg"。

Step 2　单击【绘图】工具栏或【块】面板上的 按钮，在打开的【插入】对话框中单击 浏览(B)... 按钮，然后选择文件 "\图块文件\沙发组合 01.dwg"，如图 4-67 所示。

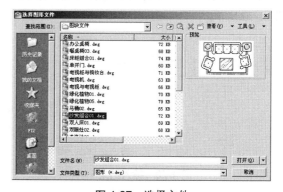

图 4-67　选择文件

Step 3　返回【插入】对话框，然后采用默认参数，将其插入到客厅平面图中，插入点为图 4-68 所示的中点。

Step 4　重复执行【插入块】命令，采用默认参数设置插入 "\图块文件\电视与电视柜.dwg" 文件，插入点为图 4-69 所示的中点。

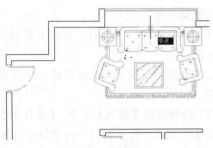

图 4-68　捕捉中点

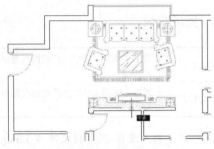

图 4-69　捕捉中点

Step 5　重复执行【插入块】命令，插入文件"\图块文件\绿化植物 05.dwg"，将其以默认参数插入到平面图中，并适当调整其位置，结果如图 4-70 所示。

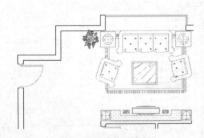

图 4-70　插入结果

Step 6　执行【镜像】或【复制】命令，将刚插入的植物图块进行复制，结果如图 4-71 所示。

Step 7　单击【标准】工具栏或【选项板】面板上的 按扭，在打开的【设计中心】窗口中定位"图块文件"文件夹，如图 4-72 所示。

Step 8　在右侧的窗口中选择"双人床01.dwg"文件，然后单击鼠标右键，选择【插入为块】选项，如图 4-73 所示，将此图形以块的形式共享到平面图中。

图 4-71　复制结果

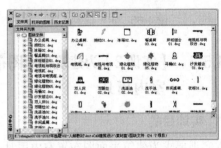

图 4-72　定位目标文件夹

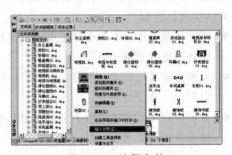

图 4-73　选择文件

Step 9　此时系统打开【插入】对话框，采用默认参数将该图块插入到平面图中，插入点为图 4-74 所示的端点。

Step 10　在【设计中心】右侧的窗口中向下移动滑块，找到"电视柜与梳妆台.dwg"文件并选择，如图 4-75 所示。

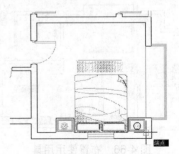

图 4-74　定位插入点

图4-75 定位文件

Step 11 按住鼠标左键不放,将其拖曳至平面图中,配合端点捕捉功能将图块插入到平面图中。命令行操作如下。

命令: _-INSERT 输入块名或[?]

　　单位: 毫米 转换: 1.0

　　指定插入点或[基点(B)/比例(S)/X/Y/Z/旋转(R)]: //捕捉图4-76所示的端点

　　输入X比例因子,指定对角点,或[角点(C)/XYZ(XYZ)] <1>: // Enter

　　输入Y比例因子或 <使用X比例因子>: // Enter

　　指定旋转角度 <0.0>: // Enter ,结果如图4-77所示

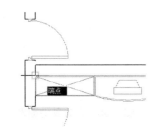

图4-76 捕捉端点

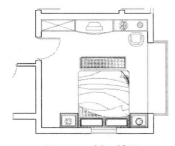

图4-77 插入结果

Step 12 在右侧窗口中定位"衣柜01.dwg"

图块,然后单击鼠标右键选择【复制】选项,如图4-78所示。

Step 13 返回绘图区,使用【粘贴】命令将衣柜图块粘贴到平面图中。命令行操作如下。

命令: _pasteclip

　　命令: _-INSERT 输入块名或[?]

　　单位: 毫米 转换: 1.0

　　指定插入点或[基点(B)/比例(S)/X/Y/Z/旋转(R)]: //捕捉图4-79所示的端点

　　输入X比例因子,指定对角点,或[角点(C)/XYZ(XYZ)] <1>: // Enter

　　输入Y比例因子或 <使用X比例因子>: // Enter

　　指定旋转角度 <0.0>: // Enter ,结果如图4-80所示

图4-78 定位文件

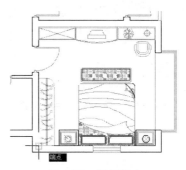

图4-79 捕捉端点

Step 14 在【设计中心】左侧树状列表中定位光盘"图块文件"文件夹,然后在文件夹上单击鼠标右键,打开快捷菜单,选择【创建块的工具选项板】选项,如图4-81所示。

Step 15 此时系统自动将此文件夹创建为

块的【工具选项板】，同时自动打开所创建的块的［工具选项板］，如图 4-82 所示。

Step 16 在【工具选项板】中向下拖动滑块，然后定位并单击选项板上的"床柜组合 01"图块，如图 4-83 所示。

Step 17 在命令行"指定插入点或[基点(B)/比例(S)/X/Y/Z/旋转(R)]:"提示下，捕捉图 4-84 所示的端点。

Step 18 参照上述各种方式，分别为平面图布置其他室内用具图例和绿化植物，结果如图 4-85 所示。

Step 19 接下来使用【多段线】命令，配合坐标输入功能绘制厨房操作台轮廓线，结果如图 4-86 所示。

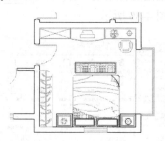

图 4-80 插入结果

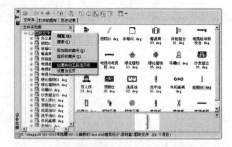

图 4-81 打开文件夹快捷菜单

图 4-82 创建工具选项板

图 4-83 定位共享文件

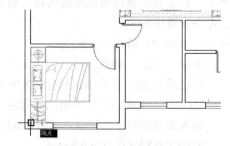

图 4-84 捕捉端点

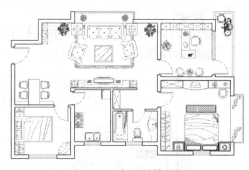

图 4-85 布置其他图例

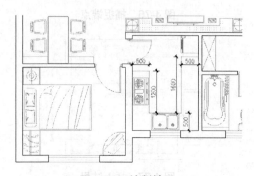

图 4-86 绘制结果

Step 20 最后执行【另存为】命令，将图

形命名并保存为"为户型图布置室内用具.dwg"。

4.5.3 【实训3】绘制广场地面拼花图例

1. 实训目的

本实训要求绘制广场地面拼花图例，通过本例的操作，熟练掌握夹点编辑图形的技能，具体实训目的如下。

- ◆ 掌握使用【圆】、【直线】命令绘制图形的技能。
- ◆ 掌握使用夹点编辑功能旋转复制图线的技能。
- ◆ 掌握使用【修剪】命令修剪图形的技能。
- ◆ 掌握使用【图案填充】命令填充图形的技能。

2. 实训要求

首先新建空白文件，并设置图形界限、捕捉与追踪模式，然后使用【圆】、【直线】命令绘制地面拼花基本图形，接着使用夹点编辑功能对图线进行夹点编辑，制作拼花，再使用【修剪】命令将图形修剪完善，最后使用【图案填充】命令对图形进行填充，完成地板拼花的绘制。

本例最终效果如图 4-87 所示。

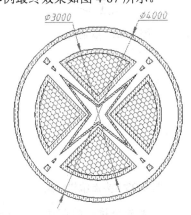

图 4-87 地板拼花

具体要求如下。

（1）启动 AutoCAD 程序，并新建空白文件。

（2）设置捕捉模式与追踪模式，使其满足绘图要求。

（3）分别使用【圆】、【直线】命令绘制拼花基本图形、使用夹点编辑功能旋转、复制图线，制作拼花图样，然后使用【修剪】命令对图形进行修剪完善，最后使用【图案填充】命令填充拼花图案。

（4）将绘制的图形命名保存。

3. 完成实训

效果文件：	效果文件\第 4 章\ "绘制广场地面拼花图例.dwg"
视频文件：	视频文件\第 4 章\ "绘制广场地面拼花图例.avi"

Step 1 新建文件，然后设置捕捉模式为"圆心捕捉"、"象限点捕捉"、"交点捕捉等"。

Step 2 使用快捷键激活【视图缩放】命令，将视图高度设置为 7500 个绘图单位。

Step 3 使用快捷键 "C" 激活【圆】命令，绘制直径为 2000 的圆。

Step 4 使用快捷键 "L" 激活【直线】命令，配合象限点捕捉功能绘制圆的垂直直径，如图 4-88 所示。

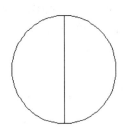

图 4-88 绘制结果

Step 5 无任何命令执行的前提下，夹点显示直径，然后单击下端夹点，将其转为热点，如图 4-89 所示。

图 4-89 夹点显示

Step 6 此时单击鼠标右键，在弹出的右键菜单中选择【旋转】选项，对直径进行夹点编辑。命令行操作如下。

　　旋转

　　指定旋转角度或[基点(B)/复制(C)/放弃(U)/参照(R)/退出(X)]: //c Enter

　　旋转(多重)

　　指定旋转角度或[基点(B)/复制(C)/放弃(U)/参照(R)/退出(X)]: //7.5 Enter

　　旋转(多重)

　　指定旋转角度或[基点(B)/复制(C)/放弃(U)/参照(R)/退出(X)]: //-7.5 Enter

　　旋转(多重)

　　指定旋转角度或[基点(B)/复制(C)/放弃(U)/参照(R)/退出(X)]: // Enter，结果如图4-90 所示

Step 7 参照上一步骤，以上端点作为基点进行夹点旋转并复制，命令行操作如下。

命令:

　　拉伸

　　指定拉伸点或[基点(B)/复制(C)/放弃(U)/退出(X)]: //单击鼠标右键，选择【旋转】选项

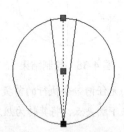

图4-90　夹点编辑结果

　　旋转

　　指定旋转角度或[基点(B)/复制(C)/放弃(U)/参照(R)/退出(X)]: //c Enter

　　**旋转(多重) **

　　指定旋转角度或[基点(B)/复制(C)/放弃(U)/参照(R)/退出(X)]: //7.5 Enter

　　**旋转(多重) **

　　指定旋转角度或[基点(B)/复制(C)/放弃(U)/参照(R)/退出(X)]: // -7.5 Enter

　　** 旋转 (多重) **

　　指定旋转角度或[基点(B)/复制(C)/放弃(U)/参照(R)/退出(X)]:// Enter，结果如图4-91 所示

Step 8 按下 Esc 键，取消对象的夹点显示，结果如图4-92 所示。

Step 9 选择【修改】菜单中的【修剪】命令，将编辑出的4条图线修剪为图4-93 所示的菱形。

图4-91　编辑结果

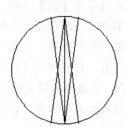

图4-92　取消夹点

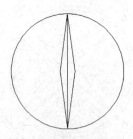

图4-93　夹点编辑结果

Step 10 无命令执行的前提下，夹点显示为图4-94 所示的图线。

Step 11 使用夹点编辑功能，对其进行旋转复制，旋转角度为90°，命令行操作如下。

命令:

　　** 拉伸 **

指定拉伸点或[基点(B)/复制(C)/放弃(U)/退出(X)]: //单击鼠标右键，选择【旋转】选项

** 旋转 **

指定旋转角度或[基点(B)/复制(C)/放弃(U)/参照(R)/退出(X)]: //c Enter

** 旋转 (多重) **

指定旋转角度或[基点(B)/复制(C)/放弃(U)/参照(R)/退出(X)]: //90 Enter

** 旋转 (多重) **

指定旋转角度或[基点(B)/复制(C)/放弃(U)/参照(R)/退出(X)]:// Enter，结果如图4-95 所示

Step 12 按下 Esc 键，取消对象的夹点显示，结果如图 4-96 所示。

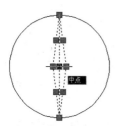

图 4-94 夹点显示

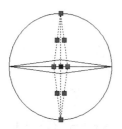

图 4-95 编辑结果

图 4-96 取消夹点结果

Step 13 选择【修改】菜单中的【修剪】

命令，对夹点后的图形进行修剪，结果如图 4-97 所示。

Step 14 再次使用夹点编辑功能，夹点显示图 4-98 所示的图形，进行夹点缩放并复制。命令行操作如下。

** 比例缩放 **

指定比例因子或[基点(B)/复制(C)/放弃(U)/参照(R)/退出(X)]: // c Enter

** 比例缩放 (多重) **

指定比例因子或[基点(B)/复制(C)/放弃(U)/参照(R)/退出(X)]: //1.3 Enter

** 比例缩放 (多重) **

指定比例因子或[基点(B)/复制(C)/放弃(U)/参照(R)/退出(X)]: // Enter，结果如图4-99 所示

图 4-97 修剪结果

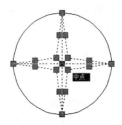

图 4-98 夹点显示

图 4-99 夹点结果

Step 15 删除内部互相垂直的直线，然后将圆向外侧偏移 1000 个单位，并删除用于偏移的圆图形。

Step 16 重复执行【偏移】命令，将大圆向内偏移，间距分别为 100、400、100 个单位，然后绘制如图 4-100 所示的两条直径。

Step 17 将垂直辅助线向左偏移，间距为 200、100，将水平辅助线向上偏移，间距为 200、100，图 4-101 所示。

Step 18 执行【修剪】和【删除】命令，对图形进行编辑，并删除残余图线，结果如图 4-102 所示。

Step 19 在命令行中输入 AR，激活【阵列】命令，以圆心为基点，将扇形进行环形阵列，阵列结果如图 4-103 所示。

Step 20 多次执行【偏移】命令，将第二个外圆向内侧偏移 120，连续偏移 4 次，结果如图 4-104 所示。

Step 21 单击【修改】工具栏 -/ 按钮，激活【延伸】命令，选择偏移后的第三道圆形作为延伸的边界，延伸左侧菱形的外边，结果如图 4-105 所示。

Step 22 执行【修剪】和【删除】命令，对延伸后的图形进行编辑，结果如图 4-106 所示。

Step 23 执行【阵列】命令，选择修剪编辑后的图块，以圆心为基点，将其环形阵列 4 个，结果如图 4-107 所示。

图 4-100　绘制直径

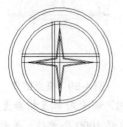

图 4-101　偏移结果

图 4-102　编辑结果

图 4-103　阵列结果

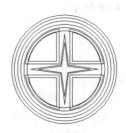

图 4-104　偏移结果

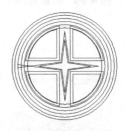

图 4-105　延伸结果

Step 24 在无命令执行的前提下夹点显示所有图形，如图 4-108 所示。

图 4-106　编辑结果

图 4-107　阵列结果

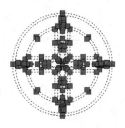

图 4-108　夹点效果

Step 25　单击中间的夹点作为基点，然后单击鼠标右键，选择夹点编辑菜单中的【旋转】命令。

Step 26　根据命令行的提示，将夹点图形旋转 45°，如图 4-109 所示。

Step 27　按 Esc 键取消对象的夹点效果，结果如图 4-110 所示。

Step 28　选择【绘图】菜单中的【图案填充】命令，设置填充图案及参数如图 4-111 所示，为图形填充图 4-112 所示的图案。

Step 29　重复执行【图案填充】命令，设置填充图案及参数如图 4-113 所示，为图形填充图 4-114 所示的图案。

Step 30　最后执行【保存】命令，将图形命名存储为"绘制广场地面拼花图例.dwg"。

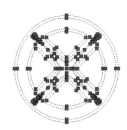

图 4-109　夹点旋转

图 4-110　取消夹点

图 4-111　设置填充图案及参数

图 4-112　填充结果

图 4-113　设置填充图案及参数

图 4-114　填充结果

▌4.6 ▌上机与练习

1．填空题

（1）使用（　　）工具创建的图块仅能供当前文件使用；使用（　　）工具创建的图块可以应用于所有的图形文件中；使用（　　）工具可以从现有的图形中提取一部分，作为一个独立的文件进行存盘。

（2）AutoCAD 提供了图块的插入功能，在具体插入图块时，用户不但可以修改图块的（　　），还可以修改块的（　　），而且在插入块的过程中，使用（　　）功能可以将块还原为各自独立的对象。

（3）设计中心是一个高级制图工具，使用此工具，用户可以（　　）、（　　）以及（　　）等。

（4）AutoCAD 共为用户提供了（　　）、（　　）和（　　）3 种图案填充类型，在具体为边界填充图案填充时，边界的拾取主要有（　　）和（　　）两种方式。

2．实训操作题

对"\素材文件\4-6.dwg"文件中的户型平面图布置室内用具（见图 4-115），并填充地面材质。

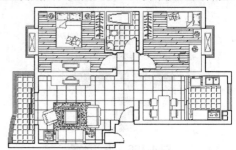

图 4-115　操作题

第5章

建筑设计图纸尺寸的精确标注

学习目标

本章主要掌握标注样式的设置、建筑设计图纸基本尺寸、复合尺寸的标注、标注尺寸的编辑等，主要内容包括标注线性尺寸、对齐尺寸、标注半径、直径尺寸、标注弧长以及标注基线尺寸、连续尺寸、快速标注以及编辑标注、标注更新、打断标注、编辑标注文字等，为标注建筑设计图纸尺寸做准备。

学习重点

掌握尺寸样式的设置，基本尺寸、复合尺寸的标注，以及标注尺寸的编辑等技能。

主要内容

- ◆ 设置标注样式
- ◆ 标注线性尺寸与对齐尺寸
- ◆ 标注直径、半径尺寸
- ◆ 标注角度与坐标
- ◆ 基线标注、快速标注与连续标注
- ◆ 打断标注、标注间距
- ◆ 标注更新、编辑标注文字

5.1 设置尺寸标注样式

在建筑工程图设计中，通过多种几何图形的排列组合，仅能表现出建筑物的基本形状、结构及位置关系等，却并不能直接表达出建筑物间的尺寸关系，因此，还必须为建筑设计图纸标注图形尺寸，以更加精确直观地表达出建筑物的实际大小及相互间的位置关系。

在对建筑图纸进行尺寸标注之前，首先要设置标注样式，以便使用合适的标注样式对建筑工程图纸进行尺寸标注。

这一节首先学习设置标注样式的相关方法和技能。

5.1.1 认识标注尺寸

一般情况下，尺寸是由标注文字、尺寸线、尺寸界线和箭头4部分元素组成，如图5-1所示。

图5-1 尺寸标注

◆ 标注文字：标注文字是用于表明对象的实际测量值，一般由阿拉伯数字与相关符号表示。

◆ 尺寸线：尺寸线是用于表明标注的方向和范围，一般使用直线表示。

◆ 箭头：箭头用于指出测量的开始位置和结束位置，不同图形使用不同的箭头形式，例如机械制图中使用实心箭头，而在建筑制图中使用斜线，如图5-2所示。

图5-2 箭头的使用

◆ 尺寸界线是从被标注的对象延伸到尺寸线的短线。

5.1.2 认识【标注样式管理器】对话框

尺寸标注样式的设置是在【标注样式管理器】对话框中完成的，在此对话框中不仅可以设置标注样式，还可以修改、替代和比较标注样式。打开【标注样式管理器】对话框有以下几种方式：

◆ 执行菜单栏中的【标注】或【格式】/【标注样式】命令；

◆ 单击【标注】工具栏或【注释】面板上的 按钮；

◆ 在命令行输入 Dimstyle 或 D 后按 Enter 键。

执行【标注样式】命令后，可打开【标注样式管理器】对话框，如图5-3所示。

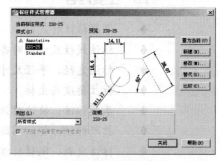

图5-3 【标注样式管理器】对话框

◆ 置为当前(U) 按钮用于把选定的标注样式设置为当前标注样式。

◆ 修改(M)... 按钮用于修改当前选择的标注样式。当用户修改了标注样式后，当前图形中的所有标注都会自动更新为当前样式。

◆ 替代(O)... 按钮用于设置当前使用的标注样式的临时替代值。

◆ 比较(C)... 按钮用于比较两种标注样式的特性，或浏览一种标注样式的全部特性，并将比较结果输出到 Windows 剪贴板上，再粘贴到其他 Windows 应用程序中。

◆ 新建(N)... 按钮用于设置新的标注样式。

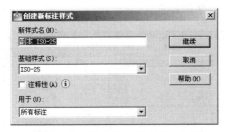

小技巧：当用户创建了替代样式后，当前标注样式将被应用到以后所有尺寸标注中，直到用户删除替代样式为止，而不会改变替代样式之前的标注样式。

5.1.3　设置标注样式

单击【标注样式管理器】对话框中的 新建(N)... 按钮，打开【创建新标注样式】对话框，如图 5-4 所示。

图 5-4　【创建新标注样式】对话框

该对话框用于创建新的尺寸标注样式，其中：

◆ 【新样式名】文本框用以为新样式命名；

◆ 【基础样式】下拉列表框用于设置新样式的基础样式；

◆ 【注释】复选项用于为新样式添加注释；

◆ 【用于】下拉列表框用于设置新样式的适用范围。

单击 继续 按钮，打开【新建标注样式：副本 ISO-25】对话框，如图 5-5 所示，此对话框包括【线】、【符号和箭头】、【文字】、【调整】、【主单位】、【换算单位】等选项卡，分别用于设置标注样式线型、符号和箭头、标注文字、标注比例、标注单位以及公差等。

1. 设置尺寸标注的尺寸线、尺寸界线和特性

在图 5-5 所示的对话框中进入【线】选项卡，该选项卡主要用于设置尺寸线、尺寸界线的格式

和特性等变量。

在【尺寸线】选项组中设置尺寸线的颜色、线型、线宽等，具体如下。

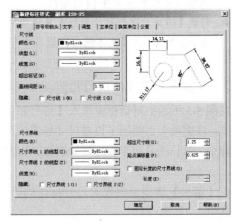

图 5-5　【新建标注样式：副本 ISO-25】对话框

◆ 【颜色】下拉列表框用于设置尺寸线的颜色。

◆ 【线型】下拉列表框用于设置尺寸线的线型。

◆ 【线宽】下拉列表框用于设置尺寸线的线宽。

◆ 【超出标记】微调按钮用于设置尺寸线超出尺寸界线的长度。在默认状态下，该选项处于不可用状态，当用户只有在选择建筑标记箭头时，此微调按钮才处于可用状态。

◆ 【基线间距】微调按钮用于设置在基线标注时两条尺寸线之间的距离。

在【尺寸界线】选项组中设置尺寸界线的颜色、线型、线宽等，具体如下。

◆ 【颜色】下拉列表框用于设置尺寸界线的颜色。

◆ 【线宽】下拉列表框用于设置尺寸界线的线宽。

◆ 【尺寸界线 1 的线型】下拉列表框用于设置尺寸界线 1 的线型。

◆ 【尺寸界线 2 的线型】下拉列表框用于设置尺寸界线 2 的线型。

◆ 【超出尺寸线】微调按钮用于设置尺寸界线超出尺寸线的长度。

◆ 【起点偏移量】微调按钮用于设置尺寸界线起点与被标注对象间的距离。

◆ 勾选【固定长度的尺寸界线】复选项后，可在下侧的【长度】文本框内设置尺寸界线的固定长度。

2. 设置尺寸标注的符号和箭头

在图 5-5 所示的对话框中进入【符号和箭头】选项卡，该选项卡主要用于设置尺寸标注的箭头、圆心标记、弧长符号和半径标注等参数，如图 5-6 所示。

在【箭头】选项组中设置尺寸标注的箭头符号，其中：

◆ 【第一个/第二个】下拉列表框用于设置箭头的形状；

◆ 【引线】下拉列表框用于设置引线箭头的形状；

◆ 【箭头大小】微调按钮用于设置箭头的大小。

在【圆心标记】选项组中设置是否标注圆心标记等，其中：

◆ 【无】单选项表示不添加圆心标记；

◆ 【标记】单选项用于为圆添加十字形标记；

◆ 【直线】单选项用于为圆添加直线型标记；

◆ 2.5 微调框用于设置圆心标记的大小。

在【弧长符号】选项组、【半径折弯标注】选项组以及【线性折弯标注】选项组设置标注文字是否添加前缀的位置、设置文字位置以及设置折弯角度等，其中：

◆ 【标注文字的前缀】单选项用于为弧长标注添加前缀；

◆ 【标注文字的上方】单选项用于设置标注文字的位置；

◆ 【无】单选项若表示在弧长标注上不出现弧长符号；

◆ 【半径折弯标注】选项组用于设置半径折弯的角度；

◆ 【线性折弯标注】选项组用于设置线性折弯的高度因子。

3. 设置标注文字参数

进入【文字】选项卡，该选项卡主要用于设置尺寸文字的样式、颜色、位置及对齐方式等变量，如图 5-7 所示。

在【文字外观】选项组设置标注样式的文字外观等，其中：

◆ 【文字样式】列表框用于设置尺寸文字的样式，单击列表框右端的 按钮，将弹出【文字样式】对话框，用于新建或修改文字样式；

◆ 【文字颜色】下拉列表框用于设置标注文字的颜色；

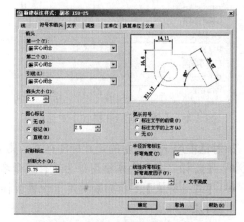

图 5-6 【符号和箭头】选项卡

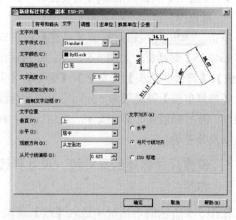

图 5-7 【文字】选项卡

◆ 【填充颜色】下拉列表框用于设置尺寸文本的背景色；

◆ 【文字高度】微调按钮用于设置标注文字的高度；

◆ 【分数高度比例】微调按钮用于设置标注分数的高度比例，只有在选择分数标注单位时，此选项才可用。

◆ 【绘制文字边框】复选框用于设置是否为标注文字加上边框。

在【文字位置】选项组中设置尺寸标注文字的位置等，其中：

◆ 【垂直】列表框用于设置尺寸文字相对于尺寸线垂直方向的放置位置；

◆ 【水平】列表框用于设置标注文字相对于尺寸线水平方向的放置位置；

◆ 【观察方向】列表框用于设置尺寸文字的观察方向；

◆ 【从尺寸线偏移】微调按钮，用于设置标注文字与尺寸线之间的距离。

在【文字对齐】选项组设置尺寸标注文字的对齐方式，其中：

◆ 【水平】单选按钮用于设置标注文字以水平方向放置；

◆ 【与尺寸线对齐】单选项用于设置标注文字与尺寸线对齐放置；

◆ 【ISO 标准】单选按钮用于根据 ISO 标准设置标注文字。它是前两者的综合。当标注文字在尺寸界线中时，就会与尺寸线对齐；当标注文字在尺寸界线外时，则采用水平对齐方式。

4. 设置标注比例

进入【调整】选项卡，该选项卡主要用于设置尺寸文字与尺寸线、尺寸界线等之间的位置，如图 5-8 所示。

在【调整选项】选项组中设置调整尺寸标注文字的位置等，其中：

◆ 【文字或箭头（最佳效果）】选项用于自动调整文字与箭头的位置，使二者达到最佳效果；

◆ 【箭头】单选项用于将箭头移到尺寸界线外；

◆ 【文字】单选项用于将文字移到尺寸界线外；

◆ 【文字和箭头】单选项用于将文字与箭头都移到尺寸界线外；

◆ 【文字始终保持在尺寸界线之间】选项用于将文字放置在尺寸界线之间。

在【文字位置】选项组设置尺寸标注文字的放置位置，其中：

◆ 【尺寸线旁边】单选项用于将文字放置在尺寸线旁边；

◆ 【尺寸线上方，带引线】单选项用于将文字放置在尺寸线上方，并加引线；

◆ 【尺寸线上方，不带引线】单选项用于将文字放置在尺寸线上方，但不加引线引导。

在【标注注释比例】选项组设置尺寸标注的比例，其中：

◆ 【注释性】复选项性用于设置标注为注释性标注；

◆ 【使用全局比例】单选项用于设置标注的比例因子；

◆ 【将标注缩放到布局】单选项用于根据当前模型空间的视口与布局空间的大小来确定比例因子。

在【优化】选项组中设置是否手动放置标注文字，其中：

◆ 【手动放置文字】复选项用于手动放置标注文字。

◆ 【在尺寸界线之间绘制尺寸线】复选项：勾选该复选项，在标注圆弧或圆时，尺寸线始终在尺寸界线之间。

5. 设置尺寸标注的主单位

进入【主单位】选项卡，该选项卡主要用于设置线性标注和角度标注的单位格式以及精确度等参数变量，如图 5-9 所示。

在【线性标注】选项组中设置尺寸标注文字的单位，其中：

◆ 【单位格式】下拉列表框用于设置线性标注的单位格式，默认值为小数；

◆ 【精度】下拉列表框用于设置尺寸的精度；

◆ 【分数格式】下拉列表框用于设置分数的格式，只有当【单位格式】为"分数"时，此下拉列表框才能激活；

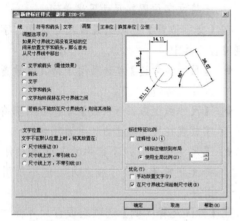

图 5-8 【调整】选项卡

图 5-9 【主单位】选项卡

◆ 【小数分隔符】下拉列表框用于设置小数的分隔符号；

◆ 【舍入】微调按钮用于设置除了角度之外的标注测量值的四舍五入规则；

◆ 【前缀】文本框用于设置尺寸文字的前缀，可以为数字、文字、符号；

◆ 【后缀】文本框用于设置尺寸文字的后缀，可以为数字、文字、符号；

◆ 【比例因子】微调按钮用于设置除了角度之外的标注比例因子；

◆ 【仅应用到布局标注】复选框仅对在布局里创建的标注应用线性比例值；

◆ 【前导】复选框用于消除小数点前面的零，当尺寸文字小于 1 时，比如为 "0.5"，勾选此复选框后，此 "0.5" 将变为 ".5，前面的零已消除；

◆ 【后续】复选框用于消除小数点后面的零；

◆ 【0 英尺】复选框用于消除零英尺前的零，如："0′ -1/2″" 表示为 "1/2″"；

◆ 【0 英寸】复选框用于消除英寸后的零，如："2′ -1.400″" 表示为 "2′ -1.4″"。

在【角度标注】选项组中设置角度标注的主单位，其中：

◆ 【单位格式】下拉列表框用于设置角度标注的单位格式；

◆ 【精度】下拉列表框用于设置角度的小数位数；

◆ 【前导消零】复选框消除角度标注前面的零；

◆ 【后续消零】复选框消除角度标注后面的零。

6. 设置尺寸标注的换算单位

进入【换算单位】选项卡，该选项卡主要用于显示和设置尺寸文字的换算单位、精度等变量，如图 5-10 所示。

只有勾选了【显示换算单位】复选框，才可激活【换算单位】选项卡中所有的选项组。

在【换算单位】选项组中设置换算单位格式、精度等，其中：

◆ 【单位格式】下拉列表框用于设置换算单位格式；

◆ 【精度】下拉列表框用于设置换算单位的小数位数；

◆ 【换算单位倍数】按钮用于设置主单位与

换算单位间的换算因子的倍数；

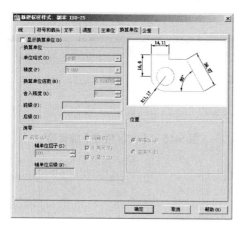

图 5-10 【换算单位】选项卡

- ◆ 【舍入精度】按钮用于设置换算单位的四舍五入规则；
- ◆ 【前缀】文本框输入的值将显示在换算单位的前面；
- ◆ 【后缀】文本框输入的值将显示在换算单位的后面；
- ◆ 【消零】选项组用于设置是否消除换算单位的前导和后继零。

5.2 标注基本尺寸

所谓基本尺寸是指常见的一些尺寸。例如长度尺寸、半径尺寸、直径尺寸等，这一节首先学习这些基本尺寸的标注方法和技巧。

5.2.1 标注线性尺寸与对齐尺寸

线性尺寸与对齐尺寸常用于标注表示长度的尺寸，这一节首先学习线性尺寸与对齐尺寸的标注方法和技巧。

1. 线性标注

【线性】标注命令主要用于标注两点之间的水平尺寸或垂直尺寸，它是一个常用的尺寸标注命令，执行【线性】命令主要有以下几种方式：

- ◆ 执行菜单栏中的【标注】/【线性】命令；

- ◆ 单击【标注】工具栏或面板上的按钮；
- ◆ 在命令行输入 Dimlinear 或 Dimlin。

下面通过标注某立面窗的水平尺寸和垂直尺寸，学习【线性】命令的使用方法和技巧。

【任务1】标注立面窗水平和垂直尺寸。

Step 1 打开 "\素材文件\5-1.dwg" 文件，如图 5-11 所示。

Step 2 单击【标注】工具栏或面板上的按钮，激活【线性】命令，配合端点捕捉功能标注下侧的长度尺寸。命令行操作如下。

命令: _dimlinear

指定第一个尺寸界线原点或 <选择对象>: //捕捉图 5-11 所示的端点 1

指定第二条尺寸界线原点: //捕捉图 5-11 所示的端点 2

指定尺寸线位置或[多行文字(M)/文字(T)/角度(A)/水平(H)/垂直(V)/旋转(R)]://向下移动光标，在适当位置拾取一点，以定位尺寸线的位置，结果如图 5-12 所示

标注文字 = 3300

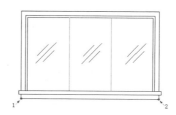

图 5-11 打开的文件

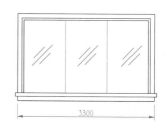

图 5-12 标注结果

Step 3 重复执行【线性】命令，配合端点捕捉功能标注宽度尺寸。命令行操作如下。

命令: // Enter，重

复执行【线性】命令

Dimlinear 指定第一个尺寸界线原点或 <
选择对象>:   // Enter

选择标注对象: //单击图 5-13 所示的
垂直边

指定尺寸线位置或[多行文字(M)/文字
(T)/角度(A)/水平(H)/垂直(V)/旋转(R)]:
//水平向右移动光标，然后在适当位置指
定尺寸线位置,标注结果如图 5-14 所示。

标注文字 = 1850

📖 选项解析

◆ 【多行文字】选项主要是在图 5-15 所示
的【文字格式】编辑器内,手动输入尺
寸的文字内容,或者为尺寸文字添加前
后缀等。

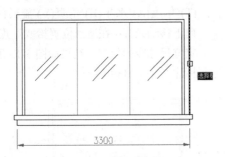

图 5-13   选择垂直边

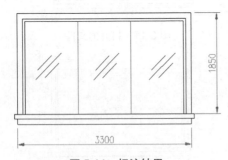

图 5-14   标注结果

◆ 【文字】选项用于通过命令行,手动输入
尺寸文字的内容,以方便添加尺寸前缀和
后缀。

◆ 【角度】选项用于设置尺寸文字的旋转角
度,如图 5-16 所示。

◆ 【水平】选项用于标注两点之间的水平
尺寸。

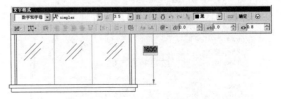

图 5-15   【文字格式】编辑器

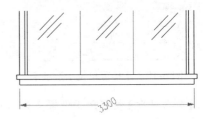

图 5-16   设置旋转角度

◆ 【垂直】选项用于标注两点之间的垂直
尺寸。

◆ 【旋转】选项用于设置尺寸线的旋转角度。

2. 对齐标注

对齐标注是指标注平行于所选对象或平行于
两尺寸界线原点连线的尺寸,此命令比较适合于
标注倾斜图线的尺寸。

执行【对齐】命令主要有以下几种方式:

◆ 执行菜单栏中的【标注】/【对齐】命令;

◆ 单击【标注】工具栏或面板上✎按钮;

◆ 在命令行输入 Dimaligned 或 Dimali。

下面通过标注建筑平面图尺寸的实例,学习
【对齐】命令的使用方法和技巧。

【任务 2】建筑平面图外墙尺寸。

Step 1   打开文件 "\素材文件\5-2.dwg",
如图 5-17 所示。

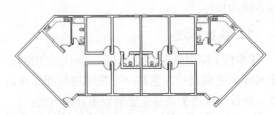

图 5-17   打开结果

Step 2　单击【标注】工具栏或面板上的 按钮，执行【对齐】命令，配合交点捕捉功能标注对齐线尺寸。命令行操作如下。

命令: _dimaligned

指定第一个尺寸界线原点或 <选择对象>:　　//捕捉图 5-18 所示的交点

指定第二条尺寸界线原点:　　　//捕捉图 5-18 所示的交点 A

指定尺寸线位置或[多行文字(M)/文字(T)/角度(A)]:　//在适当位置指定尺寸线位置

标注文字 = 8990

Step 3　标注结果如图 5-19 所示。

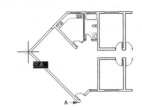

图 5-18　捕捉 A 点

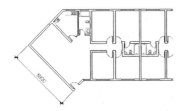

图 5-19　标注结果

Step 4　重复执行【对齐】命令，标注右侧的对齐尺寸，结果如图 5-20 所示。

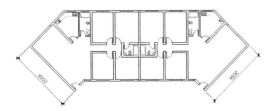

图 5-20　标注结果

提示:【对齐】命令中的 3 个选项功能与【线性】命令中的选项功能相同，在此不再讲述。

5.2.2　标注坐标与角度尺寸

下面继续学习标注坐标与角度尺寸。

1. 坐标标注

【坐标】命令用于标注点的 x 坐标值和 y 坐标值，所标注的坐标为点的绝对坐标。执行【坐标】命令主要有以下几种方式:

◆　执行菜单栏中的【标注】/【坐标】命令;

◆　单击【标注】工具栏或面板上的 按钮;

◆　在命令行输入 Dimordinate 或 Dimord 后按 Enter 键。

执行【坐标】命令后，命令行操作如下。

命令: _dimordinate

指定点坐标:　　　　　　//捕捉点

指定引线端点或[X 基准(X)/Y 基准(Y)/多行文字(M)/文字(T)/角度(A)]: //定位引线端点

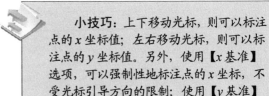

小技巧:上下移动光标，则可以标注点的 x 坐标值; 左右移动光标，则可以标注点的 y 坐标值。另外，使用【x 基准】选项，可以强制性地标注点的 x 坐标，不受光标引导方向的限制; 使用【y 基准】选项可以标注点的 y 坐标。

2. 角度标注

【角度】命令用于标注两条图线间的角度尺寸或者是圆弧的圆心角，执行【角度】命令主要有以下几种方式:

◆　执行菜单栏中的【标注】/【角度】命令;

◆　单击【标注】工具栏或面板上的 按钮;

◆　在命令行输入 Dimangular 或 Angular 后按 Enter 键。

下面通过某简单操作，学习角度标注的方法和技巧。

【任务3】标注图形角度。

Step 1　新建空白文件，使用【直线】命令绘制图 5-21 所示的图形。

Step 2　执行【角度】命令后，命令行操作如下。

命令: _dimangular

　　选择圆弧、圆、直线或 <指定顶点>:
　　//选择水平图线

　　选择第二条直线:　　　　　　//选择倾斜
　　图线

　　指定标注弧线位置或[多行文字(M)/文字
　　(T)/角度(A) /象限点(Q)]:　　//在适当位
　　置拾取一点，定位尺寸线位置，结果如
　　图 5-22 所示

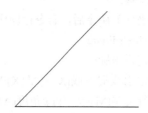

图 5-21　绘制的图形

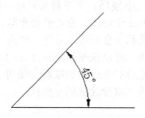

图 5-22　标注结果

5.2.3　标注半径与直径尺寸

下面继续学习标注半径与直径尺寸的方法和技巧。

1. 标注半径尺寸

【半径】命令用于标注圆、圆弧的半径尺寸，当用户采用系统的实际测量值标注文字时，系统会在测量数值前自动添加"R"。

执行【半径】命令主要有以下几种方式：
- ◆ 执行菜单栏中的【标注】/【半径】命令；
- ◆ 单击【标注】工具栏或面板上的 ◎ 按钮；
- ◆ 在命令行输入 Dimradius 或 Dimrad 后按

Enter 键。

执行【半径】命令后，命令行操作如下。

命令: _dimradius

　　选择圆弧或圆:　　//选择需要标注的圆或
　　弧对象

　　指定尺寸线位置或[多行文字(M)/文字(T)/
　　角度(A)]:　　　　　　//指定尺寸的位置，结果
　　如图 5-23 所示

2. 标注直径尺寸

【直径】命令用于标注圆或圆弧的直径尺寸，当用户采用系统的实际测量值标注文字时，系统会在测量数值前自动添加"∅"符号。

执行【直径】命令主要有以下几种方式：
- ◆ 执行菜单栏中的【标注】/【直径】命令；
- ◆ 单击【标注】工具栏或面板上的 ◎ 按钮；
- ◆ 在命令行输入 Dimdiameter 或 Dimdia 后按
　　Enter 键。

激活【直径】命令后，AutoCAD 命令行会出现如下操作提示。

命令: _dimdiameter

　　选择圆弧或圆:　　//选择需要标注的圆或
　　圆弧

　　指定尺寸线位置或[多行文字(M)/文字(T)/
　　角度(A)]:　　　　　　//指定尺寸的位置，结果
　　如图 5-24 所示

图 5-23　标注半径尺寸

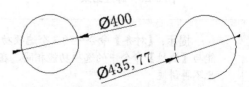

图 5-24　标注直径尺寸

5.2.4　标注弧长与折弯尺寸

下面继续学习标注弧长尺寸与折弯尺寸的方法和技巧。

1. 标注弧长尺寸

【弧长】命令用于标注圆弧或多段线弧的长度尺寸，默认设置下，会在尺寸数字的一端添加弧长符号。

执行【弧长】命令主要有以下几种方式：

♦ 执行菜单栏中的【标注】/【弧长】命令；

♦ 单击【标注】工具栏或面板上的 按钮；

♦ 在命令行输入 Dimarc 后按 Enter 键。

激活【弧长】命令后，AutoCAD 命令行会出现如下操作提示。

命令: _dimarc

选择弧线段或多段线弧线段: 　　//选择需要标注的弧线段

指定弧长标注位置或[多行文字(M)/文字(T)/角度(A)/部分(P)/引线(L)]: 　　//指定弧长尺寸的位置，结果如图 5-25 所示

> **小技巧**：使用【部分】选项可以标注圆弧或多段线弧上的部分弧长，如图 5-26 所示；使用【引线】选项可以为圆弧的弧长尺寸添加指示线，如图 5-27 所示。

图 5-25　弧长标注

图 5-26　标注部分弧长

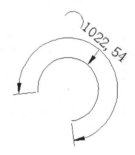

图 5-27　添加指示线的弧长标注

2. 折弯线性

【折弯线性】命令用于在线性标注或对齐标注上添加或删除拆弯线，"折弯线"指的是所标注对象中的折断，标注值代表实际距离，而不是图形中测量的距离。

执行【折弯线性】命令主要有以下几种方式：

♦ 执行菜单栏中的【标注】/【折弯线性】命令；

♦ 单击【标注】工具栏或面板上的 按钮；

♦ 在命令行输入 DIMJOGLINE 按 Enter 键。

执行【折弯线性】命令后，命令行操作如下。

命令: _DIMJOGLINE

选择要添加折弯的标注或[删除(R)]: 　　//选择需要添加折弯的标注

指定折弯位置(或按 Enter 键): 　　//指定折弯线的位置，结果如图 5-28 所示

图 5-28　线性标注与折弯标注比较

小技巧：【删除】选项主要用于删除标注中的折弯线。

5.3 标注复合尺寸

除了前面所讲的常见的基本尺寸标注之外，还有【基线】标注、【连续】标注、【快速标注】3个标注命令，我们称之为复合尺寸标注。之所以称之为复合尺寸，是因为这些尺寸需要在现有的尺寸基础上，再进行标注。这一节就来学习这几个复合尺寸的标注方法和技巧。

5.3.1 标注基线尺寸

【基线】命令用于在现有尺寸的基础上，以选择的尺寸界线作为基线尺寸的尺寸界线，进行快速标注。

执行【基线】命令主要有以下几种方式：

◆ 执行菜单栏中的【标注】/【基线】命令；
◆ 单击【标注】工具栏或面板上的 按钮；
◆ 在命令行输入 Dimbaseline 或 Dimbase 后按 Enter 键。

下面通过为某建筑立面图快速标注尺寸的实例，学习使用【基线】命令的方法和技巧。

【任务 4】快速标注建筑立面图尺寸。

Step 1 打开"\素材文件\5-3.dwg"文件，如图 5-29 所示。

Step 2 展开【图层控制】下拉列表，打开被关闭的"轴线层"，结果如图 5-30 所示。

Step 3 执行【线性】命令，配合端点捕捉功能，标注图 5-31 所示的线性尺寸作为基准尺寸。

Step 4 单击【标注】工具栏或面板上的 按钮，激活【基线】命令，配合交点捕捉功能标注基线尺寸。命令行操作如下。

图 5-29 打开结果

图 5-30 显示轴线层

命令: _dimbaseline

指定第二条尺寸界线原点或[放弃(U)/选择(S)] <选择>: //捕捉图 5-32 所示的交点

图 5-31 标注线性尺寸

图 5-32 捕捉交点

Step 5　标注结果如图 5-36 所示。

小技巧：当激活【基线】命令后，AutoCAD 会自动以刚创建的线性尺寸作为基准尺寸，进入基线尺寸的标注状态。

标注文字=4350

指定第二条尺寸界线原点或[放弃(U)/选择(S)] <选择>：　//捕捉图 5-33 所示的交点

标注文字=7950

指定第二条尺寸界线原点或[放弃(U)/选择(S)] <选择>：　//捕捉图 5-34 所示的交点

标注文字=11550

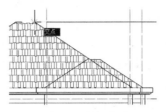

图 5-35　捕捉交点

图 5-36　标注结果

小技巧：命令中的【选择】选项用于提示选择一个线性、坐标或角度标注作为基线标注的基准，【放弃】选项用于放弃所标注的最后一个基线标注。

图 5-33　捕捉交点

图 5-34　捕捉交点

指定第二条尺寸界线原点或[放弃(U)/选择(S)] <选择>：　//捕捉图 5-35 所示的交点

标注文字 = 15115

指定第二条尺寸界线原点或[放弃(U)/选择(S)] <选择>：　// Enter ，退出基线标注状态

选择基准标注：　// Enter ，退出命令

5.3.2　标注连续尺寸

【连续】命令也是需要在现有的尺寸基础上创建连续的尺寸对象，所创建的连续尺寸位于同一个方向矢量上。

执行【连续】命令主要有以下几种方式：

◆　执行菜单栏中的【标注】/【连续】命令；

◆　单击【标注】工具栏或面板上的 按钮；

◆　在命令行输入 Dimcontinue 或 Dimcont 后按 Enter 键。

下面继续通过标注建筑立面图的连续尺寸，学习【连续】命令的使用方法和操作技巧。

【任务 5】为建筑立面图标注连续尺寸。

Step 1　打开 "\素材文件\5-4.dwg" 文件。

Step 2　展开【图层控制】下拉列表，打开被关闭的"轴线层"。

Step 3 执行【线性】命令，配合交点捕捉功能标注图 5-37 所示的线性尺寸。

Step 4 执行菜单栏中的【标注】/【连续】命令，根据命令行的提示标注连续尺寸。命令行操作如下。

命令: _dimcontinue

指定第二条尺寸界线原点或[放弃(U)/选择(S)] <选择>: //捕捉图 5-38 所示的交点

标注文字 = 3500

指定第二条尺寸界线原点或[放弃(U)/选择(S)] <选择>: //捕捉图 5-39 所示的交点

标注文字 = 2600

图 5-37 标注线性尺寸

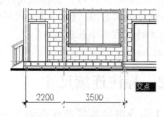

图 5-38 捕捉交点

指定第二条尺寸界线原点或[放弃(U)/选择(S)] <选择>: //捕捉图 5-40 所示的交点

标注文字 = 4000

指定第二条尺寸界线原点或[放弃(U)/选择(S)] <选择>: //捕捉图 5-41 所示的交点

标注文字 = 600

图 5-39 捕捉交点

图 5-40 捕捉交点

图 5-41 捕捉交点

指定第二条尺寸界线原点或[放弃(U)/选择(S)] <选择>: //Enter，退出连续尺寸状态

选择连续标注: //Enter，退出命令

Step 5 标注结果如图 5-42 所示。

Step 6 参照上述操作，综合使用【线性】和【连续】命令，标注右侧的连续尺寸，结果如图 5-43 所示。

图 5-42 标注结果

图 5-43 标注右侧尺寸

5.3.3 快速标注

【快速标注】命令用于一次标注多个对象间的水

平尺寸或垂直尺寸，是一种比较常用的复合标注工具。

执行【快速标注】命令主要有以下几种方式：

- 执行菜单栏中的【标注】/【快速标注】命令；
- 单击【标注】工具栏或面板上按钮；
- 在命令行输入 Qdim 后按 Enter 键。

下面通过为某桥墩标注尺寸的实例，学习快速标注尺寸的方法和技巧。

【任务 6】 快速标注桥墩尺寸。

Step 1 打开"\素材文件\5-5.dwg"文件，如图 5-44 所示。

图 5-44　打开结果

Step 2 单击【标注】工具栏或面板上的按钮，激活【快速标注】命令后，根据命令行的提示快速标注尺寸。命令行操作如下。

命令: _qdim

选择要标注的几何图形:　　　//拉出图 5-45 所示的窗交选择框

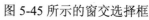
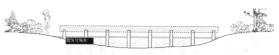

图 5-45　窗交选择框

选择要标注的几何图形:　　//Enter

指定尺寸线位置或[连续(C)/并列(S)/基线(B)/坐标(O)/半径(R)/直径(D)/基准点(P)/编辑(E)/设置(T)] <连续>:　　//向上引导光标，此时系统进入图 5-46 所示的快速标注状态，然后在适当位置单击，标注结果如图 5-47 所示

📖　**选项解析**

- 【连续】选项用于标注对象间的连续尺寸。
- 【并列】选项用于标注并列尺寸，如图 5-48 所示。

图 5-46　快速标注状态

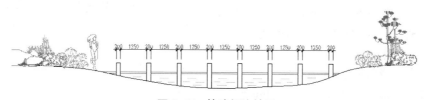

图 5-47　快速标注结果

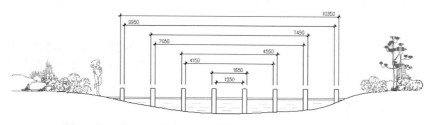

图 5-48　并列尺寸示例

- 【坐标】选项用于标注对象的绝对坐标；【基线】选项用于标注基线尺寸。
- 【基准点】选项用于设置新的标注点；【编辑】选项用于添加或删除标注点。

◆ 【半径】选项用于标注圆或弧的半径尺寸；【直径】选项用于标注圆或弧的直径尺寸。

5.4 编辑尺寸标注

前面章节学习了尺寸标注的各种方法，这一节继续学习编辑尺寸标注的相关命令，这些命令主要有【标注打断】、【标注间距】、【编辑标注】、【标注更新】和【编辑标注文字】，以便于对尺寸标注进行编辑和更新。

5.4.1 打断标注

【标注打断】命令主要用于在尺寸线、尺寸界线与几何对象或其他标注相交的位置将其打断。执行【标注打断】命令主要有以下几种方式：

◆ 执行菜单栏中的【标注】/【标注打断】命令；
◆ 单击【标注】工具栏或面板上的 ┷ 按钮；
◆ 在命令行输入 Dimbreak 后按 Enter 键。

执行【标注打断】命令后，命令行操作如下。

命令：_DIMBREAK

　　选择要添加/删除折断的标注或[多个(M)]：//选择 5-49（左）所示的 3 个尺寸

　　选择要折断标注的对象或[自动(A)/手动(M)/删除(R)] <自动>：

　　//选择与尺寸线相交的水平轮廓线

　　选择要折断标注的对象： //Enter，

结束命令，结果如图 5-49（右）所示。

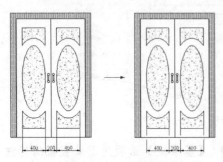

图 5-49　打断结果

小技巧：【手动】选项用于手动定位打断位置；【删除】选项用于恢复被打断的尺寸对象。

5.4.2 标注间距

【标注间距】命令用于调整平行的线性标注和角度标注之间的间距，或根据指定的间距值进行调整。执行【标注间距】命令主要有以下几种方式：

◆ 执行菜单栏中的【标注】/【标注间距】命令；
◆ 单击【标注】工具栏或面板上的 ▥ 按钮；
◆ 在命令行输入 Dimspace 按 Enter 键。

执行【标注间距】命令后，命令行操作如下。

命令：_DIMSPACE

　　选择基准标注： //选择尺寸文字为 16.0 的尺寸对象

　　选择要产生间距的标注： //选择其他 3 个尺寸对象

　　选择要产生间距的标注： // Enter，结束对象的选择

　　输入值或[自动(A)] <自动>：// 10 Enter，结果如图 5-50（右）所示。

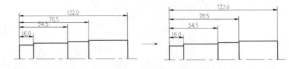

图 5-50　调整标注间距

小技巧：【自动】选项用于根据现有的尺寸位置，自动调整各尺寸对象的位置，使之间隔相等。

5.4.3 编辑标注

【编辑标注】命令主要用于修改标注文字的内容、旋转角度以及尺寸界线的倾斜角度等。执行

【编辑标注】命令主要有以下几种方式:

- ◆ 执行菜单栏中的【标注】/【倾斜】命令;
- ◆ 单击【标注】工具栏上的 按钮;
- ◆ 在命令行输入 Dimedit 后按 Enter 键。

下面通过为某线性尺寸文字添加直径符号,并将其旋转 30°的实例,学习【编辑标注】命令的使用方法和使用技巧。

【任务 7】为线性尺寸文字添加直径符号并将其旋转 30°。

Step 1 绘制长度为 200 个绘图单位的水平直线,然后执行【线性】命令,为该水平线标注线性尺寸,如图 5-51 所示。

Step 2 单击【标注】工具栏上的 按钮,激活【编辑标注】命令,根据命令行提示进行编辑标注。命令行操作如下。

命令: _dimedit
　　输入标注编辑类型[默认(H)/新建(N)/旋转(R)/倾斜(O)] <默认>:
　　//n Enter,打开【文字格式】编辑器,将光标定位在尺寸文字的前面,然后单击 按钮,在弹出的下拉列表中选择【直径】命令,为其添加直径符号,如图 5-52 所示

图 5-51 创建线性尺寸

图 5-52 选择【直径】命令

Step 3 单击确定按钮关闭【文字格式】编辑器
　　选择对象: //选择刚标注的尺寸
　　选择对象: // Enter,结果为该尺寸文字添加了直径符号,如图 5-53 所示

Step 4 重复执行【编辑标注】命令,对标注文字进行倾斜。命令行操作如下。
命令: // Enter,重复执行命令
　　DIMEDIT 输入标注编辑类型[默认(H)/新建(N)/旋转(R)/倾斜(O)] <默认>: //r Enter,激活【旋转】选项
　　指定标注文字的角度: //30 Enter
　　选择对象: //选择标注的尺寸
　　选择对象: // Enter,结果尺寸文字旋转 30°,如图 5-54 所示

图 5-53 修改内容

图 5-54 旋转文字

小技巧:【倾斜】选项用于对尺寸界线进行倾斜,激活该选项后,系统将按指定的角度调整标注尺寸界线的倾斜角度。

5.4.4 标注更新

【更新】命令用于将尺寸对象的样式更新为当前尺寸标注样式,还可以将当前的标注样式保存起来,以供随时调用。执行【更新】命令主要有以下几种方式:

- ◆ 执行菜单栏中的【标注】/【更新】命令;
- ◆ 单击【标注】工具栏或面板上的 按钮;
- ◆ 在命令行输入-Dimstyle 后按 Enter 键。

激活该命令后,仅选择需要更新的尺寸对象即可,命令行操作如下。

命令: _-dimstyle
　　当前标注样式:NEWSTYLE 注释性: 否
　　输入标注样式选项[注释性(AN)/保存(S)/恢复(R)/状态(ST)/变量(V)/应用(A)/?] <

恢复>:

选择对象: //选择需要更新的尺寸

选择对象: // Enter，结束命令

📖 **选项解析**

- ◆ 【状态】选项用于以文本窗口的形式显示当前标注样式的数据。
- ◆ 【应用】选项将选择的标注对象自动更换为当前标注样式。
- ◆ 【保存】选项用于将当前标注样式存储为用户定义的样式。
- ◆ 【恢复】选项用于恢复已定义过的标注样式。

5.4.5 编辑标注文字

【编辑标注文字】命令用于重新调整标注文字的放置位置以及标注文字的旋转角度。执行【编辑标注文字】命令主要有以下几种方式：

- ◆ 执行【标注】/【对齐文字】级联菜单中的各命令；
- ◆ 单击【标注】工具栏上的 按钮；
- ◆ 在命令行输入 Dimtedit 后按 Enter 键。

Step 1 执行【编辑标注文字】命令后，可以调整尺寸文字的位置和角度。其命令行操作如下。

命令: _dimtedit

选择标注: //选择标注的尺寸对象

为标注文字指定新位置或[左对齐(L)/右对齐(R)/居中(C)/默认(H)/角度(A)]: //a Enter，激活【角度】选项

指定标注文字的角度: //45 Enter，结果尺寸文字旋转 45°

Step 2 重复执行【编辑标注文字】命令，调整标注文字的位置。命令行操作如下。

命令: _dimtedit

选择标注: //选择标注的尺寸

为标注文字指定新位置或[左对齐(L)/右对齐(R)/居中(C)/默认(H)/角度(A)]: // R Enter，激活【右对齐】选项，则尺

寸文字向右对齐，结果如图 5-55 所示

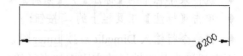

图 5-55 修改标注文字位置

📖 **选项解析**

- ◆ 【左对齐】选项用于沿尺寸线左端放置标注文字。
- ◆ 【右对齐】选项用于沿尺寸线右端放置标注文字。
- ◆ 【居中】选项用于把标注文字放在尺寸线的中心。
- ◆ 【默认】选项用于将标注文字移回默认位置。
- ◆ 【角度】选项用于旋转标注文字。

5.5 上机实训

5.5.1 【实训1】标注别墅立面图施工尺寸

1. 实训目的

本实训要求为别墅立面图标注施工尺寸，通过本例的操作，熟练掌握尺寸的快速标注技巧，具体实训目的如下。

- ◆ 掌握线性尺寸的标注方法和技巧。
- ◆ 掌握连续标注的方法和技巧。

2. 实训要求

首先打开别墅立面图，设置捕捉与追踪模式，然后使用【线性】命令标注基准尺寸，使用【连续】命令快速标注连续尺寸。在具体的操作过程中，用户可结合前面讲解的相关知识，分别使用【快速标注】命令、【基线标注】命令标注别墅立面图尺寸，并使用【编辑标注文字】命令调整尺寸文字的位置，对所学知识进行综合巩固练习。

本例最终效果如图 5-56 所示。

图 5-56　标注别墅立面图尺寸

具体要求如下。

（1）启动 AutoCAD 程序，并打开别墅立面图文件。

（2）在图层控制列表显示被隐藏的轴线层。

（3）使用【线性】命令标注水平基准尺寸，然后使用【连续】命令标注别墅的底面水平尺寸。

（4）继续使用【线性】命令标注垂直基准尺寸，再使用【连续】命令标注别墅的侧面连续尺寸。

（5）使用【线性】命令标注别墅的水平和垂直的总尺寸，完成别墅立面图尺寸的标注。

（6）将标注结果命名保存。

3. 完成实训

效果文件：	效果文件\第 5 章\"标注别墅立面图尺寸.dwg"
视频文件：	视频文件\第 5 章\"标注别墅立面图尺寸.avi"

Step 1　打开 "\素材文件\5-6.dwg" 文件，如图 5-57 所示。

Step 2　展开【图层控制】下拉列表，将 "尺寸层" 设置为当前图层。

Step 3　在命令行设置变量 DIMSCANLE 值为 100。

Step 4　执行菜单栏中的【标注】/【线性】命令，配合端点捕捉功能，标注立面图右侧的细部尺寸。命令行操作如下。

命令: _dimlinear

指定第一个尺寸界线原点或 <选择对象>: //捕捉图 5-58 所示的端点

指定第二条尺寸界线原点: //捕捉图 5-59 所示的端点

指定尺寸线位置或[多行文字(M)/文字(T)/角度(A)/水平(H)/垂直(V)/旋转(R)]: //向下引导光标，在适当位置指定尺寸线位置，结果如图 5-60 所示

标注文字 = 600

图 5-57　打开结果

图 5-58　捕捉端点

图 5-59　定位第二原点

图 5-60　标注结果

Step 5 执行菜单栏中的【标注】/【连续】命令，配合捕捉与追踪功能，标注左侧的细部尺寸，命令行操作如下。

命令：_dimcontinue

指定第二条尺寸界线原点或[放弃(U)/选择(S)] <选择>： //捕捉图 5-60 所示水平轴线 1 的左端点

标注文字 ＝4100

指定第二条尺寸界线原点或[放弃(U)/选择(S)] <选择>： //捕捉图 5-60 所示水平轴线 2 的左端点

标注文字 ＝3000

指定第二条尺寸界线原点或[放弃(U)/选择(S)] <选择>： //捕捉图 5-60 所示水平轴线 3 的左端点

标注文字 ＝2010

指定第二条尺寸界线原点或[放弃(U)/选择(S)] <选择>： // Enter ，退出连续标注过程

选择连续标注： // Enter ，结束命令，结果如图 5-61 所示

Step 6 执行菜单栏中的【线性】命令，配合端点捕捉功能标注立面图左侧的总尺寸，结果如图 5-62 所示。

Step 7 执行菜单栏中的【标注】/【对齐】命令，配合端点捕捉功能标注立面图右侧的细部尺寸。命令行操作如下。

命令：_dimaligned

指定第一个尺寸界线原点或 <选择对象>： //捕捉图 5-63 所示的端点

图 5-61 标注细部尺寸

图 5-62 标注总尺寸

指定第二条尺寸界线原点： //捕捉图 5-64 所示的端点

指定尺寸线位置或[多行文字(M)/文字(T)/角度(A)]： //指定尺寸线位置，结果如图 5-65 所示

标注文字 ＝600

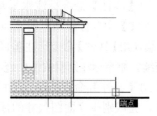

图 5-63 捕捉端点

图 5-64 捕捉端点

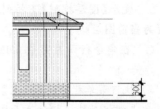

图 5-65 标注结果

Step 8 单击【标注】工具栏或面板上的按钮，激活【基线】命令，配合端点捕捉功能标注立面图右侧的总高尺寸。命令行操作如下。

命令: _dimbaseline

指定第二条尺寸界线原点或[放弃(U)/选择(S)] <选择>: //捕捉图 5-66 所示的端点

标注文字 = 8200

指定第二条尺寸界线原点或[放弃(U)/选择(S)] <选择>: // Enter

选择基准标注: // Enter ，结果如图 5-64 所示

图 5-66　捕捉端点

图 5-67　标注结果

Step 9　执行菜单栏中的【标注】/【连续】命令，配合捕捉与追踪功能，标注右侧的细部尺寸，命令行操作如下。

命令: _dimcontinue

指定第二条尺寸界线原点或[放弃(U)/选择(S)] <选择>: // Enter

选择连续标注: //在图 5-68 所示的位置单击尺寸

指定第二条尺寸界线原点或[放弃(U)/选择(S)] <选择>: //捕捉图 5-69 所示的端点

标注文字 = 3200

指定第二条尺寸界线原点或[放弃(U)/选择(S)] <选择>: //捕捉图 5-70 所示的端点

标注文字 = 3000

图 5-68　选择基准尺寸

图 5-69　捕捉端点

图 5-70　捕捉端点

指定第二条尺寸界线原点或[放弃(U)/选择(S)] <选择>: //捕捉图 5-71 所示的端点

标注文字 = 1400

指定第二条尺寸界线原点或[放弃(U)/选择(S)] <选择>: // Enter

选择连续标注: // Enter ，结果如图 5-72 所示

图 5-71　捕捉端点

图 5-72　标注结果

Step 10　执行菜单栏中的【标注】／【快速标注】命令，标注别墅立面图下侧的细部尺寸。命令行操作如下。

命令: _qdim

　　关联标注优先级 = 端点

　　选择要标注的几何图形:　　　//拉出图5-73 所示的窗交选择框

　　选择要标注的几何图形:　　　// Enter

　　指定尺寸线位置或[连续(C)/并列(S)/基线(B)/坐标(O)/半径(R)/直径(D)/基准点(P)/编辑(E)/设置(T)] ＜连续＞: //向下引导光标，系统进入图5-74 所示的快速标注状态

Step 11　在适当的位置拾取点，指定尺寸线的位置，标注结果如图5-75 所示。

Step 12　执行【线性】命令，配合交点捕捉功能标注下侧的总长尺寸，结果如图5-76 所示。

Step 13　展开【图层控制】下拉列表，关闭"轴线层"，立面图的最终显示效果如上图5-76 所示。

图 5-73　窗交选择

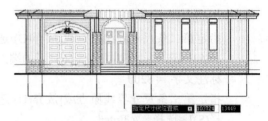

图 5-74　连续标注状态

图 5-75　标注结果

Step 14　最后执行【另存为】命令，将图形以另名存储为"标注别墅立面图尺寸.dwg"。

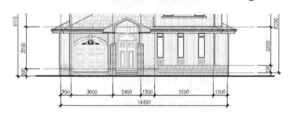

图 5-76　标注总尺寸

5.5.2　【实训 2】标注建筑图细部尺寸

1.　实训目的

本实训要求为建筑平面图标注细部尺寸，通过本例的操作，熟练掌握图形细部尺寸的标注方法和技巧，具体实训目的如下。

◆　掌握使用【线性】命令标注线性尺寸的技能。

◆　掌握使用【连续】命令标注建筑图外部尺寸的技能。

◆　掌握使用【线性】命令标注建筑图内部细部尺寸的技能。

2.　实训要求

首先打开建筑平面图，然后设置捕捉与追踪

模式，分别使用【构造线】命令沿建筑图外部绘制构造线，作为尺寸定位基准线，然后使用【线性】命令标注基准尺寸，使用【连续】命令标注建筑图外部的连续尺寸，最后使用【线性】命令标注建筑图内部的细部尺寸，对所学知识进行综合巩固练习。

本例最终效果如图 5-77 所示。

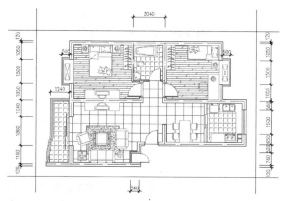

图 5-77　标注建筑图细部尺寸

具体要求如下。

（1）启动 AutoCAD 程序，并打开建筑平面图素材文件。

（2）设置捕捉模式与追踪模式，使其满足尺寸标注要求。

（3）使用【构造线】命令绘制尺寸定位线。

（4）使用【线性】命令、【连续】命令标注建筑图内、外部细部尺寸。

（5）将标注结果命名保存。

3. 完成实训

效果文件：	效果文件\第 5 章\"标注细部尺寸.dwg"
视频文件：	视频文件\第 5 章\"标注细部尺寸.avi"

Step 1　打开"\素材文件\5-7.dwg"文件。

Step 2　展开【图层控制】列表，打开被关闭的"轴线层"，关闭"剖面线"层，同时设置"尺寸层"为当前图层。

Step 3　使用快捷键"XL"激活【构造线】命令，分别通过平面图四周最外侧点绘制 4 条构造线作为尺寸定位线，如图 5-78 所示。

Step 4　执行菜单栏中的【修改】/【偏移】命令，将各条构造线分别向外偏移 800 个单位，并删除源对象，结果如图 5-79 所示。

图 5-78　绘制定位线

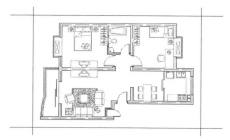

图 5-79　偏移结果

Step 5　执行菜单栏中的【标注】/【标注样式】命令，将"建筑标注"样式置为当前样式，并修改标注比例如图 5-80 所示。

Step 6　执行菜单栏中的【标注】/【线性】命令，配合捕捉与追踪功能，标注平面图右侧的尺寸。命令行操作如下。

命令:_dimlinear

　　指定第一个尺寸界线原点或 <选择对象>: //引出图 5-81 所示的矢量，然后捕捉虚线与构造线的交点作为第一界线点

　　指定第二条尺寸界线原点:　　　　//引出图 5-82 所示的矢量，然后捕捉虚线与构造线的交点作为第二界线点

　　指定尺寸线位置或[多行文字(M)/文字(T)/角度(A)/水平(H)/垂直(V)/旋转(R)]: //1000 Enter，在距离辅助线水平向右 1000 个单位的位置，定位尺寸线，结果如图 5-83 所示

　　标注文字 =720

图 5-80 设置当前样式与比例

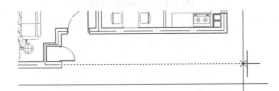

图 5-81 定位第一界线原点

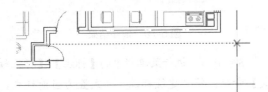

图 5-82 定位第二界线原点

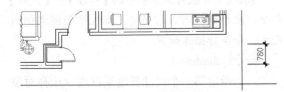

图 5-83 标注结果

Step 7 执行菜单栏中的【标注】/【连续】命令，以刚标注的线性尺寸作为基准尺寸，配合捕捉与追踪等功能，继续标注右侧的细部尺寸。命令行操作如下。

命令: _dimcontinue

　　指定第二条尺寸界线原点或[放弃(U)/选择(S)] <选择>://捕捉图 5-84 所示的交点

　　标注文字 = 520

　　指定第二条尺寸界线原点或[放弃(U)/选择(S)] <选择>: //捕捉图 5-85 所示的交点

标注文字 = 650

指定第二条尺寸界线原点或[放弃(U)/选择(S)] <选择>: //捕捉图 5-86 所示的交点

标注文字 = 1500

图 5-84 定位第二界线点

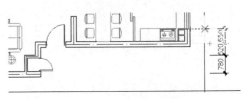

图 5-85 定位第二界线点

指定第二条尺寸界线原点或[放弃(U)/选择(S)] <选择>: //捕捉图 5-87 所示的交点

标注文字 = 550

指定第二条尺寸界线原点或[放弃(U)/选择(S)] <选择>: //捕捉图 5-88 所示的交点

标注文字 = 1050

指定第二条尺寸界线原点或[放弃(U)/选择(S)] <选择>: //捕捉图 5-89 所示的交点

标注文字 = 1500

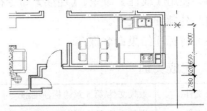

图 5-86 定位第二界线点

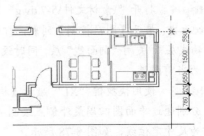

图 5-87 定位第二界线点

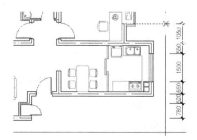

图 5-88　定位第二界线点

图 5-89　定位第二界线点

指定第二条尺寸界线原点或[放弃(U)/选择(S)] <选择>://捕捉图 5-90 所示的交点

标注文字 = 1050

指定第二条尺寸界线原点或[放弃(U)/选择(S)] <选择>://捕捉图 5-91 所示的交点

图 5-90　定位第二界线点

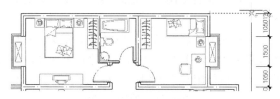

图 5-91　定位第二界线点

标注文字 = 120

指定第二条尺寸界线原点或[放弃(U)/选择(S)] <选择>: //Enter，退出连续标注状态

选择连续标注: //在图 5-92 所示的位置单击尺寸对象

指定第二条尺寸界线原点或[放弃(U)/选

择(S)] <选择> 　　//捕捉图 5-93 所示的交点

标注文字 = 120

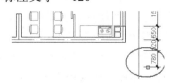

图 5-92　选择基准尺寸

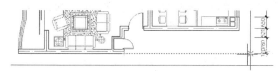

图 5-93　定位第二界线点

指定第二条尺寸界线原点或[放弃(U)/选择(S)] <选择>: //Enter，退出连续标注状态

选择连续标注: //Enter，结果如图 5-94 所示

Step 8　单击【标注】工具栏上的 按钮，激活【编辑标注文字】命令，选择 120 的尺寸调整文本的位置。命令行操作如下。

命令: _dimtedit

选择标注: //选择下侧 120 的尺寸对象

为标注文字指定新位置或[左对齐(L)/右对齐(R)/居中(C)/默认(H)/角度(A)]: //在下侧适当位置拾取一点，结果如图 5-95 所示

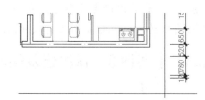

图 5-94　标注结果

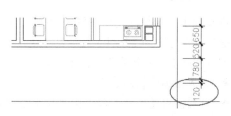

图 5-95　协调尺寸文字位置

命令:

> DIMTEDIT 选择标注: //选择
> 上侧120的尺寸对象
> 为标注文字指定新位置或[左对齐(L)/右
> 对齐(R)/居中(C)/默认(H)/角度(A)]: //在下
> 侧适当位置拾取一点,结果如图5-96所示

Step 9 参照上述操作步骤,综合使用【线性】、【连续】、【编辑标注文字】以及【镜像】等命令,分别标注其他侧的细部尺寸,结果如图5-97所示。

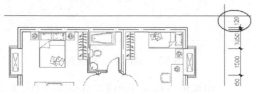

图5-96 协调尺寸文字位置

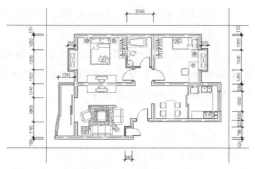

图5-97 标注结果

Step 10 打开"剖面线"图层,然后调整视图,使平面图完全显示。

Step 11 最后执行【另存为】命令,将图形另命名并存储为"标注建筑图细部尺寸.dwg"。

5.5.3 【实训3】标注建筑图轴线尺寸

1. 实训目的

本实训主要是标注建筑图轴线尺寸,通过本例的操作,熟练掌握【线性】标注与【快速标注】命令的操作技能,具体实训目的如下。

- ◆ 掌握图层的控制技能。
- ◆ 掌握使用【线性】命令标注尺寸的技能。
- ◆ 掌握使用【快速标注】命令快速标注轴线

尺寸的技能。

- ◆ 掌握使用夹点编辑功能编辑尺寸标注的技能。
- ◆ 掌握使用【编辑标注文字】命令编辑尺寸标注的技能。

2. 实训要求

首先打开建筑平面图文件,设置捕捉与追踪模式,然后通过图层控制功能将多余的图层隐藏,以满足快速标注轴线尺寸的要求,然后使用【快速标注】命令快速标注建筑平面图的轴线尺寸,完成建筑平面图轴线尺寸的标注。

本例最终效果如图4-98所示。

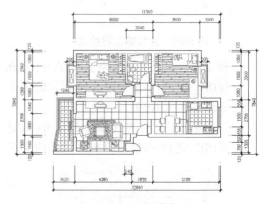

图5-98 标注轴线尺寸

具体要求如下。

(1)启动AutoCAD程序,并打开建筑平面图文件。

(2)设置捕捉模式与追踪模式,使其满足标注要求。

(3)使用图层控制功能隐藏多余图层,然后使用【快速标注】命令快速标注建筑平面图轴线尺寸,最后使用夹点编辑功能对轴线尺寸进行编辑完善,完成建筑平面图轴线尺寸的标注。

(4)将绘制的图形命名保存。

3. 完成实训

效果文件:	效果文件\第5章\"标注轴线尺寸.dwg"
视频文件:	视频文件\第5章\"标注轴线尺寸.avi"

Step 1 打开"\效果文件\第5章\标注细部

尺寸.dwg"文件。

Step 2 展开【图层控制】下拉列表,关闭门窗层、剖面线、墙线层和图块层等图层。

Step 3 执行菜单栏中的【标注】/【快速标注】命令,标注施工图下侧的墙体尺寸。命令行操作如下。

命令:_qdim
  关联标注优先级 = 端点
  选择要标注的几何图形: //选择图 5-99 所示的轴线
  选择要标注的几何图形: //选择图 5-100 所示的轴线

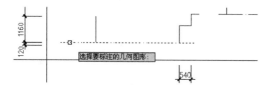

图 5-99 选择轴线

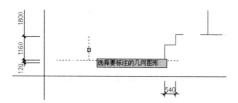

图 5-100 单击轴线

  选择要标注的几何图形: //选择图 5-101 所示的轴线
  选择要标注的几何图形: //选择图 5-102 所示的轴线

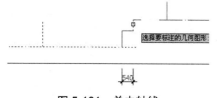

图 5-101 单击轴线

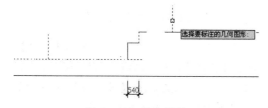

图 5-102 单击轴线

  选择要标注的几何图形: //选择最右侧的垂直轴线
  选择要标注的几何图形: //Enter,向下引导光标,配合端点捕捉和对象追踪功能,引出图 5-103 所示的追踪矢量
  指定尺寸线位置或[连续(C)/并列(S)/基线(B)/坐标(O)/半径(R)/直径(D)/基准点(P)/编辑(E)/设置(T)] <连续>: //600 Enter,结果如图 5-104 所示

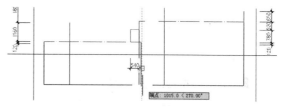

图 5-103 引出对象追踪矢量

Step 4 将尺寸文字为 120 的尺寸删除,然后使用夹点拉伸功能,向左拉伸尺寸文字为 1500 的尺寸对象,编辑结果如图 5-105 所示。

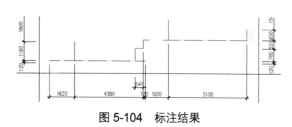

图 5-104 标注结果

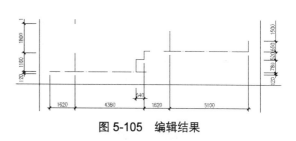

图 5-105 编辑结果

Step 5 选择刚标注的轴线尺寸,使其呈现出夹点显示,如图 5-106 所示。

Step 6 按住 Shift 键,依次单击图 5-107 所示的 4 个夹点,使其变为夹基点。

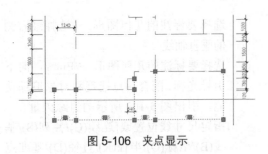

图 5-106　夹点显示

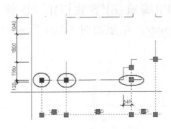

图 5-107　选择夹基点

Step 7　松开 Shift 键，单击其中的一个夹基点，进入夹点编辑模式，在命令行 "** 拉伸 ** 指定拉伸点，或[基点(B)/复制(C)/放弃(U)/退出(X)]:" 提示下，捕捉图 5-108 所示的交点作为拉伸目标点，对轴线尺寸进行拉伸，拉伸结果如图 5-109 所示。

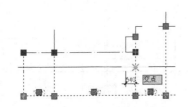

图 5-108　捕捉交点

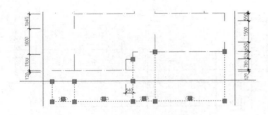

图 5-109　拉伸结果

Step 8　参照第 6、7 步骤，分别拉伸其他位置的尺寸界线原点，将其拉伸到尺寸定位辅助线上，结果如图 5-110 所示。

Step 9　参照第 3~8 操作步骤，使用【快速标注】和夹点编辑功能，分别标注平面图其他

侧的轴线尺寸，结果如图 5-111 所示。

图 5-110　拉伸结果

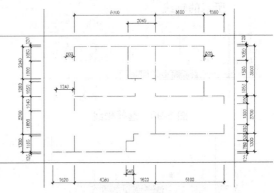

图 5-111　标注其他侧尺寸

Step 10　打开被关闭的图层，然后执行【线性】命令，标注图 5-112 所示的总尺寸。

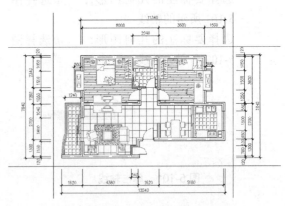

图 5-112　标注总尺寸

Step 11　使用快捷键 "E" 激活【删除】命令，删除 4 条尺寸定位辅助线，同时关闭 "轴线层"。

Step 12　最后执行【另存为】命令，将图形另命名并存储为 "标注轴线尺寸.dwg"。

5.6 上机与练习

1. 填空题

（1）使用（　　）命令可以设置和控制尺寸对象的外观效果；使用（　　）命令可以修改尺寸文字的内容；使用（　　）命令可以协调尺寸文字的位置。

（2）如果用户需要标注水平或垂直图线的尺寸，可以选择（　　）或（　　）命令。

（3）AutoCAD 为用户提供了（　　）、（　　）和（　　）3 种复合尺寸工具。

（4）在标注角度尺寸时，如果选择的是圆弧，系统将自动以（　　）作为顶点，以（　　）作为尺寸界线的原点，标注圆弧的角度；如果选择的对象为圆时，系统将（　　）以作为第一条尺寸界线的原点，以（　　）作为顶点。

（5）使用（　　）命令可以调整多个尺寸标注之间的距离；使用（　　）系统变量可以设置标注比例。

2. 实训操作题

打开"\素材文件\5-8.dwg"文件，结合本章所学知识，为该别墅平面图标注图 5-113 所示的施工尺寸。

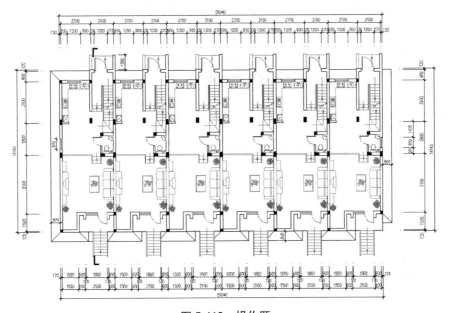

图 5-113　操作题

第6章

标注建筑设计图纸文字注释

📖 **学习目标**

本章要掌握文字样式的设置，标注单行文字、多行文字注释，标注引线文字注释以及创建表格等，主要内容包括设置文字样式，创建单行文字、多行文字，编辑单行文字、多行文字，创建快速引线标注、多重引线标注，创建表格等，为标注设计图纸的文字与符号奠定基础。

📖 **学习重点**

掌握文字样式的设置，单行、多行文字的输入，文字的编辑修改，快速引线与多重引线的标注，以及表格的创建等技能。

📖 **主要内容**

◆ 设置文字样式

◆ 标注单行文字

◆ 标注多行文字

◆ 编辑文字注释

◆ 图形信息查询

◆ 快速引线

◆ 多重引线

◆ 创建表格

6.1 标注单行文字注释

前几章都是通过各种基本几何图元的相互组合，来表达作者的设计思想和设计意图，但是有些图形信息是不能仅仅通过图形就能完整表达出来的，而是要通过标注文字注释对设计做进一步说明，使图纸更直观，更容易交流。

在 AutoCAD 中，文字注释包括单行文字和多行文字，这一节首先学习单行文字注释。

6.1.1 设置文字样式

在标注文字注释之前，首先需要设置文字样式，使其更符合文字标注的要求，文字样式的设置是通过【文字样式】命令来完成的，通过该命令，可以控制文字的外观效果，如字体、字号、倾斜角度、旋转角度以及其他的特殊效果等。相同内容的文字，如果使用不同的文字样式，其外观效果也不相同，如图 6-1 所示。

执行【文字样式】命令主要有以下几种方式：

- ♦ 执行菜单栏中的【格式】/【文字样式】命令；
- ♦ 单击【样式】工具栏或【注释】面板上的 按钮；
- ♦ 在命令行输入 Style 后按 Enter 键；
- ♦ 使用快捷键 ST。

下面通过设置名为"仿宋体"的文字样式，学习【文字样式】命令的使用方法和技巧。

【任务1】设置名为"仿宋体"的文字样式。

Step 1 设置新样式。单击【样式】工具栏或【注释】面板上的 按钮，激活【文字样式】命令，打开【文字样式】对话框，如图 6-2 所示。

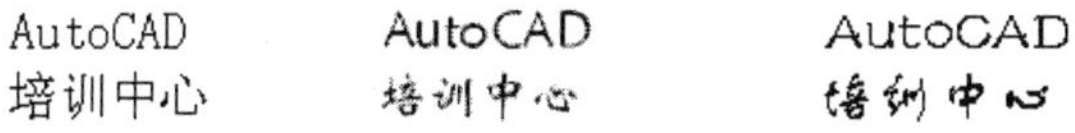

图 6-2 【文字样式】对话框

Step 2 单击 新建(N)... 按钮，在打开的【新建文字样式】对话框中为新样式赋名，如图 6-3 所示。

Step 3 设置字体。在【字体】选项组中展开【字体名】下拉列表框，选择所需的字体，如图 6-4 所示。

图 6-3 【新建文字样式】对话框

图 6-4 【字体名】下拉列表框

小技巧：如果取消选中【使用大字体】复选项，结果所有（.SHX）和 TrueType 字体都显示在列表框内以供选择；若选择 TrueType 字体，那么在右侧【字体样式】列表框中可以设置当前字体样式，如图 6-5 所示；若选择了编译型（.SHX）字体后，且勾选了【使用大字体】复选项后，则右端的列表框变为图 6-6 所示的状态，此时用于选择所需的大字体。

AutoCAD　　AutoCAD　　AutoCAD
培训中心　　培训中心　　培训中心

图 6-1 文字示例

图 6-5 选择 TrueType 字体

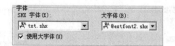

图 6-6 选择编译型（.SHX）字体

Step 4 设置字体高度。在【高度】文本框中设置文字的高度。

> **小技巧**：如果设置了高度，那么当创建文字时，命令行就不会再提示输入文字的高度。建议在此不设置字体的高度；【注释】复选项用于为文字添加注释特性。

Step 5 设置文字效果。用【颠倒】复选项可以设置文字为倒置状态；用【反向】复选项可以设置文字为反向状态；用【垂直】复选项可以控制文字呈垂直排列状态；在【倾斜角度】文本框中可控制文字的倾斜角度，如图 6-7 所示。

图 6-7 设置字体效果

Step 6 设置宽度比例。在【宽度比例】文本框内设置字体的宽高比。

> **小技巧**：国标规定工程图样中的汉字应采用长仿宋体，宽高比为 0.7，当此比值大于 1 时，文字宽度放大，否则将缩小。

Step 7 单击 预览(P) 按钮，在【预览】选项组中直观地预览文字的效果。

Step 8 单击 删除(D) 按钮，可以将多余的文字样式进行删除。

> **小技巧**：默认的 Standard 样式、当前文字样式以及在当前文件中已使过的文字样式，都不能被删除。

Step 9 单击 应用(A) 按钮，结果设置的文字样式被看作当前样式。

Step 10 单击 关闭(C) 按钮，关闭【文字样式】对话框。

6.1.2 标注单行文字

【单行文字】命令用于通过命令行创建单行或多行的文字对象，所创建的每一行文字都被看作是一个独立的对象，如图 6-8 所示。

执行【单行文字】命令主要有以下几种方式：

◆ 执行菜单栏中的【绘图】/【文字】/【单行文字】命令；

◆ 单击【文字】工具栏或【文字】面板上的 **AI** 按钮；

◆ 在命令行输入 Dtext 或 DT 后按 Enter 键。

下面通过标注图 6-9 所示的石阶剖面图文字注释，学习【单行文字】命令的操作方法和操作技巧。

【任务 2】标注石阶剖面图文字注释。

Step 1 打开文件 "\素材文件\6-1.dwg"，如图 6-10 所示。

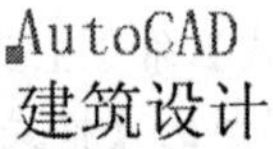

AutoCAD
建筑设计

图 6-8 单行文字示例

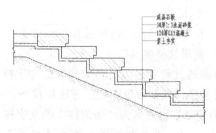

图 6-9 实例效果

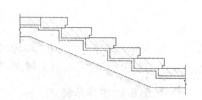

图 6-10 打开结果

Step 2 使用快捷键 "L" 激活【直线】命令，配合捕捉或追踪功能绘制图 6-11 所示的指示线。

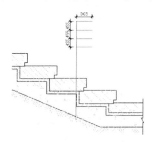

图 6-11 绘制指示线

Step 3 执行菜单栏中的【绘图】/【圆环】命令，配合最近点捕捉功能绘制外径为 100 的实心圆环，如图 6-12 所示。

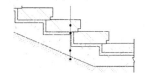

图 6-12 绘制圆环

Step 4 单击【文字】工具栏或面板上的 A 按钮，激活【单行文字】命令，根据 AutoCAD 命令行的操作提示标注文字注释。命令行操作如下。

命令: _dtext

　　当前文字样式: 仿宋体　当前文字高度:0
　　指定文字的起点或[对正(J)/样式(S)]: //j Enter
　　输入选项[对齐(A)/布满(F)/居中(C)/中间(M)/右对齐(R)/左上(TL)/中上(TC)/右上(TR)/左中(ML)/正中(MC)/右中(MR)/左下(BL)/中下(BC)/右下(BR)]: //ML Enter
　　指定文字的左中点: //捕捉最上端
　　水平指示线的右端点，如图 6-13 所示

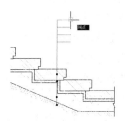

图 6-13 捕捉端点

指定高度 <0>: //285 Enter，结束对象的选择
指定文字的旋转角度 <0>: // Enter，采用当前参数设置

小技巧：文字旋转角度是指一行文字相对于水平方向的角度，文字本身并没有倾斜，而文字倾斜角是指文字本身的倾斜角度。

Step 5 此时系统在指定的起点处出现一单行文字输入框，如图 6-14 所示，然后在此文字输入框内输入文字内容，如图 6-15 所示。

Step 6 通过按 Enter 键换行，然后输入第二行文字内容，如图 6-16 所示。

Step 7 按键盘上的 Enter 键换行，然后分别输入第三行和第四行文字内容，如图 6-17 所示。

Step 8 连续两次按 Enter 键，结束【单行文字】命令，结果如图 6-18 所示。

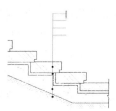

图 6-14 文字输入框

图 6-15 输入文字

图 6-16 输入第二行文字

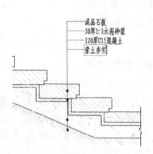

图 6-17　输入其他行文字

图 6-18　标注结果

6.1.3　文字的对正

"文字的对正"指的是文字的哪一位置与插入点对齐，它是基于图 6-19 所示的 4 条参考线而言的，这 4 条参考线分别为顶线、中线、基线、底线，其中"中线"是大写字符高度的水平中心线（即顶线至基线的中间），不是小写字符高度的水平中心线。

执行【单行文字】命令后，在命令行"指定文字的起点或[对正(J)/样式(S)]:"提示下激活【对正】选项，可打开如图 6-20 所示的选项菜单，同时命令行将显示如下操作提示。

"输入选项[对齐(A)/布满(F)/居中(C)/中间(M)/右对齐(R)/左上(TL)/中上(TC)/右上(TR)/左中(ML)/正中(MC)/右中(MR)/左下(BL)/中下(BC)/右下(BR)]:"另外，文字的各种对正方式也可参见图6-21。

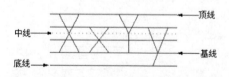

图 6-19　文字对正参考线

图 6-20　对正选项菜单

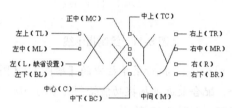

图 6-21　文字的对正方式

各种对正方式如下。

♦　【对齐】选项用于提示拾取文字基线的起点和终点，系统会根据起点和终点的距离自动调整字高。

♦　【布满】选项用于提示用户拾取文字基线的起点和终点，系统会以拾取的两点之间的距离自动调整宽度系数，但不改变字高。

♦　【居中】选项用于提示用户拾取文字的中心点，此中心点就是文字串基线的中点，即以基线的中点对齐文字。

♦　【中间】选项用于提示用户拾取文字的中间点，此中间点就是文字串基线的垂直中线和文字串高度的水平中线的交点。

♦　【右对齐】选项用于提示用户拾取一点作为文字串基线的右端点，以基线的右端点对齐文字。

♦　【左上】选项用于提示用户拾取文字串的左上点，此左上点就是文字串顶线的左端点，即以顶线的左端点对齐文字。

♦　【中上】选项用于提示用户拾取文字串的中上点，此中上点就是文字串顶线的中点，即以顶线的中点对齐文字。

♦　【右上】选项用于提示用户拾取文字串的右上点，此右上点就是文字串顶线的右端点，即以顶线的右端点对齐文字。

◆ 【左中】选项用于提示用户拾取文字串的左中点，此左中点就是文字串中线的左端点，即以中线的左端点对齐文字。

◆ 【正中】选项用于提示用户拾取文字串的中间点，此中间点就是文字串中线的中点，即以中线的中点对齐文字。

> **小技巧：**【正中】和【中间】两种对正方式拾取的都是中间点，但这两个中间点的位置并不一定完全重合，只有输入的字符为大写或汉字时，此两点才重合。

◆ 【右中】选项用于提示用户拾取文字串的右中点，此右中点就是文字串中线的右端点，即以中线的右端点对齐文字。

◆ 【左下】选项用于提示用户拾取文字串的左下点，此左下点就是文字串底线的左端点，即以底线的左端点对齐文字。

◆ 【中下】选项用于提示用户拾取文字串的中下点，此中下点就是文字串底线的中点，即以底线的中点对齐文字。

◆ 【右下】选项用于提示用户拾取文字串的右下点，此右下点就是文字串底线的右端点，即以底线的右端点对齐文字。

6.2 标注多行文字注释

多行文字用于标注较为复杂的文字注释，例如段落性文字。与单行文字不同，对于多行文字，无论创建的文字包含多少行、多少段，AutoCAD 都将其作为一个独立的对象，如图 6-22 所示。

下面学习标注多行文字的方法和技巧。

6.2.1 标注多行文字

【多行文字】命令是一种较为常用的文字创建工具，用于创建多行文字。执行【多行文字】命令主要有以下几种方式：

◆ 执行菜单栏中的【绘图】/【文字】/【多行文字】命令；

◆ 单击【绘图】工具栏或【文字】面板上的 A 按钮；

◆ 在命令行输入 Mtext 后按 Enter 键；

◆ 使用快捷键 T。

下面通过创建图 6-22 所示的段落文件，学习使用【多行文字】命令。

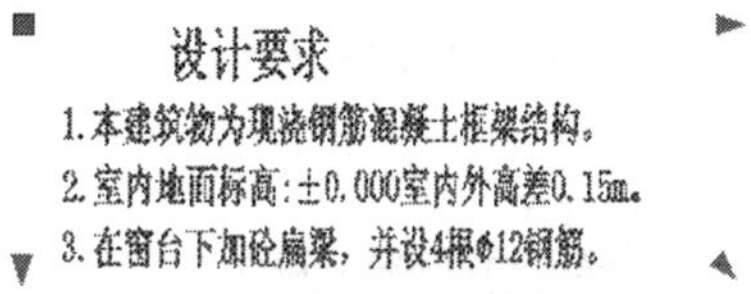

设计要求
1.本建筑物为现浇钢筋混凝土框架结构。
2.室内地面标高：±0.000室内外高差0.15m。
3.在窗台下加砼扁梁，并设4根φ12钢筋。

图 6-22　多行文字示例

【任务3】创建段落性文字注释。

Step 1　新建空白文件。

Step 2　执行【多行文字】命令，在命令行"指定第一角点："提示下在绘图区拾取一点。

Step 3　继续在命令行"指定对角点或[高度(H)/对正(J)/行距(L)/旋转(R)/样式(S)/宽度(W)/栏(C)]]："提示下拾取对角点，打开如图 6-23 所示的【文字格式】编辑器。

图 6-23　【文字格式】编辑器

Step 4　在【文字格式】编辑器中设置字高为 12，然后在下侧文字输入框内单击鼠标左键，指定文字的输入位置，然后输入图 6-24 所示的标题文字。

Step 5　向下拖曳输入框下侧的下三角按钮，调整列高。

Step 6　按 Enter 键换行，更改文字的高度为 9，然后输入第一行文字，结果如图 6-25 所示。

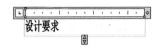

图 6-24　输入文字

设计要求
1. 本建筑物为现浇钢筋混凝土框架结构。

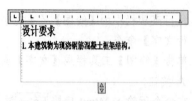

图 6-25　输入第一行文字

Step 7　按 Enter 键，分别输入其他两行文字对象，如图 6-26 所示。

Step 8　将光标移至标题前，然后按 Enter 键添加空格，结果如图 6-27 所示。

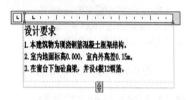

设计要求
1. 本建筑物为现浇钢筋混凝土框架结构。
2. 室内地面标高0.000，室内外高差0.15m。
3. 在窗台下加砼扁梁，并设4根12钢筋。

图 6-26　输入其他行文字

设计要求
1. 本建筑物为现浇钢筋混凝土框架结构。
2. 室内地面标高0.000，室内外高差0.15m。
3. 在窗台下加砼扁梁，并设4根12钢筋。

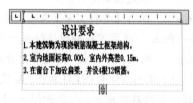

图 6-27　添加空格

设计要求
1. 本建筑物为现浇钢筋混凝土框架结构。
2. 室内地面标高0.000，室内外高差0.15m。
3. 在窗台下加砼扁梁，并设4根12钢筋。

图 6-28　创建多行文字

Step 9　关闭文字编辑器，文字的创建结果如图 6-28 所示。

6.2.2　【文字格式】编辑器选项设置

在【文字格式】编辑器中，包括工具栏、顶部带标尺的文本输入框两部分组成的，各组成部分重要功能如下。

1. 工具栏

工具栏主要用于控制多行文字对象的文字样式和选定文字的各种字符格式、对正方式、项目编号等，其中：

- Standard 下拉列表用于设置当前的文字样式；
- 宋体 下拉列表用于设置或修改文字的字体；
- 2.5 下拉列表用于设置新字符高度或更改选定文字的高度；
- ByLayer 下拉列表用于为文字指定颜色或修改选定文字的颜色；
- 【粗体】按钮 B 用于为输入的文字对象或所选定文字对象设置粗体格式；【斜体】按钮 I 用于为新输入文字对象或所选定文字对象设置斜体格式；此两个选项仅适用于使用 TrueType 字体的字符；
- 【下划线】按钮 U 用于为文字或所选定的文字对象设置下划线格式；
- 【上划线】按钮 O 用于为文字或所选定的文字对象设置上划线格式；
- 【堆叠】按钮用于为输入的文字或选定的文字设置堆叠格式，要使文字堆叠，文字中须包含插入符（^）、正向斜杠（/）或磅符号（#），堆叠字符左侧的文字将堆叠在字符右侧的文字之上；

> 小技巧：默认情况下，包含插入符（^）的文字转换为左对正的公差值；包含正斜杠（/）的文字转换为置中对正的分数值，斜杠被转换为一条同较长的字符串长度相同的水平线；包含磅符号（#）的文字转换为被斜线（高度与两个字符串高度相同）分开的分数。

- 【标尺】按钮用于控制文字输入框顶端标心的开关状态；
- 【栏数】按钮用于为段落文字进行分栏排版；
- 【多行文字对正】按钮用于设置文字的对正方式；
- 【段落】按钮用于设置段落文字的制表位、缩进量、对齐、间距等；
- 【左对齐】按钮用于设置段落文字为左

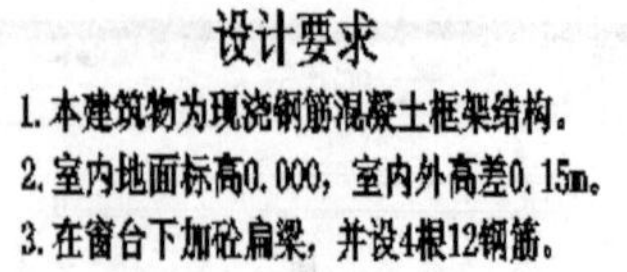

对齐方式；

- ◆ 【居中】按钮三用于设置段落文字为居中对齐方式；
- ◆ 【右对齐】按钮三用于设置段落文字为右对齐方式；
- ◆ 【对正】按钮三用于设置段落文字为对正方式；
- ◆ 【分布】按钮三用于设置段落文字为分布排列方式；
- ◆ 【行距】按钮三▼用于设置段落文字的行间距；
- ◆ 【编号】按钮三▼用于为段落文字进行编号；
- ◆ 【插入字段】按钮三用于为段落文字插入一些特殊字段；
- ◆ 【全部大写】按钮Aa用于修改英文字符为大写；
- ◆ 【全部小写】按钮aA用于修改英文字符为小写；
- ◆ 【符号】按钮@▼用于添加一些特殊符号；
- ◆ 【倾斜角度】按钮o/0.0000用于修改文字的倾斜角度；
- ◆ 【追踪】微调按钮a-b1.0000用于修改文字间的距离；
- ◆ 【宽度因子】按钮o1.0000用于修改文字的宽度比例。

2. 多行文字输入框

图 6-29 所示的文本输入框，位于工具栏下侧，主要用于输入和编辑文字对象，它是由标尺和文本框两部分组成，在文本输入框内单击鼠标右键，可弹出图 6-30 所示的快捷菜单，用于对输入的多行文字进行调整，各选项功能如下。

- ◆ 【全部选择】选项用于选择多行文字输入框中的所有文字。
- ◆ 【改变大小写】选项用于改变选定文字对象的大小写。
- ◆ 【查找和替换】选项用于搜索指定的文字串并使用新的文字将其替换。
- ◆ 【自动大写】选项用于将新输入的文字或

当前选择的文字转换成大写。

图 6-29　文字输入框

图 6-30　快捷菜单

- ◆ 【删除格式】选项用于删除选定文字的粗体、斜体或下划线等格式。
- ◆ 【合并段落】用于将选定的段落合并为一段，并用空格替换每段的回车。
- ◆ 【符号】选项用于在光标所在的位置插入一些特殊符号或不间断空格。
- ◆ 【输入文字】选项用于向多行文本编辑器中插入 TXT 格式的文本、样板等文件，或插入 RTF 格式的文件。

6.3　编辑文字与查询图形信息

不管是输入的单行文字还是输入的多行文字，都可以对其进行编辑，使其更符合文字标注要求。另外，对于有一些图形，在进行文字标注之前，需要首先查询其图形信息，例如图形的面积、周长等，这一节就来学习编辑文字与查询图形信息的相关知识。

6.3.1 编辑文字

【编辑文字】命令主要用于修改编辑现有的文字对象内容，或者为文字对象添加前缀或后缀等内容。执行【编辑文字】命令主要有以下几种方式：

◆ 执行菜单栏中的【修改】/【对象】/【文字】/【编辑】命令；

◆ 单击【文字】工具栏上的 A 按钮；

◆ 在命令行输入 Ddedit 后按 Enter 键；

◆ 使用快捷键 ED。

1. 编辑单行文字

如果需要编辑的文字是使用【单行文字】命令创建的，那么在执行【编辑文字】命令后，命令行会出现"选择注释对象或[放弃（U）]"的操作提示，此时用户只需要单击需要编辑的单行文字，系统即可弹出图 6-31 所示的单行文字编辑框，在此编辑框中输入正确的文字内容即可。

下面通过编辑单行文字的实例，学习单行文字的编辑方法和技巧。

【任务 4】编辑单行文字内容。

Step 1 新建空白文件，激活【单行文字】命令，在绘图区输入单行文字，如图 6-32 所示。

Step 2 执行菜单栏中的【修改】/【对象】/【文字】/【编辑】命令，在命令行出现"选择注释对象或[放弃（U）]"的操作提示，单击单行文字内容进入单行文字编辑模式，如图 6-33 所示。

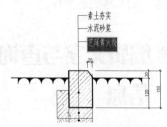

图 6-31 单行文字编辑框

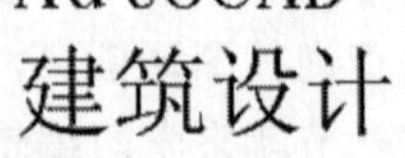

AutoCAD
建筑设计

图 6-32 输入单行文字

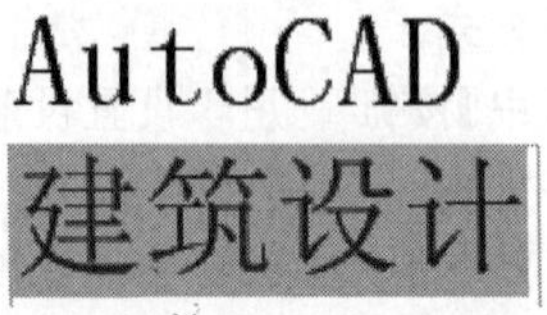

AutoCAD
建筑设计

图 6-33 进入单行文字编辑模式

Step 3 在单行文字输入框输入正确的文字内容，对单行文字的内容进行编辑，如图 6-34 所示。

Step 4 按 Enter 键结束操作，编辑结果如图 6-35 所示。

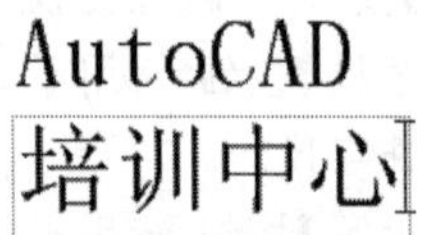

AutoCAD
培训中心

图 6-34 输入其他文字内容

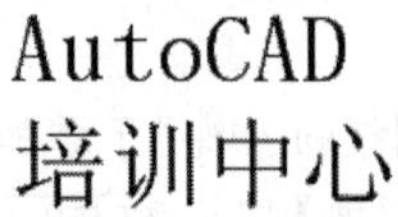

AutoCAD
培训中心

图 6-35 编辑结果

2. 编辑多行文字

如果编辑的文字是使用【多行文字】命令创建的，那么在执行【编辑文字】命令后，命令行出现"选择注释对象或[放弃（U）]"的操作提示，此时用户单击需要编辑的文字对象，将会打开【文字格式】编辑器，在此编辑器内不但可以修改文字的内容，还可以修改文字的样式、字体、字高以及对正方式等特性。

下面通过编辑多行文字内容的实例，学习编辑多行文字的方法和技巧。

【任务 5】编辑多行文字内容。

Step 1 新建空白文件，激活【多行文字】命令，在绘图区输入多行文字，如图 6-36 所示。

Step 2 执行菜单栏中的【修改】/【对象】/【文字】/【编辑】命令，在命令行出现"选择注释对象或[放弃（U）]"的操作提示，单击多行文字内容，打开【文字格式】编辑器，如图 6-37 所示。

图 6-36　多行文字

图 6-37　【文字格式】编辑器

Step 3　将光标移到多行文字的前面，按住鼠标向右拖曳将文字内容选择，如图 6-38 所示。

Step 4　在文字样式下拉列表中修改字体，在文字颜色下拉列表中修改文字颜色，然后输入新的文字内容，如图 6-39 所示。

图 6-38　选择文字内容

图 6-39　修改文字内容与字体等

Step 5　单击 确定 按钮关闭【文字格式】编辑器，完成对单行文字的编辑，结果如图 6-40 所示。

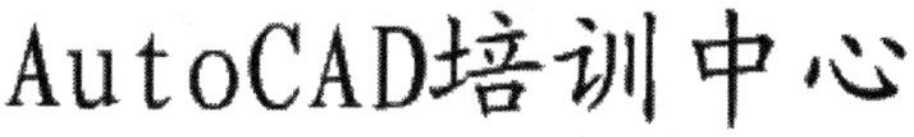

AutoCAD培训中心

图 6-40　编辑后的多行文字

6.3.2　查询图形信息

查询图形信息是文字标注中不可缺少的操作，在菜单栏的【工具】/【查询】菜单下，有多种查询图形信息的相关命令，如图 6-41 所示。

下面我们只对常用的几种图形信息的查询方法进行讲解，其他查询内容不太常用，在此不做讲解。

图 6-41　【查询】命令

1.【距离】

【距离】命令用于查询任意两点之间的距离，还可以查询两点的连线与 x 轴或 xy 平面的夹角等参数信息。执行【距离】命令主要有以下几种方式：

◆ 执行菜单栏中的【工具】/【查询】/【距离】命令；

◆ 单击【查询】工具栏或【实用工具】面板上的 按钮；

◆ 在命令行输入 Dist 或 Measuregeom 后按 Enter 键；

◆ 使用快捷键 DI。

执行【距离】命令后，即可查询出线段的相关几何信息。其命令行操作如下。

命令: _MEASUREGEOM

输入选项[距离(D)/半径(R)/角度(A)/面积(AR)/体积(V)] <距离>: _distance

指定第一点:　　　　　　　　　//捕捉线段的下端点

指定第二个点或[多个点(M)]:　　//捕捉线段的上端点

查询结果:

距离 = 200.0000，xy 平面中的倾角 = 30，与 xy 平面的夹角 = 0

x 增量 = 173.2051，y 增量 = 100.0000，z 增量 = 0.0000

输入选项[距离(D)/半径(R)/角度(A)/面积(AR)/体积(V)/退出(X)] <距离>:　//X Enter，退出命令其中：

- ◆ "距离"表示所拾取的两点之间的实际长度；
- ◆ "xy平面中的倾角"表示所拾取的两点连线与x轴正方向的夹角；
- ◆ "与xy平面的夹角"表示所拾取的两点连线与当前坐标系xy平面的夹角；
- ◆ "x增量"表示所拾取的两点在x轴方向上的坐标差；
- ◆ "y增量"表示所拾取的两点在y轴方向上的坐标差。

📖 **选项解析**

- ◆ 【半径】选项用于查询圆弧或圆的半径、直径等。
- ◆ 【角度】选项用于圆弧、圆或直线等对象的角度。
- ◆ 【面积】选项用于查询单个封闭对象或由若干点围成区域的面积及周长等。
- ◆ 【体积】选项用于查询对象的体积。

2.【面积】

【面积】命令主要用于查询单个对象或由多个对象所围成的闭合区域的面积及周长。执行【面积】命令主要有以下几种方式：

- ◆ 执行菜单栏中的【工具】/【查询】/【面积】命令；
- ◆ 单击【查询】工具栏或【实用工具】面板上的 🔲 按钮；
- ◆ 在命令行输入 Measuregeom 或 Area 按 Enter 键。

下面通过查询正六边形的面积和周长，学习【面积】命令使用方法和操作技巧。

【任务6】查询正六边形的面积和周长。

Step 1 新建文件，并绘制边长为150的正六边形。

Step 2 单击【查询】工具栏上的 🔲 按钮，激活【面积】命令，查询正六边形的面积和周长。操作过程如下。

命令: _MEASUREGEOM

输入选项[距离(D)/半径(R)/角度(A)/面积(AR)/体积(V)] <距离>: _area

指定第一个角点或[对象(O)/增加面积(A)/减少面积(S)/退出(X)] <对象(O)>: //捕捉正六边形左上角点

指定下一个点或[圆弧(A)/长度(L)/放弃(U)]: //捕捉正六边形左角点

指定下一个点或[圆弧(A)/长度(L)/放弃(U)]: //捕捉正六边形左下角点

指定下一个点或[圆弧(A)/长度(L)/放弃(U)/总计(T)] <总计>: //捕捉正六边形右下角点

指定下一个点或[圆弧(A)/长度(L)/放弃(U)/总计(T)] <总计>: //捕捉正六边形右角点

指定下一个点或[圆弧(A)/长度(L)/放弃(U)/总计(T)] <总计>: //捕捉正六边形右上角点

指定下一个点或[圆弧(A)/长度(L)/放弃(U)/总计(T)] <总计>: s//Enter，结束面积的查询过程

查询结果：

面积 = 58456.7148，周长 = 900.0000

Step 3 最后在命令行"输入选项[距离(D)/半径(R)/角度(A)/面积(AR)/体积(V)/退出(X)]<面积>:提示下，输入 x 并按 Enter 键，结束命令。

📖 **选项解析**

- ◆ 【对象】选项用于查询单个闭合图形的面积和周长，如圆、椭圆、矩形、多边形、面域等。另外，使用此选项也可以查询由多段线或样条曲线所围成的区域的面积和周长。
- ◆ 【增加面积】选项主要用于将新选图形实体的面积加入总面积中，此功能属于"面积的加法运算"。另外，如果用户需要执行面积的加法运算，必需先要将当前的操作模式转换为加法运算模式。

♦ 【减少面积】选项用于将所选实体的面积从总面积中减去，此功能属于"面积的减法运算"。另外，如果用户需要执行面积的减法运算，必需先要将当前的操作模式转换为减法运算模式。

3.【列表】

【列表】命令用于查询图形所包含的众多的内部信息，如图层、面积、点坐标以及其他的空间等特性参数。执行【列表】命令主要有以下几种方式：

♦ 执行菜单栏中的【工具】/【查询】/【列表】命令；

♦ 单击【查询】工具栏或【实用工具】面板上的 🔲 按钮；

♦ 在命令行输入 List 后按 Enter 键；

♦ 使用快捷键 LI 或 LS。

当执行【列表】命令后，选择需要查询信息的图形对象，AutoCAD 会自动切换到文本窗口，并滚动显示所有选择对象的有关特性参数。

【任务 7】使用【列表】命令查询半径为 100 的圆的特性参数。

Step 1　新建文件并绘制半径为 100 的圆。

Step 2　单击【查询】工具栏上的 🔲 按钮，激活【列表】命令。

Step 3　在命令行"选择对象:"提示下，选择刚绘制的圆。

Step 4　继续在命令行"选择对象:"提示下，按 Enter 键，系统将以文本窗口的形式直观显示所查询出的信息，如图 6-42 所示。

图 6-42　列表查询结果

6.4 标注引线文字注释

除了前面所讲的单行文字注释与多行文字注释之外，还有引线文字注释，这种文字注释是一种带有引线的文字注释，引线文字注释包括【快速引线】和【多重引线】，下面学习这两种文字注释。

6.4.1　快速引线

【快速引线】命令用于创建一端带有箭头、另一端带有文字注释的引线尺寸，其中，引线可以为直线段，也可以为平滑的样条曲线，如图 6-43 所示。

图 6-43　引线标注示例

在命令行输入 Qleader 或 LE 后按 Enter 键，激活【快速引线】命令，然后在命令行"指定第一个引线点或[设置(S)] <设置>:"提示下，激活【设置】选项，打开【引线设置】对话框，如图 6-44 所示，在该对话框中设置引线参数。

1.【注释】选项卡

在【引线设置】对话框中展开【注释】选项卡，如图 6-45 所示，此选项卡主要用于设置引线文字的注释类型及其相关的一些选项功能。

【注释类型】选项组

♦ 【多行文字】选项用于在引线末端创建多行文字注释。

♦ 【复制对象】选项用于复制已有引线注释作为需要创建的引线注释。

♦ 【公差】选项用于在引线末端创建公差注释。

♦ 【块参照】选项用于以内部块作为注释对象；而【无】选项表示创建无注释的引线。

【多行文字选项】选项组

♦ 【提示输入宽度】复选项用于提示用户，

指定多行文字注释的宽度。

◆ 【始终左对齐】复选项用于自动设置多行文字使用左对齐方式。

◆ 【文字边框】复选项主要用于为引线注释添加边框。

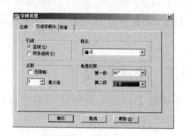

图 6-44 【引线设置】对话框

图 6-45 【注释】选项卡

【重复使用注释】选项组

◆ 【无】选项表示不对当前所设置的引线注释进行重复使用。

◆ 【重复使用下一个】选项用于重复使用下一个引线注释。

◆ 【重复使用当前】选项用于重复使用当前的引线注释。

2. 【引线和箭头】选项卡

进入【引线和箭头】选项卡，如图 6-46 所示，该选项卡主要用于设置引线的类型、点数、箭头以及引线段的角度约束等参数。

◆ 【直线】选项用于在指定的引线点之间创建直线段。

◆ 【样条曲线】选项用于在引线点之间创建样条曲线，即引线为样条曲线。

◆ 【箭头】选项组用于设置引线箭头的形式。

◆ 【无限制】复选项表示系统不限制引线点

的数量，用户可以通过按 Enter 键，手动结束引线点的设置过程。

◆ 【最大值】选项用于设置引线点数的最多数量。

◆ 【角度约束】选项组用于设置第一条引线与第二条引线的角度约束。

3. 【附着】选项卡

进入【附着】选项卡，如图 6-47 所示。该选项卡主要用于设置引线和多行文字注释之间的附着位置，只有在【注释】选项卡内点选了【多行文字】单选项时，此选项卡才可用。

◆ 【第一行顶部】单选项用于将引线放置在多行文字第一行的顶部。

◆ 【第一行中间】单选项用于将引线放置在多行文字第一行的中间。

◆ 【多行文字中间】单选项用于将引线放置在多行文字的中部。

◆ 【最后一行中间】单选项用于将引线放置在多行文字最后一行的中间。

◆ 【最后一行底部】单选项用于将引线放置在多行文字最后一行的底部。

◆ 【最后一行加下划线】复选项用于为最后一行文字添加下划线。

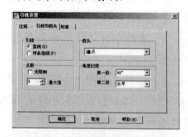

图 6-46 【引线和箭头】选项卡

图 6-47 【附着】选项卡

提示：由于篇幅所限，有关快速引线的应用实例，将在后面通过具体案例进行讲解。

6.4.2　多重引线

与快速引线相同，【多重引线】命令也可以创建具有多个选项的引线对象，只是其选项没有快速引线那么直观，需要通过命令行进行设置。

执行【多重引线】命令主要有以下方式：

◆ 执行菜单栏中的【标注】／【多重引线】命令；
◆ 单击【多重引线】工具栏或【注释】面板上的 按钮；
◆ 在命令行输入 Mleader 后按 Enter 键；
◆ 使用快捷键 MLE。

激活【多重引线】命令后，其命令行操作如下。

命令: _mleader

指定引线基线的位置或[引线箭头优先(H)/ 内容优先 (C)/ 选项 (O)] <选项>: //Enter

输入选项[引线类型(L)/引线基线(A)/内容类型(C)/最大节点数(M)/第一个角度(F)/第二个角度(S)/退出选项(X)] <退出选项>: //输入一个选项

指定引线基线的位置或[引线箭头优先(H)/内容优先(C)/选项(O)] <选项>: //指定基线位置

指定引线箭头的位置: //指定箭头位置，打开【文字格式】编辑器，输入注释内容

6.5 表格与表格样式

表格在 AutoCAD 建筑设计中也非常重要，为了方便快速地创建表格和填充表格文字，AutoCAD 为用户提供了【表格】命令，此命令将"创建表格"和"填充表格文字"两种功能结合在一起，使用户在创建表格后，不需要再执行文字命令，就可以为其填充所需的文字内容。下面就来学习创建表格与设置表格样式的相关方法和技巧。

6.5.1　创建表格

【表格】命令不但可以创建表格，填充表格，还可以将表格链接至 Microsoft Excel 电子表格中的数据。执行【表格】命令主要有以下几种方式：

◆ 执行菜单栏中的【绘图】／【表格】命令；
◆ 单击【绘图】工具栏或【注释】面板上的 按钮；
◆ 在命令行输入 Table 后按 Enter 键；
◆ 使用快捷键 TB。

下面创建一个简易表格，学习【表格】命令的使用方法和操作技巧。

【任务8】创建一个简易表格。

Step 1　新建公制单位的绘图文件。

Step 2　单击【绘图】工具栏或【注释】面板上的 按钮，打开如图 6-48 所示的【插入表格】对话框。

Step 3　在【列】文本框中输入 3；在【列宽】文本框中输入 20；在【数据行】文本框中输入 3，其他参数不变。

Step 4　单击 确定 按钮返回绘图区，在命令行"指定插入点:"的提示下，拾取一点作为插入点，此时系统自动打开如图 6-49 所示的【文字格式】编辑器。

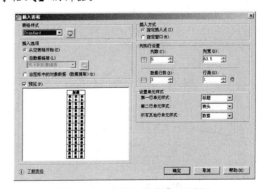

图 6-48　【插入表格】对话框

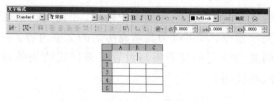

图6-49　【文字格式】编辑器

Step 5　在反白显示的表格框内输入"标题"，对表格进行文字填充，如图6-50所示。

Step 6　按右方向键或 Tab 键，此时光标跳至左下侧的列标题栏中，然后在反白显示的列标题栏中填充文字，如图6-51所示。

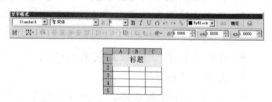

图6-50　输入标题文字

图6-51　输入文字

Step 7　继续按右方向键，或 Tab 键，分别在其他列标题栏中输入表格文字，如图6-52所示。

Step 8　单击 确定 按钮，关闭【文字格式】编辑器，创建结果如图6-53所示。

图6-52　输入其他文字

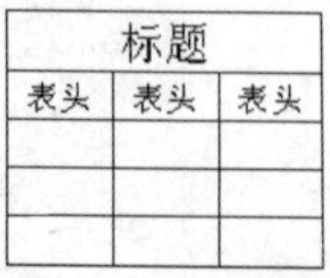

图6-53　创建表格

小技巧：默认设置创建的表格，不仅包含有标题行，还包含有表头行、数据行，用户可以根据实际情况进行取舍。

📖 选项解析

- ◆ 【表格样式设置】选项组用于设置、新建或修改当前表格样式，还可以对样式进行预览。

- ◆ 【插入选项】选项组用于设置表格的填充方式，具体有"从空表格开始"、"自动数据链接"和"自图形中的对象数据提取" 3种方式。

- ◆ 【插入方式】选项组用于设置表格的插入方式。总共提供了"指定插入点"和"指定窗口"两种方式，默认方式为"指定插入点"方式。

- ◆ 【列和行设置】选项组用于设置表格的列参数、行参数以及列宽和行宽参数。系统默认的列参数为5、行参数为1。

- ◆ 【设置单元数据】选项组用于设置第一行、第二行或其他行的单元样式。

- ◆ 单击 Standard ▼ 右侧的按钮 ，打开如图6-81所示的【表格样式】对话框，此对话框用于设置、修改表格样式，或设置当前表格样式。

6.5.2　设置表格样式

【表格样式】命令用于新建表格样式、修改现在表格样式和删除当前文件中无用的表格样式。执行【表格样式】命令主要有以下几种方式：

- ◆ 执行菜单栏中的【格式】／【表格样式】命令；

- ◆ 单击【样式】工具栏上或【表格】面板上的 按钮；

- ◆ 在命令行输入 Tablestyle 后按 Enter 键；

- ◆ 使用快捷键 TS。

激活命令后可打开如图6-54所示的【表格样

式】对话框，该对话框中的设置比较简单，在此不再赘述。

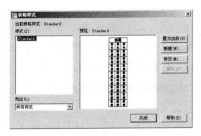

图 6-54　【表格样式】对话框

6.6 上机实训

6.6.1 【实训 1】标注建筑户型图房间功能

1. 实训目的

本实训要求为建筑户型图标注房间功能，通过本例的操作，熟练掌握单行文字的输入、编辑修改等技能，具体实训目的如下。

- ◆ 掌握文字样式的设置和调用技能
- ◆ 掌握单行文字的输入技能。
- ◆ 掌握单行文字的编辑技能。

2. 实训要求

打开建筑户型图，设置相关图层，并使用【文字样式】命令设置用于标注的文字样式，然后使用【单行文字】命令标注房间的功能，最后对文字注释与填充图案进行编辑，完成房间功能的标注。在具体的操作过程中，用户可结合前面讲解的相关知识，首先标注一个房间功能，然后将其复制到其他房间，然后使用【编辑】命令对其他房间的单行文字进行编辑，对所学知识进行综合巩固练习。

本例最终效果如图 6-55 所示。

具体要求如下。

（1）启动 AutoCAD 程序，并打开建筑户型图文件。

（2）设置相关图层，并设置文字样式。

（3）使用【单行文字】命令标注房间的功能，

然后使用【图案填充编辑】命令对单行文字注释与地板填充图案进行编辑，完成建筑户型图房间功能的标注。

（4）将标注结果命名保存。

3. 完成实训

效果文件：	效果文件\第 6 章\"标注户型图房间功能.dwg"
视频文件：	视频文件\第 6 章\"标注户型图房间功能.avi"

Step 1 打开 "\素材文件\6-2.dwg" 文件。

Step 2 单击【样式】工具栏上的 A 按钮，在打开的【文字样式】对话框中设置"仿宋体"为当前文字样式，如图 6-56 所示。

Step 3 执行菜单栏中的【绘图】/【文字】/【单行文字】命令，在命令行"指定文字的起点或[对正(J)/样式(S)]:"的提示下，在主卧房间内的适当位置上单击鼠标左键，拾取一点作为文字的起点。

Step 4 继续在命令行"指定高度 <2.5>:"提示下，输入 240，并按 Enter 键，将当前文字的高度设置为 200 个绘图单位。

Step 5 在"指定文字的旋转角度<0.00>:"提示下，直接按 Enter 键，表示不旋转文字。此时绘图区会出现一个单行文字输入框，如图 6-57 所示。

Step 6 在单行文字输入框内输入"主卧"，此时所输入的文字出现在单行文字输入框内，如图 6-57 所示。

图 6-55　标注房间功能

Step 7 按两次 Enter 键结束操作。

Step 8 使用相同的文字样式，分别将光标移至其他房间内，标注各房间的功能性文字注释，标注结果如图 6-58 所示。

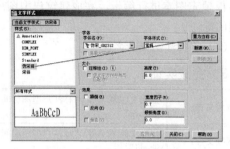

图 6-56　单行文字输入框

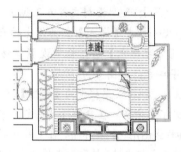

图 6-57　输入文字

Step 9　夹点显示主卧室房间内的地板填充图案，然后单击鼠标右键，选择右键菜单中的【图案填充编辑】命令，如图 6-59 所示。

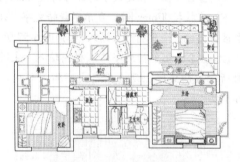

图 6-58　标注其他房间功能

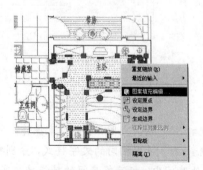

图 6-59　右键菜单

Step 10　在打开的【图案填充编辑】对话框中单击"添加：选择对象"按钮，如图 6-60 所示。

Step 11　返回绘图区，在命令行"选择对象或[拾取内部点(K)/删除边界(B)]："提示下，选择"主卧"文字对象，如图 6-61 所示。

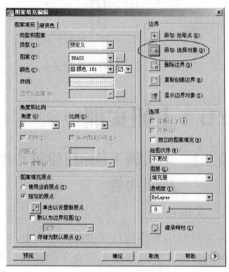

图 6-60　【图案填充编辑】对话框

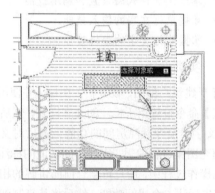

图 6-61　选择文字对象

Step 12　按 Enter 键，结果被选择文字对象区域的图案被删除，如图 6-62 所示。

Step 13　参照前面的操作步骤，分别修改书房、次卧、厨房、阳台、卫生间等填充图案，结果如图 6-63 所示。

Step 14　最后执行【另存为】命令，将图形另命名并存储为"标注户型图房间功能.dwg"。

图 6-62　修改结果

图 6-63　修改其他填充图案

6.6.2　【实训 2】标注建筑户型图房间面积

1. 实训目的

本实训要求为建筑户型图标注房间面积，通过本例的操作，熟练掌握多行文字的输入与房间面积的查询方法和技巧，具体实训目的如下。

- ◆ 掌握使用【面积】命令查询图形面积的技能。
- ◆ 掌握使用【多行文字】命令标注图形文字注释的技能。
- ◆ 掌握使用【复制】命令复制文字标注的技能。
- ◆ 掌握使用【编辑】命令编辑多行文字的技能。

2. 实训要求

首先打开建筑户型图，设置捕捉与追踪模式，设置文字样式，然后使用【面积】命令查询各房间的面积，再使用【多行文字】命令标注房间面积，之后将标注的房间面积复制到其他方面，使用【编辑】命令对其他房间的面积内容进行编辑，使用【图案填充编辑】命令对标注面积与填充图案进行编辑，完成房间面积的标注。

本例最终效果如图 6-64 所示。

具体要求如下。

（1）启动 AutoCAD 程序，并打开建筑户型图素材文件。

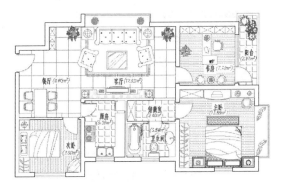

图 6-64　标注户型图房间面积

（2）设置捕捉模式与追踪模式，使其满足标注要求。

（3）使用【查询】命令查询房间面积。

（4）使用【多行文字】命令、【复制】命令标注房间面积。

（5）使用【编辑】命令、【图案填充连续】命令编辑标注的房间面积。

（6）将标注结果命名保存。

3. 完成实训

效果文件：	效果文件\第 6 章\"标注户型图房间面积.dwg"
视频文件：	视频文件\第 6 章\"标注户型图房间面积.avi"

Step 1　打开"\效果文件\第 6 章\标注户型图房间功能.dwg"文件。

Step 2　单击【样式】工具栏或【注释】面板上的 A 按钮，打开【文字样式】对话框，创建名为 SIMPLEX 的文字样式，参数设置如图 6-65 所示。

Step 3　执行菜单栏中的【工具】/【查询】/【面积】命令，查询次卧室房间的使用面积，命令行操作如下。

命令：_MEASUREGEOM

输入选项[距离(D)/半径(R)/角度(A)/面积(AR)/体积(V)] <距离>: _area

指定第一个角点或[对象(O)/增加面积(A)/减少面积(S)/退出(X)] <对象(O)>:
//捕捉图 6-66 所示的次卧的左上端点

图 6-65　设置文字样式

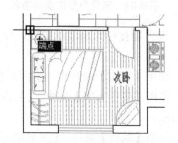

图 6-66　捕捉端点

指定下一个点或[圆弧(A)/长度(L)/放弃
(U)]:　　//捕捉次卧的右上端点

指定下一个点或[圆弧(A)/长度(L)/放弃
(U)]:　　//捕捉次卧的左下端点，如图
6-67 所示

指定下一个点或[圆弧(A)/长度(L)/放弃
(U)/总计(T)] <总计>:　　//捕捉图 6-68
所示的端点

指定下一个点或[圆弧(A)/长度(L)/放弃
(U)/总计(T)] <总计>:// Enter

区域 = 7500000.0，周长 = 11000.0

输入选项[距离(D)/半径(R)/角度(A)/面积
(AR)/ 体积 (V)/ 退出 (X)] <面积>: //X
Enter

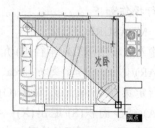

图 6-67　捕捉端点

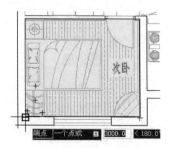

图 6-68　捕捉端点

Step 4　重复执行【面积】命令，配合捕捉
功能分别查询其他房间的使用面积。

Step 5　单击【绘图】工具栏上的 **A** 按钮，
激活【多行文字】命令，在【文字格式】编辑器
中设置当前的文字样式、字体高度等参数，如图
6-69 所示。

Step 6　在下侧的多行文字输入框内输入
"（7.50m2^）"，然后选择 "2^"，使其呈现反白显
示，单击【文字格式】编辑器工具栏上的 **暑** 按钮，
对数字 2 进行堆叠，如图 6-70 所示。

Step 7　单击【文字格式】编辑器中的 确定
按钮，结束【多行文字】命令，标注结果如图 6-71
所示。

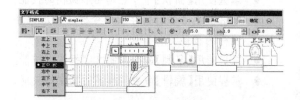

图 6-69　【文字格式】编辑器

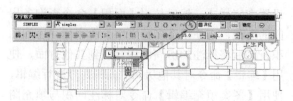

图 6-70　反白显示

Step 8　执行菜单栏中的【修改】/【复制】
命令，将标注的面积分别复制到其他房间内，结
果如图 6-72 所示。

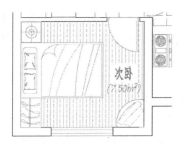

图 6-71　标注结果

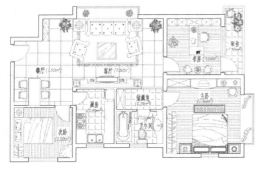

图 6-72　复制结果

Step 9　执行菜单栏中的【修改】/【对象】/【文字】/【编辑】命令，选择主卧室面积对象，打开【文字格式】编辑器，选择复制的面积文字使其反白，然后输入正确的面积。

Step 10　单击 确定 按钮，关闭【文字格式】编辑器。

Step 11　继续在命令行"选择注释对象或[放弃(U)]:"提示下，分别选择其他位置的面积对象，进行修改，输入正确的使用面积，结果如图6-73 所示。

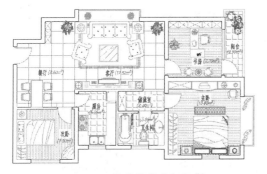

图 6-73　修改其他房间面积

Step 12　夹点显示主卧室房间内的地板填充图案，然后单击鼠标右键，选择【图案填充编

辑】命令。

Step 13　在打开的【图案填充编辑】对话框中单击"添加：选择对象"按钮，返回绘图区，在命令行"选择对象或[拾取内部点(K)/删除边界(B)]:"提示下，选择主卧房间内的面积对象，如图6-74 所示。

Step 14　按 Enter 键，结果被选择文字对象区域的图案被删除，如图6-75 所示。

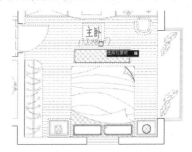

图 6-74　选择文字对象

图 6-75　修改结果

Step 15　参照相同的操作步骤，分别修改书房、次卧、厨房、阳台、卫生间等填充图案，将面积对象区域内的图案删除，结果如图6-64 所示。

Step 16　最后执行【另存为】命令，将图形另命名并存储为"标注户型图房间面积.dwg"。

6.6.3　【实训3】标注别墅立面图墙面材质

1. 实训目的

本实训要求标注别墅立面图墙面材质，通过本例的操作，熟练掌握文字样式的设置，单行文字、多行文字的输入与编辑修改技能，具体实训目的如下。

- 掌握文字样式的设置技能。
- 掌握【快速引线】的设置技能。
- 掌握使用【快速引线】命令标注引线注释的技能。

2. 实训要求

首先打开别墅立面图文件，设置文字样式、标注样式以及引线样式，然后使用【快速引线】命令快速标注别墅立面图墙面材质注释，完成别墅立面图墙面材质注释的标注。

本例最终效果如图 6-76 所示。

图 6-76　标注墙面材质注释

具体要求如下。

（1）启动 AutoCAD 程序，并打开别墅立面图文件。

（2）设置文字样式、标注样式以及引线样式，使其满足标注要求。

（3）使用【快速引线】命令标注别墅立面图墙面材质注释。

（4）将标注结果命名保存。

3. 完成实训

效果文件：	效果文件\第 6 章\"标注别墅立面图墙面材质.dwg"
视频文件：	视频文件\第 6 章\"标注别墅立面图墙面材质.avi"

Step 1　打开"\素材文件\6-3.dwg"文件。

Step 2　展开【图层控制】下拉列表，将"文本层"的新图层，图层颜色为洋红。

Step 3　单击【样式】工具栏或【注释】面板上的 A 按钮，打开【文字样式】对话框，创建名为"仿宋体"的文字样式，字体宽度比例为 0.7。

Step 4　使用快捷键"D"激活【标注样式】

命令，在打开的【标注样式管理器】中单击 替代(O)... 按钮，打开【替代当前样式：建筑标注】对话框。

Step 5　在【替代当前样式：建筑标注】对话框中分别展开【文字】选项卡和【调整】选项卡，设置参数如图 6-77 和图 6-78 所示。

Step 6　使用快捷键"LE"激活【快速引线】命令，在命令行"指定第一个引线点或[设置(S)] <设置>:"提示下，激活【设置】选项，打开【引线设置】对话框。

Step 7　在【引线设置】对话框中展开【引线和箭头】选项卡，然后设置引线与箭头，如图 6-79 所示。

Step 8　在【引线设置】对话框中展开【附着】选项卡，然后设置引线注释的附着位置，如图 6-80 所示。

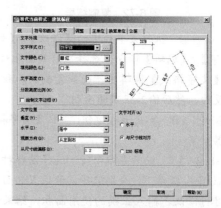

图 6-77　替代文字参数

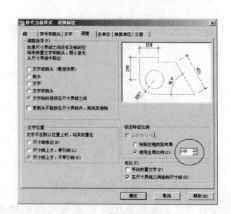

图 6-78　替代标注比例

图 6-79　设置引线和箭头

图 6-80　设置附着位置

Step 9　在【引线设置】对话框中单击 确定 按钮，返回绘图区，在所需位置指定引线点，绘制引线并输入引线注释，如图 6-81 所示。

图 6-81　输入引线注释

Step 10　单击 确定 按钮，关闭【文字格式】编辑器，标注结果如图 6-82 所示。

Step 11　参照上述操作，使用【快速引线】命令分别标注其他位置的引线注释，结果如图 6-83 所示。

Step 12　调整视图，使立面图完全显示，最终结果如图 6-76 所示。

Step 13　最后执行【另存为】命令，将图形另命名并存储为"标注别墅立面图墙面材质.dwg"。

图 6-82　标注结果

图 6-83　标注其他注释

6.7 上机与练习

1. 填空题

（1）相同内容的文字，如果使用不同的字体、字高等进行创建，那么文字的外观效果也不一样，文字的这些外观效果可以使用（　　）命令进行控制。

（2）使用【单行文字】命令创建出的各行文字对象被看作是（　　）的对象；使用【多行文字】命令创建出的各行文字对象则被看作是（　　）的对象；使用（　　）命令可以创建带有箭头和指示线的文字注释。

（3）AutoCAD 为一些常用符号设置了临时转换代码，在输入这些符号时，只需要输入相应的代码即可，其中，度数的代码为（　　）；直径符号的代码为（　　）；正/负号的代码为（　　）。

（4）使用（　　）命令不但可以创建表格，

还可以为表格填充文字。

（5）使用（　　）命令，不但可以查询任意两点之间的距离，还可以查询两点的连线与 x 轴或 xy 平面的夹角等参数信息。

2. 实训操作题

打开"\效果文件\第 5 章\上机操作题.dwg"文件，结合本章所学知识，为该别墅底层平面图标注图 6-84 所示的房间功能和面积。

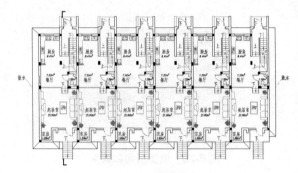

图 6-84　操作题

第7章

标注建筑设计图纸相关符号

📖 学习目标

本章主要学习有关属性的概念，定义属性、编辑属性的技能，了解特性的概念，掌握修改对象特性的方法，掌握特性匹配功能的应用，掌握编辑属性块以及快速选择图形对象的技能，同时通过完成本章上机实训，更好地掌握属性、特性以及快速选择图形对象的方法，为后续绘制建筑设计图纸奠定基础。

📖 学习重点

掌握定义属性的方法、编辑属性的方法和技巧，掌握使用特性匹配功能修改图形对象的方法，同时掌握快速选择图形对象的技能。

📖 主要内容

- ◆ 定义属性
- ◆ 编辑属性
- ◆ 对象特性
- ◆ 特性匹配
- ◆ 编辑属性块
- ◆ 快速选择

7.1 属性

属性的概念比较抽象，它实际上是一种"块的文字信息"，是从属于图块的非图形信息，用于对图块进行必要的文本或参数说明。

属性不能独立存在，也不能独立使用，只有在属性块插入时，属性才会出现。下面学习有关定义属性、编辑属性的相关知识。

7.1.1 定义属性

前面我们讲过，属性是一种"块的文字信息"，是从属于图块的非图形信息，因此，属性需要定义才能得到。在 AutoCAD 中，【定义属性】命令就是用于为几何图形定义文字属性的命令，通过对几何图形定义文字属性，以表达几何图形无法表达的一些内容。

执行【定义属性】命令主要有以下几种方式：

◆ 执行菜单栏中的【绘图】/【块】/【定义属性】命令；

◆ 单击【常用】选项卡/【块】面板上的 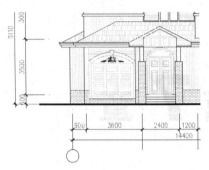 按钮；

◆ 在命令行输入 Attdef 或 ATT 后按 Enter 键。

下面通过为别墅建筑立面图标注轴标号的典型实例，学习定义属性的方法和技巧。

【任务 1】为别墅建筑立面图定于轴标号的属性。

Step 1 打开"\素材文件\7-1.dwg"文件。

Step 2 使用快捷键"C"激活【圆】命令，绘制直径为 800 的轴标号圆，如图 7-1 所示。

Step 3 打开状态栏上的【对象捕捉】功能，并将捕捉模式设为圆心捕捉。

Step 4 执行菜单栏中的【绘图】/【块】/【定义属性】命令，打开【属性定义】对话框，然后设置属性的标记名、提示说明、默认值、对正方式以及属性高度等参数，如图 7-2 所示。

图 7-1　绘制结果

图 7-2　【属性定义】对话框

小技巧： 当用户需要重复定义对象的属性时，可以勾选【在上一个属性定义下对齐】复选项，系统将自动沿用上次设置的各属性的文字样式、对正方式以及高度等参数的设置。

Step 5 单击　确定　按钮返回绘图区，在命令行"指定起点："提示下捕捉图 7-3 所示的圆心作为属性插入点，插入结果如图 7-4 所示。

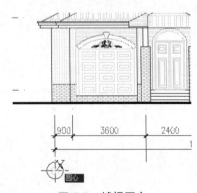

图 7-3　捕捉圆心

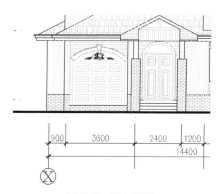

图 7-4　插入属性

小技巧：当用户为几何图形定义了文字属性后，所定义的文字属性暂时以属性标记名显示。

在【属性定义】对话框的【模式】选项组有相关选项，用于控制属性的显示模式，具体功能如下：

- 【不可见】复选项用于设置插入属性块后是否显示属性值；
- 【固定】复选项用于设置属性是否为固定值；
- 【验证】选项用于设置在插入块时提示确认属性值是否正确；
- 【预置】复选项用于将属性值定为默认值；
- 【锁定位置】复选项用于将属性位置进行固定；
- 【多行】复选项用于设置多行的属性文本。

小技巧：用户可以运用系统变量"Attdisp"直接在命令行进行设置或修改属性的显示状态。

7.1.2　编辑属性

当定义了属性后，如果需要改变属性的标记、提示或默认值，可以选择【修改】/【对象】/【文字】/【编辑】命令，在命令行"选择注释对象或[放

弃(U)]："提示下，选择需要编辑的属性，系统可弹出图 7-5 所示的【编辑属性定义】对话框，通过此对话框，用户可以修改属性定义的标记、提示或默认。

下面继续学习编辑属性的方法和技巧。

【任务 2】修改属性值。

Step 1　继续任务 1 的操作。

Step 2　执行菜单栏中的【修改】/【对象】/【文字】)/【编辑】命令，命令行提示如下。

命令：_ddedit

选择注释对象或[放弃(U)]：//选择上图 7-4 所示的轴线编号属性，打开【编辑属性定义】对话框，在该对话框的【标记】输入框输入新的属性值，如图 7-5 所示

Step 3　单击【编辑属性定义】对话框中的 确定 按钮，属性将按照修改后的标记、提示或默认值进行显示。

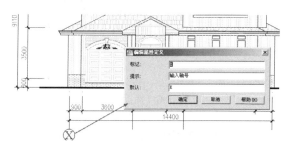

图 7-5　【编辑属性定义】对话框

7.2 编辑与管理属性块

前面学习了定义属性与编辑属性的相关知识，下面继续学习编辑属性块与管理属性块的相关知识。

7.2.1　编辑属性块

所谓属性块是指含有属性的图块，编辑属性块就是指对含有属性的图块进行编辑，比如更改属性的值、特性等。执行【编辑属性】命令就可以完成该操作。

执行【编辑属性】命令主要有以下几种方式。

◆ 执行菜单栏中的【修改】/【对象】/【属性】/【单个】命令。

◆ 单击【修改Ⅱ】工具栏或【块】面板上的 按钮。

◆ 在命令行输入 Eattedit 后按 Enter 键。

下面通过为别墅立面图标注轴标号的实例，学习编辑属性块的方法和技巧。

【任务3】为别墅立面图标注轴标号。

Step 1 打开"\素材文件\7-3.dwg"文件。

Step 2 使用快捷键"B"激活【创建块】命令，将上例绘制圆及其属性一起创建为属性块，基点为图7-6所示的端点，其他参数设置如图7-7所示。

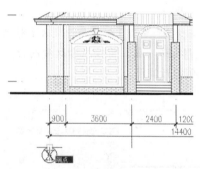

图 7-6 捕捉圆心

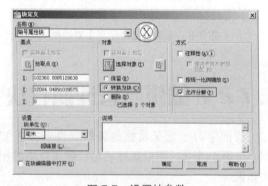

图 7-7 设置块参数

Step 3 单击 确定 按钮，打开图7-8所示的【编辑属性】对话框，在此对话框中即可定义正确的文字属性值。

Step 4 属性值在此采用默认设置，然后单击 确定 按钮，结果创建了一个属性值为 K 的

属性块，如图7-9所示。

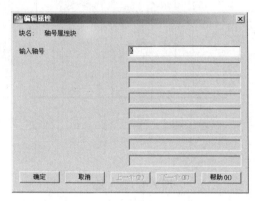

图 7-8 【编辑属性】对话框

图 7-9 定义属性块

Step 5 使用快捷键"CO"激活【复制】命令，将轴号属性块分别复制到其他位置，结果如图7-10所示。

图 7-10 复制结果

Step 6 执行菜单栏中的【修改】/【对象】/【属性】/【单个】命令，在命令行"选择块："提示下，选择复制出的属性块，打开【增

强属性编辑器】对话框，然后修改属性值为 G，
如图 7-11 所示。

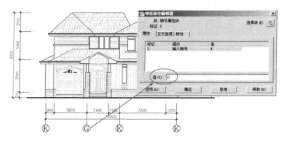

图 7-11　修改属性值

Step 7　在【增强属性编辑器】对话框中单
击 应用(A) 按钮，然后单击【选择块】按钮，
返回绘图区，选择右侧的属性块修改属性值，如
图 7-12 所示。

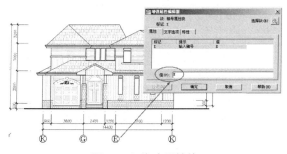

图 7-12　修改属性值

Step 8　重复上一步骤，修改右侧属性块的
属性值，结果如图 7-13 所示。

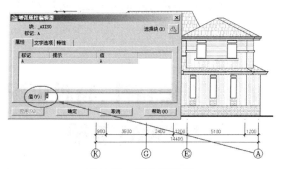

图 7-13　修改属性值

Step 9　单击 确定 按钮关闭【增强属性
编辑器】对话框，修改结果如图 7-14 所示。

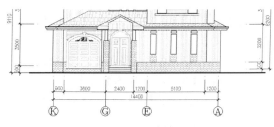

图 7-14　修改结果

📖　**选项解析**

◆　【属性】选项卡用于显示当前文件中所有
属性块的属性标记、提示和默认值，还可
以修改属性块的属性值。

> **小技巧**：通过单击右上角【选择块】
> 按钮，可以连续对当前图形中的其他属
> 性块进行修改。

◆　在【特性】选项卡中可以修改属性的图层、
线型、颜色和线宽等特性。

◆　【文字选项】选项卡用于修改属性的文字
特性，比如属性文字样式、对正方式、高
度和宽度比例等。修改属性高度及宽度特
性后的效果，如图 7-15 所示。

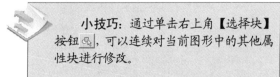
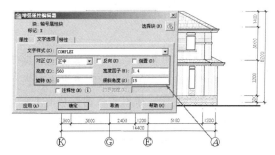

图 7-15　修改属性的文字特性

7.2.2　块属性管理器

【块属性管理器】是一个综合性的属性块管理
工具，用于对当前文件中的众多属性块进行编辑
管理，它不但可以修改属性的标记、提示以及属
性默认值等属性的定义，还可以修改属性所在的
图层、颜色、宽度等。

执行【块属性管理器】命令主要有以下几种方式：

♦ 执行菜单栏中的【修改】/【对象】/【属性】/【块属性管理器】命令；

♦ 单击【修改Ⅱ】工具栏或【块】面板上的 按钮；

♦ 在命令行输入 Battman 后按 Enter 键。

激活【块属性管理器】命令后，系统将弹出图 7-16 所示的【块属性管理器】对话框，用于对当前图形文件中的所有属性块进行管理。

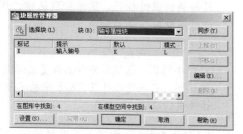

图 7-16 【块属性管理器】对话框

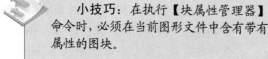
小技巧：在执行【块属性管理器】命令时，必须在当前图形文件中含有带有属性的图块。

📖 选项解析

♦ 【块】下拉列表框用于显示当前正在编辑的属性块名称，在此下拉列表框中列出了当前图形中所有带有属性的图块的名称，用户可以选择其中的一个属性块，将其设置为当前需要编辑的属性块。

♦ 在属性列表框列出了当前选择块的所有属性定义，包括属性的标记、提示、默认和模式等。在属性列表框下侧的选区中，都标有选择的属性块在当前图形和在当前布局中相应块的总数目。

♦ 同步(Y) 按钮用于更新已修改的属性特性，它不会影响在每个块中指定给属性的任何值。

♦ 上移(U) 和 下移(D) 按钮用于修改属性

值的显示顺序。

♦ 编辑(E)... 按钮用于修改属性块的各属性的特性。

♦ 删除(R) 按钮用于删除在属性列表框中选中的属性定义。对于仅具有一个属性的块，此按钮不可使用。

单击 设置(S)... 按钮，可打开图 7-17 所示的【设置】对话框，此对话框用于控制属性列表框中具体显示的内容。其中【在列表中显示】选区用于设置在【块属性管理器】中属性的具体显示内容；【将修改应用到现有参照】复选项用于将修改的属性应用到现有的属性块。

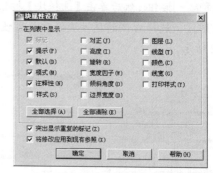

图 7-17 【块属性设置】对话框

小技巧：默认情况下所做的属性更改将应用到当前图形中现有的所有块参照。如果在对属性块进行编辑修改时，当前文件中的固定属性或嵌套属性块受到一定影响，此时可使用【重生成】命令更新这些块的显示。

7.3 对象特性、特性匹配与DWG参照

这一节继续学习对象特性、特性匹配与 DWG 参照 3 个命令，以方便用户查看、修改图形对象的内部特性和附着外部参照，达到快速修饰和完善图形的目的。

7.3.1　对象特性

对象图形是指 CAD 图元的基本特性、几何特性以及其他特性等，例如线型、线宽、颜色、厚度等。在无任何命令发出的情况下，当选择图形后，在图 7-18 所示的【特性】窗口将会显示图形的这些基本特性，用户可以通过此窗口，查看和修改图形对象的内部特性。

图 7-18　【特性】窗口

执行【特性】命令主要有以下几种方式：

◆ 执行菜单栏中的【工具】/【选项板】/【特性】命令；
◆ 执行菜单栏中的【修改】/【特性】命令；
◆ 单击【标准】工具栏或选项板上的 ▣ 按钮；
◆ 在命令行输入 Properties 或 PR 后按 Enter 键；
◆ 按快捷键 Ctrl+1。

【特性】窗口由标题栏、工具栏和特性窗口 3 部分组成，标题栏位于窗口的一侧，其中 ▸◂ 按钮用于控制特性窗口的显示与隐藏状态；单击标题栏底端的按钮 ▣，可弹出一个按钮菜单，用于改变特性窗口的尺寸大小、位置以及窗口的显示与否等。

小技巧：在标题栏上按住鼠标左键不放，可以将特性窗口拖至绘图区的任意位置；双击鼠标左键，可以将此窗口固定在绘图区的一端。

工具栏位于【特性】窗口的上方，用于显示被选择的图形名称，以及用于构建新的选择集。其中：

◆ 无选择 下拉列表框用于显示当前绘图窗口中所有被选择的图形名称；
◆ ▣ 按钮用于切换系统变量 PICKADD 的参数值；

◆ 【快速选择】按钮 用于快速构造选择集；
◆ 【选择对象】按钮 用于在绘图区选择一个或多个对象，按 Enter 键，选择的图形对象名称及所包含的实体特性都显示在特性窗口内，以便对其进行编辑。

系统默认的特性窗口共包括【常规】、【三维效果】、【打印样式】、【视图】和【其他】5 个组合框，分别用于控制和修改所选对象的各种特性。

下面通过典型的实例，学习【特性】命令的使用方法的编辑技巧。

【任务 4】修改对象特性。

Step 1　新建绘图文件，并绘制长度为 200、宽度为 120 的矩形。

Step 2　执行菜单栏中的【视图】/【三维视图】/【东南等轴测】命令，将视图切换为东南视图。

Step 3　在无命令执行的前提下，单击刚绘制的矩形，使其夹点显示，如图 7-19 所示。

Step 4　打开【特性】窗口，然后在【厚度】选项上单击鼠标左键，此时该选项以输入框形式显示，然后输入厚度值为 100，如图 7-20 所示。

Step 5　按 Enter 键，结果矩形的厚度被修改变为 100，如图 7-21 所示。

图 7-19　夹点效果

图 7-20　修改厚度特性

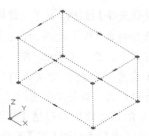

图 7-21　修改后的效果

Step 6　继续在【全局宽度】选项框内单击鼠标左键，输入 25，修改边的宽度参数，如图 7-22 所示。

Step 7　关闭【特性】窗口，取消图形夹点，修改结果如图 7-23 所示。

Step 8　执行菜单栏中的【视图】/【消隐】命令，结果如图 7-24 所示。

图 7-22　修改宽度特性

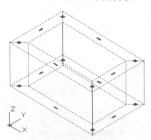

图 7-23　消隐效果

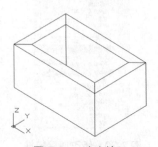

图 7-24　消隐效果

7.3.2　特性匹配

与【特性】命令不同，【特性匹配】命令主要用于将图形对象的某些内部特性匹配给其他图形，使这些图形拥有相同的内部特性。执行【特性匹配】命令主要有以下几种方式：

◆ 执行菜单栏中的【修改】/【特性匹配】命令；
◆ 单击【标准】工具栏或【剪贴板】面板上的 ▣ 按钮；
◆ 在命令行输入 Matchpropr 后按 Enter 键；
◆ 使用快捷键 MA。

下面通过匹配图形的内部特性，学习【特性匹配】命令的使用方法和操作技巧。

【任务 5】匹配图形内部特性。

Step 1　继续任务 4 的操作。

Step 2　使用【正多边形】命令绘制边长为 120 的正六边形，如图 7-25 所示。

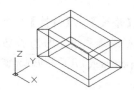

图 7-25　绘制结果

Step 3　单击【标准】工具栏或【剪贴板】面板上的 ▣ 按钮，激活【特性匹配】命令，匹配宽度和厚度特性。命令行操作如下。

命令：'_matchprop

　　选择源对象：　　//选择左侧的矩形

　　当前活动设置：颜色 图层 线型 线型比例 线宽 透明度 厚度 打印样式 标注 文字 填充图案 多段线 视口 表格材质 阴影显示 多重引线

　　选择目标对象或[设置(S)]：　　//选择右侧的矩形

　　选择目标对象或[设置(S)]：　　//Enter，结果矩形的宽度和厚度特性复制给正六边形，如图 7-26 所示

Step 4　执行菜单栏中的【视图】/【消隐】

命令，图形的显示效果如图 7-27 所示。

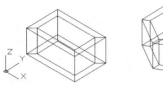

图 7-26　匹配结果

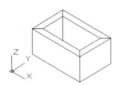

图 7-27　特性匹配结果

📖 选项解析

◆ 【设置】选项用于设置需要匹配的对象特性。在命令行"选择目标对象或[设置（S）]:"提示下，输入 S 并按 Enter 键，可打开图 7-28 所示的【特性设置】对话框，用户可以根据自己的需要选择需要匹配的基本特性和特殊特性。在默认设置下，AutoCAD 将匹配此对话框中的所有特性，如果用户需要有选择性地匹配某些特性，可以在此对话框内进行设置。

◆ 【颜色】和【图层】选项适用于除 OLE（对象链接嵌入）对象之外的所有对象；【线型】选项适用于除了属性、图案填充、多行文字、OLE 对象、点和视口之外的所有对象；【线型比例】选项适用于除了属性、图案填充、多行文字、OLE 对象、点和视口之外的所有对象。

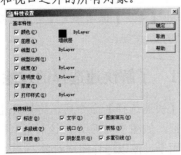

图 7-28　【特性设置】对话框

7.3.3　DWG 参照

【DWG 参照】命令用于为当前文件中的图形附着外部参照，使附着的对象与当前图形文件存在一种参照关系。执行此命令主要有以下几种方式：

◆ 执行菜单栏中的【插入】/【DWG 参照】命令；
◆ 单击【参照】工具栏上的 按钮；
◆ 在命令行输入 Xattach 后按 Enter 键；
◆ 使用快捷键 XA。

激活【外部参照】命令后，从打开的【选择参照文件】对话框中选择所要附着的图形文件，如图 7-29 所示，然后单击 打开(0) 按钮，系统将打开图 7-30 所示的【外部参照】对话框。

当用户附着了一个外部参照后，该外部参照的名称将出现在此文本框内，并且此外部参照文件所在的位置及路径都显示在文本框的下部。如果在当前图形文件中含有多个参照时，这些参照的文件名都排列在此下拉列表框中。单击【名称】文本框右侧的 浏览(B)… 按钮，可以打开【选择参照文件】对话框，用户可以从中为当前图形选择新的外部参照。

图 7-29　【选择参照文件】对话框

图 7-30　【外部参照】对话框

【参照类型】选项组用于指定外部参照图形文件的引用类型。引用的类型主要影响嵌套参照图形的显示。系统提供了【附着型】和【覆盖型】两种参照类型。如果在一个图形文件中以"附着型"的方式引用了外部参照图形，当这个图形文件又被参照在另一个图形文件中时，AutoCAD 仍显示这个图形文件中嵌套的参照图形；如果在一个图形文件中以"覆盖型"的方式引用了外部参照图形，当这个图形文件又被参照在另一个图形文件中时，

AutoCAD 将不再显示这个图形文件中嵌套的参照图形。

在图 7-31（左）所示的图形中，平面门图形都是以"附着型"的方式参照在图形文件中，所有家具图形都是以"覆盖型"的方式参照在图形中，当含有这两种参照类型的图形作为外部参照被引用到其他的图形文件中时，"附着型"的平面门嵌套参照图形仍然被显示，而"覆盖型"的家具嵌套参照图形不被显示，如图 7-31（右）所示。

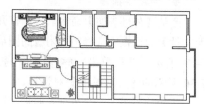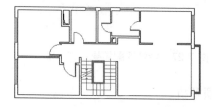

图 7-31　参照类型示例

> **小技巧：** 当 A 图形以外部参照的形式被引用到 B 图形，而 B 图形又以外部参照的形式被引用到 C 图形，则相对 C 图形来说，A 图形就是一个嵌套参照图形，它在 C 图形中的显示与否，取决于它被引用到 B 图形时的参照类型。

【路径类型】下拉列表是用于指定外部参照的保存路径的，AutoCAD 提供了【完整路径】、【相对路径】和【无路径】3 种路径类型。将路径类型设置为【相对路径】之前，必须保存当前图形。

对于嵌套的外部参照，相对路径通常是指其直接宿主的位置，而不一定是当前打开的图形的位置。如果参照的图形位于另一个本地磁盘驱动器或网络服务器上，【相对路径】选项不可用。

> **小技巧：** 一个图形可以作为外部参照同时附着到多个图形中。同样，也可以将多个图形作为外部参照附着到单个图形中。如果一个被定义属性的图形以外部参照的形式引用到另一个图形中，那么AutoCAD 将把参照的属性忽略掉，仅显示参照图形，不显示图形的属性。

7.4 快速选择

【快速选择】命令是一个快速构造选择集的高效制图工具，此工具用于根据图形的类型、图层、颜色、线型、线宽等内部特性设定过滤条件，AutoCAD 将自动进行筛选，最终过滤出符合设定条件的所有图形对象。

执行【快速选择】命令主要有以下几种方式。

◆ 执行菜单栏中的【工具】/【快速选择】命令；
◆ 在命令行输入 Qselect 后按 Enter 键；
◆ 在绘图区单击鼠标右键，选择右键菜单中的【快速选择】选项；
◆ 单击【常用】选项卡/【实用工具】面板上的 按钮。

7.4.1　了解快速选择的过滤功能

执行【快速选择】命令后，将打开【快速选择】对话框，如图 7-32 所示。该对话框有三级过滤功能，用于过滤以选择图形对象。

图 7-32 【快速选择】对话框

1. 一级过滤功能

在【快速选择】对话框中,【应用到】列表框属于一级过滤功能,用于指定是否将过滤条件应用到整个图形或当前选择集(如果存在的话),此时使用【选择对象】按钮 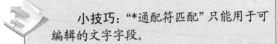完成对象选择后,按 Enter 键重新显示该对话框。AutoCAD 将【应用到】设置为【当前选择】,对当前已有的选择集进行过滤,只有当前选择集中符合过滤条件的对象才能被选择。

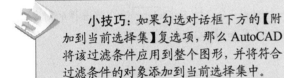

小技巧:如果勾选对话框下方的【附加到当前选择集】复选项,那么 AutoCAD 将该过滤条件应用到整个图形,并将符合过滤条件的对象添加到当前选择集中。

2. 二级过滤功能

【对象类型】列表框属于快速选择的二级过滤功能,用于指定要包含在过滤条件中的对象类型。如果过滤条件正应用于整个图形,那么【对象类型】列表框包含全部的对象类型,包括自定义;否则,该列表只包含选定对象的对象类型。

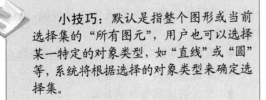

小技巧:默认是指整个图形或当前选择集的"所有图元",用户也可以选择某一特定的对象类型,如"直线"或"圆"等,系统将根据选择的对象类型来确定选择集。

3. 三级过滤功能

【特性】文本框属于快速选择的三级过滤功能,三级过滤功能共包括【特性】、【运算符】和【值】3 个选项,分别如下所述。

◆ 【特性】选项用于指定过滤器的对象特性。在此文本框内包括选定对象类型的所有可搜索特性,选定的特性确定【运算符】和【值】中的可用选项。例如在【对象类型】下拉列表框中选择圆,【特性】窗口的列表框中就列出了圆的所有特性,从中选择一种用户需要的对象的共同特性。

◆ 【运算符】下拉列表框用于控制过滤器值的范围。根据选定的对象属性,其过滤的值的范围分别是 "=等于"、"<>不等于"、">大于"、"<小于" 和 "*通配符匹配"。对于某些特性"大于"和"小于"选项不可用。

小技巧:"*通配符匹配"只能用于可编辑的文字字段。

◆ 【值】列表框用于指定过滤器的特性值。如果选定对象的已知值可用,那么"值"成为一个列表,可以从中选择一个值;如果选定对象的已知值不存在,或者没有达到绘图的要求,就可以在【值】文本框中输入一个值。

除了以上 3 种过滤功能外,在【如何应用】选项组中还包括【如何应用】复选项和【附加到当前选择集】复选项。【如何应用】复选项用于指定是否将符合过滤条件的对象包括在新选择集内,或是排除在新选择集之外;而【附加到当前选择集】复选项用于指定创建的选择集是替换当前选择集,还是附加到当前选择集。

7.4.2 使用【快速选择】功能快速选择图形对象

下面通过删除户型图地面材质的典型实例,学习【快速选择】命令的使用方法和操作技巧。

【任务6】 快速删除户型图地面材质。

Step 1 打开 "\效果文件\第6章\标注户型图房间功能.dwg" 文件, 如图7-33所示。

Step 2 单击【常用】选项卡\【实用工具】面板上的 按钮, 激活【快速选择】命令, 打开【快速选择】对话框。

Step 3 该对话框中的【特性】文本框属于三级过滤功能, 用于按照目标对象的内部特性设定过滤参数, 在此选择 "图层" 选项。

Step 4 在【值】下拉列表框中选择 "填充层", 其他参数使用默认设置, 如图7-34所示。

Step 5 单击 确定 按钮关闭该对话框, 结果在填充层中的所有符合过滤条件的图形都被选择, 如图7-35所示。

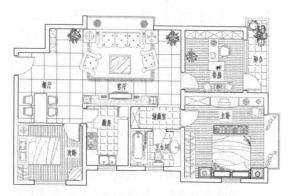

图7-33 打开结果

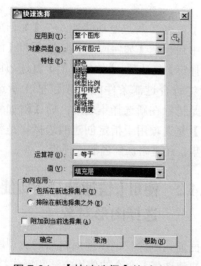

图7-34 【快速选择】的过滤设置

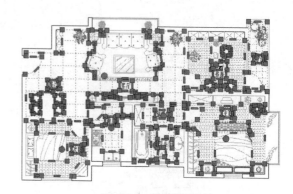

图7-35 选择结果

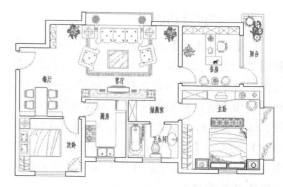

图7-36 删除结果

Step 6 按下 Delete 键, 将选择的对象删除, 结果如图7-36所示。

7.5 上机实训

7.5.1 【实训1】为别墅立面图标注标高符号

1. 实训目的

本实训要求为别墅立面图标注标高符号, 通过本例的操作, 熟练掌握标高符号的绘制、定义属性、创建属性块、编辑属性块等技能, 具体实训目的如下。

◆ 掌握使用【直线】命令绘制标高符号的技能。
◆ 掌握定义属性的技能。
◆ 掌握创建属性块的技能。
◆ 掌握标注建筑立面图标高符号的技能。

2. 实训要求

打开别墅立面图，使用【直线】命令绘制标高符号，并将其定义为属性，然后使用【创建块】命令将定义的属性创建为属性块，然后使用【插入】命令向别墅立面图中插入属性块，最后对属性块进行编辑，完成对别墅立面图标高符号的插入，其结果如图 7-37 所示。

图 7-37　插入标高符号

具体要求如下。

（1）启动 AutoCAD 程序，并打开别墅立面图文件。

（2）设置相关图层，然后使用【直线】命令绘制标高符号。

（3）使用【定义属性】命令将绘制的标高符号定义为属性，然后使用【创建块】命令将属性创建为属性块。

（4）使用【插入】命令向别墅立面图中插入属性块，最后对属性块进行编辑，完成对别墅立面图标高符号的插入。

（5）将标注结果命名保存。

3. 完成实训

效果文件：	效果文件\第 7 章\ "标注别墅立面图标高符号.dwg"
视频文件：	视频文件\第 7 章\ "标注别墅立面图标高符号.avi"

Step 1　打开 "\素材文件\7-2.dwg" 文件。

Step 2　展开【图层控制】下拉列表，将 "0 图层" 设置为当前图层。

Step 3　激活状态栏上的【极轴追踪】功能，并设置极轴角为 45°，然后使用【多段线】命令绘

制图 7-38 所示的室外标高符号。

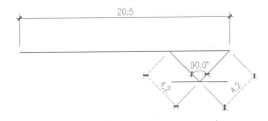

图 7-38　标高符号

Step 4　执行菜单栏中的栏【绘图】/【块】/【定义属性】命令，打开【属性定义】对话框，为标高符号定义文字属性，如图 7-39 所示。

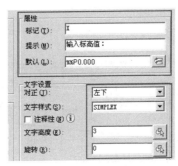

图 7-39　设置属性参数

Step 5　单击 确定 按钮，在命令行 "指定起点:" 提示下捕捉图 7-40 所示的端点，为标高符号定义属义属性，结果如图 7-41 所示。

图 7-40　捕捉端点

图 7-41　定义属性

Step 6　使用快捷键 "B" 激活【创建块】命令，设置参数如图 7-42 所示，将标高符号和属性一起创建为内部块，基点为标高符号的最下侧

端点。

Step 7 在无命令执行的前提下，夹点显示其中的一个层高尺寸，如图 7-43 所示。

图 7-42 【块定义】对话框

图 7-43 夹点效果

Step 8 执行【特性】命令，在打开的【特性】窗口内修改尺寸界线范围，如图 7-44 所示。

Step 9 关闭【特性】窗口，并取消尺寸的夹点效果，结果如图 7-45 所示。

Step 10 单击【标准】工具栏或【剪贴板】面板上的 按钮，激活【特性匹配】命令，选择被延长的轴线尺寸作为匹配的源对象，将其尺寸界线的特性复制给其他位置的轴线尺寸，匹配结果如图 7-46 所示。

Step 11 展开【图层控制】下拉列表，设置"尺寸层"作为当前图层。

Step 12 将"其他层"设置为当前图层，然后单击【绘图】工具栏或【块】面板上的 按钮，激活【插入块】命令，插入刚定义的"室外标高"属性块，块参数设置如图 7-47 所示。

Step 13 单击 确定 按钮，在命令行"指定插入点或[基点(B)/比例(S)/旋转(R)]: "提示下，捕捉图 7-48 所示的端点作为插入点。

Step 14 在系统自动打开的【编辑属性】对话框中单击 确定 按钮，插入结果如图 7-49 所示。

图 7-44 特性编辑

图 7-45 取消夹点

图 7-46 匹配结果

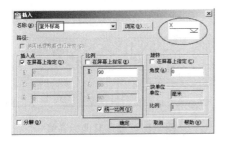

图 7-47　设置参数

图 7-48　捕捉端点

图 7-49　插入结果

Step 15　使用快捷键 "CO" 激活【复制】命令，将刚插入的标高属性块分别复制到其他位置，结果如图 7-50 所示。

Step 16　使用快捷键 "MI" 激活【镜像】命令，窗交选择图 7-34 所示的属性块，并进行镜像，命令行操作如下。

命令: mi　　　　　　　　// Enter

　　MIRROR 选择对象:　　//窗交选择图

　　7-51 所示的属性块

　　选择对象:　　　　　　// Enter

图 7-50　复制结果

指定镜像线的第一点:　　　//捕捉图 7-52 所示的中点

指定镜像线的第二点:　　　//@0,1 Enter

要删除源对象吗？[是(Y)/否(N)] <N>:

// y Enter，镜像结果如图 7-53 所示

图 7-51　窗交选择

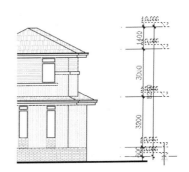

图 7-52　捕捉中点

图 7-53　镜像结果

Step 17 重复执行【镜像】命令，对最下侧的两个标高属性块进行镜像，并删除源对象，结果如图 7-54 所示。

Step 18 执行菜单栏中的【修改】/【对象】/【属性】/【单个】命令，在"选择块:"提示下选择最下侧的标高符号，修改属性值如图 7-55 所示。

Step 19 单击 应用(A) 按钮，结果标高值被修改。

Step 20 单击【增强属性编辑器】对话框中的【选择块】按钮，返回绘图区，选择上侧的标高符号，修改其属性值，如图 7-56 所示。

Step 21 重复执行上一步操作，分别修改其他位置的标高值，修改结果如图 7-57 所示。

图 7-57 修改其他标高值

Step 22 单击【参照】工具栏上的 按钮，激活【DWG 参照】命令，在打开的【选择参照文件】对话框中，选择"\图块文件\植物.dwg"文件。

Step 23 单击 打开(O) 按钮，打开【附着外部参照】对话框，在此对话框内设置参数如图 7-58 所示。

Step 24 单击 确定 按钮返回绘图区，在命令行"定插入点或[比例(S)/X/Y/Z/旋转(R)/预览比例(PS)/PX(PX)/PY(PY)/PZ(PZ)/预览旋转(PR)]:"提示下，定位插入点，插入结果如图 7-59 所示。

图 7-54 镜像结果

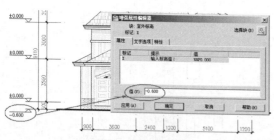

图 7-55 修改属性值

图 7-58 设置参数

图 7-56 修改属性值

图 7-59 附着参照

Step 25 最后执行【另存为】命令，将图形另命名并存储为"标注别墅立面图标高符号.dwg"。

7.5.2 【实训 2】为建筑施工图编写墙体序号

1. 实训目的

本实训要求为建筑施工图编写墙体序号，通过本例的操作，熟练掌握对象特性、特性匹配、插入属性块以及属性块的编辑等操作技能，具体实训目的如下。

- ◆ 掌握使用【特性】功能修改对象特性的技能。
- ◆ 掌握使用【特性匹配】功能匹配图形特性的技能。
- ◆ 掌握使用【单个】命令修改属性的技能。
- ◆ 掌握使用【复制】命令快速复制图形的技能。
- ◆ 掌握使用【快速选择】功能选择图形对象的技能。

2. 实训要求

打开建筑施工图，使用【特性】命令修改施工图轴线尺寸，然后将该特性匹配给其他轴线尺寸，再使用【插入】命令、【复制】命令插入墙体序号，使用【单个】命令修改墙体序号的值，最后使用【快速选择】命令和【移动】命令对序号进行调整，完成施工图墙体序号的编写。

本例最终效果如图 7-60 所示。

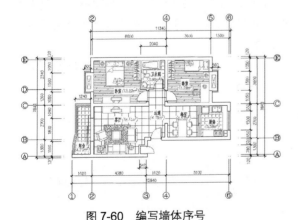

图 7-60　编写墙体序号

具体要求如下。

（1）启动 AutoCAD 程序，并打开建筑施工图素材文件。

（2）使用【特性】命令修改轴线尺寸的特性，然后使用【特性匹配】命令将其批匹配给其他轴线尺寸。

（3）使用【插入】命令插入墙体序号，然后使用【复制】命令对序号进行复制。

（4）使用【单个】命令对序号进行编辑，然后使用【快速选择】和【移动】命令对序号进行调整。

（5）将结果命名保存。

3. 完成实训

效果文件：	效果文件\第 7 章\ "编写施工图墙体序号.dwg"
视频文件：	视频文件\第 7 章\ "编写施工图墙体序号.avi"

Step 1　打开 "\素材文件\7-4.dwg" 文件。

Step 2　在无任何命令执行的前提下选择平面图的一个轴线尺寸，使其夹点显示，如图 7-61 所示。

Step 3　执行【特性】命令，在【直线和箭头】选项组中修改尺寸界线超出尺寸线的长度，修改参数如图 7-62 所示。

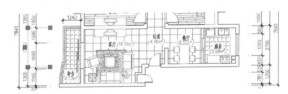

图 7-61　轴线尺寸的夹点显示

Step 4　关闭【特性】对话框，并取消对象的夹点显示，结果所选择的轴线尺寸的尺寸界线被延长，如图 7-63 所示。

图 7-62　【特性】对话框

图 7-63　特性编辑

Step 5　单击【标准】工具栏或【剪贴板】上的 按钮，激活【特性匹配】命令，选择被延长的轴线尺寸作为匹配的源对象，将其尺寸界线的特性复制给其他位置的轴线尺寸，匹配结果如图 7-64 所示。

Step 6　展开【图层】工具栏上的【图层控制】下拉列表，设置"其他层"作为当前图层。

Step 7　使用快捷键"I"激活【插入块】命令，插入"/图块文件/轴标号.dwg"文件，参数设置如图 7-65 所示。

Step 8　单击 确定 按钮，根据命令行的提示，为第一道纵向轴线编号，命令行操作如下。

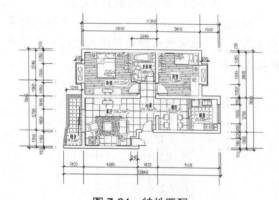

图 7-64　特性匹配

命令: INSERT

指定插入点或[基点(B)/比例(S)/旋转(R)]: //捕捉左下侧第一道横向尺寸界线的端点

输入属性值

输入轴线编号：<A>: //Enter，结果如图 7-66 所示

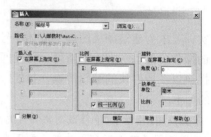

图 7-65　设置参数

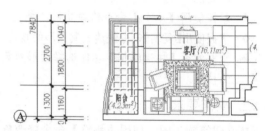

图 7-66　编号结果

Step 9　执行菜单栏中的【修改】/【复制】命令，将轴线标号分别复制到其他指示线的末端点，复制的基点为轴标号圆心，目标点分别为各指示线的左端点，结果如图 7-67 所示。

Step 10　执行菜单栏中的【修改】/【对象】/【属性】/【单个】命令，在"选择块:"提示下选择复制出的轴标号，打开【增强属性编辑器】对话框。

Step 11　在对话框中修改属性值为"B"，如图 7-68 所示。

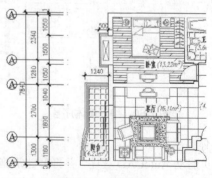

图 7-67　复制结果

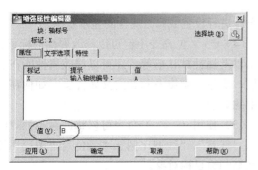

图7-68 【增强属性编辑器】对话框

Step 12 单击左下角的 应用(A) 按钮，则此位置轴标号的值被修改为"B"，如图7-69所示。

Step 13 在【增强属性编辑器】对话框中单击右上角的【选择块】按钮，返回绘图区，分别选择其他位置的轴线编号进行修改，结果如图7-70所示。

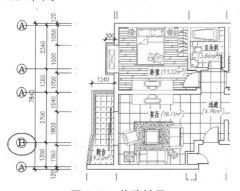

图7-69 修改结果

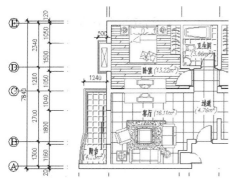

图7-70 修改其他轴标号

Step 14 执行菜单栏中的【工具】/【快速选择】命令，设置过滤参数如图7-71所示，选择"其他层"上的所有对象，选择结果如图7-72

所示。

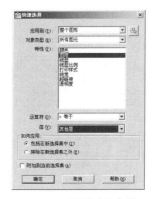

图7-71 设置过滤参数

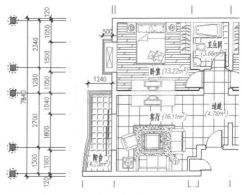

图7-72 选择结果

Step 15 执行菜单栏中的【修改】/【移动】命令，配合交点捕捉和圆心捕捉功能，将轴标号进行外移，结果如图7-73所示。

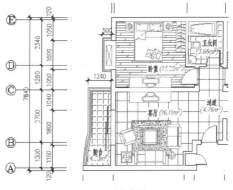

图7-73 外移结果

Step 16 参照7~15操作步骤，综合使用【插入块】、【复制】、【编辑属性】、【快速选择】和【移动】命令，分别标注其他位置的墙体序号，结果如图 7-74 所示。

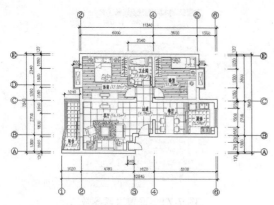

图 7-74　标注其他墙体序号

Step 17　最后执行【另存为】命令，将图形另命名并保存为"编写施工图墙体序号.dwg"。

7.6 上机与练习

1. 填空题

（1）（　　）不能独立存在，也不能独立使用，仅是从属于图块的一种非图形信息，是图块的文本或参数说明。

（2）使用【定义属性】命令中的（　　）功能，可以设置在插入块时提示确认属性值的正确性。

（3）用户可以运用系统变量（　　），直接在命令行进行设置或修改属性的显示状态。

（4）（　　）命令不但可以修改属性的标记、提示以及属性默认值等，还可以修改属性所在的图层、颜色、宽度及重新定义属性文字如何在图形中的显示。

（5）使用（　　）命令可以将源对象的"线型"、"线宽"、"线型比例"、"颜色"、"图层"等特性复制给目标对象。

（6）使用（　　）命令可以以对象的图层、颜色、线型等内部特性为条件，快速选择具有同一共性的所有对象。

2. 实训操作题

打开"\效果文件\第 6 章\上机操作题.dwg"文件，结合本章所学知识，为该别墅底层平面图标注图 7-75 所示的标高及轴线编号。

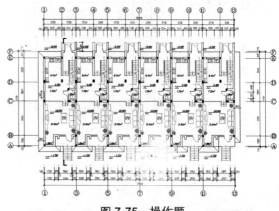

图 7-75　操作题

第8章

制作建筑设计绘图样板文件

📖 **学习目标**

本章主要了解绘图样板文件的作用，掌握建筑设计绘图样板文件的制作方法和技巧，具体包括设置样板文件绘图环境、设置样板文件图层特性、设置样板文件常用格式、设置样板文件图纸边框，以及设置样板文件的打印布局，为后续绘制建筑设计图纸奠定基础。

📖 **学习重点**

设置绘图样板文件的环境，设置图层特性，设置常用格式，设置图纸边框，设置打印布局。

📖 **主要内容**

- ◆ 设置样板文件的绘图环境
- ◆ 设置样板文件的图层特性
- ◆ 设置样板文件的常用格式
- ◆ 设置样板文件的图纸边框
- ◆ 设置样板文件的打印布局

8.1 关于绘图样板文件及其作用

在 AutoCAD 建筑工程制图中，"样板文件"也称"绘图样板"，此类文件指的是包含一定的绘图环境、参数变量、绘图样式、页面设置等内容，但并未绘制图形的空白文件，将此空白文件保存为".dwt"格式后，就成为了样板文件。一旦定制了绘图样板文件，此样板文件则会被自动保存在AutoCAD 安装目录下的"Template"文件夹下。

当制作了样板文件之后，在建筑工程制图时，用户可以执行【新建】命令，在打开的【选择样板】对话框中选择并打开事先定制的样板文件，在该样板文件中进行图形的设计制作，如图 8-1 所示。

图 8-1 打开样板文件

用户在样板文件的基础上绘图，可以避免许多参数的重复性设置，大大节省绘图时间，不但提高绘图效率，还可以使绘制的图形更符合规范、更标准，保证图面、质量的完整统一。

8.2 上机实训

8.2.1 【实训1】设置样板文件绘图环境

1. 实训目的

本实训要求设置样板文件绘图环境，通过本例的操作，掌握绘图样板文件绘图环境的设置技能，具体实训目的如下。

- ◆ 掌握样板文件图形单位的设置技能。
- ◆ 掌握样板文件图形界限的设置技能。
- ◆ 掌握样板文件捕捉追踪的设置技能。
- ◆ 掌握样板文件系统变量的设置技能。

2. 实训要求

新建空白文件，设置绘图单位、图形界限、捕捉、追踪模式，以及系统变量等，具体要求如下。

（1）启动 AutoCAD 程序，新建空白文件。

（2）使用【单位】命令设置绘图单位与精度。

（3）使用【图形界限】命令设置绘图界限。

（4）使用【草图设置】命令设置捕捉与追踪模式。

（5）设置系统变量，并将文件进行保存。

3. 完成实训

效果文件：	效果文件\第 8 章\"设置绘图环境.dwg"
视频文件：	视频文件\第 8 章\"设置绘图环境.avi"

【任务 1】设置样板文件绘图单位。

Step 1 单击【快速访问】工具栏或【标准】工具栏上的 按钮，打开【选择样板】对话框。

Step 2 在【选择样板】对话框中选择"acadISO -Named Plot Styles"作为基础样板，新建空白文件，如图 8-2 所示。

图 8-2 【选择样板】对话框

小技巧："acadISO -Named Plot Styles"是一个命令打印样式样板文件，如果用户需要使用"颜色相关打印样式"作为样板文件的打印样式，可以选择"acadiso"基础样式文件。

Step 3　执行菜单栏中的【格式】/【单位】命令，或使用快捷键"UN"激活【单位】命令，打开【图形单位】对话框。

Step 4　在【图形单位】对话框中设置长度类型、角度类型以及单位、精度等参数，如图 8-3 所示。

图 8-3　设置单位与精度

小技巧：在系统默认设置下，是以逆时针作为角的旋转方向，其基准角度为"东"，也就是以坐标系 x 轴正方向作为起始方向。

【任务 2】设置绘图样板文件图形界限。

Step 1　继续任务 1 的操作。

Step 2　执行菜单栏中的【格式】/【图形界限】命令，设置默认作图区域为 59400 × 42000。命令行操作如下。

命令:'_limits

重新设置模型空间界限:

指定左下角点或 [开 (ON)/ 关 (OFF)] <0.0,0.0>: //Enter

指定右上角点 <420.0,297.0>: //59400,42000Enter

Step 3　执行菜单栏中的【视图】/【缩放】/【全部】命令，将设置的图形界限最大化显示。

Step 4　如果用户想直观地观察到设置的

图形界限，可按下 F7 功能键，打开【栅格】功能，通过坐标的栅格点，直观形象地显示出图形界限，如图 8-4 所示。

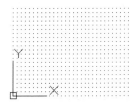

图 8-4　栅格显示界限

【任务 3】设置样板文件捕捉模式。

Step 1　继续任务 2 的操作。

Step 2　执行菜单栏中的【工具】/【草图设置】命令，或使用快捷键"DS"激活【草图设置】命令，打开【草图设置】对话框。

Step 3　在【草图设置】对话框中激活【对象捕捉】选项卡，启用和设置一些常用的对象捕捉功能，如图 8-5 所示。

Step 4　展开【极轴追踪】选项卡，设置追踪角参数，如图 8-6 所示。

图 8-5　设置捕捉参数

图 8-6　设置追踪参数

小技巧：在此设置的捕捉追踪模式并不是绝对的，用户可以在实际操作过程中进行随时更改。

Step 5 单击 确定 按钮，关闭【草图设置】对话框。

Step 6 按下 12 功能键，打开状态栏上的【动态输入】功能。

【任务4】 设置绘图样板文件系统变量。

Step 1 继续任务3的操作。

Step 2 在命令行输入系统变量 "LTSCALE"，以调整线型的显示比例。命令行操作如下。

命令：LTSCALE　　　　　　　// Enter
　　　　输入新线型比例因子 <1.0000>：// 100 Enter
　　　　正在重生成模型

Step 3 使用系统变量 "DIMSCALE" 设置和调整尺寸标注样式的比例。具体操作如下。

命令：DIMSCALE　　　　　　// Enter
　　　　输入 DIMSCALE 的新值 <1>：//100 Enter

Step 4 系统变量 "MIRRTEXT" 用于设置镜像文字的可读性。当变量值为 0 时，镜像后的文字具有可读性；当变量为 1 时，镜像后的文字不可读。具体设置如下。

命令：MIRRTEXT　　　　　　// Enter
　　　　输入 MIRRTEXT 的新值 <1>：// 0 Enter

Step 5 由于属性块的引用一般有 "对话框" 和 "命令行" 两式，可以使用系统变量 "ATTDIA"，控制属性值的输入方式。具体操作如下。

命令：ATTDIA　　　　　　　// Enter
　　　　输入 ATTDIA 的新值 <1>：　//0 Enter

小技巧：当变量 ATTDIA=0 时，系统将以 "命令行" 形式提示输入属性值；为 1 时，以 "对话框" 形式提示输入属性值。

Step 6 最后执行【保存】命令，将当前文件命名存储为 "设置绘图环境.dwg"

8.2.2 【实训2】设置绘图样板文件图层与特性

在 AutoCAD 绘图软件中，【图层】命令是一个综合性的制图工具，主要用于规划和组合复杂的图形。通过将不同性质、不同类型的对象（如几何图形、尺寸标注、文本注释等）放置在不同的图层上，可以很方便地通过图层的状态控制功能来显示和管理复制图形，以方便对其观察和编辑。执行【图层】命令主要有以下几种方式：

- ♦ 执行菜单栏中的【格式】/【图层】命令；
- ♦ 单击【图层】工具栏或面板上的 按钮；
- ♦ 在命令行输入 Layer 后按 Enter 键；
- ♦ 使用快捷键 LA。

下面通过为样板文件设置常用的图层及图层特性，学习图层及图层特性的设置方法和技巧，以方便用户对各类图形资源进行组织和管理。

1. 实训目的

本实训要求设置样板文件图层及其特性，通过本例的操作掌握绘图样板文件图层及其特性的设置技能，具体实训目的如下。

- ♦ 掌握样板文件图层的设置技能。
- ♦ 掌握样板文件图层颜色特性的设置技能。
- ♦ 掌握样板文件图层线型特性的设置技能。
- ♦ 掌握样板文件图层线宽的设置技能。
- ♦ 掌握样板文件图层的控制技能。

2. 实训要求

打开保存的 "设置绘图环境.dwg" 文件，在【图层特性管理器】对话框设置相关图层，并设置图层的颜色、线型、线宽等特性，同时掌握图层的控制技能，具体要求如下。

（1）启动 AutoCAD 程序，打开保存的 "设置绘图环境.dwg" 文件。

（2）使用【图层特性管理器】对话框设置新图层。

（3）使用【颜色】命令设置图层的颜色特性。

（4）使用【线型】命令设置图层的线型特性。

（5）使用【线宽】命令设置图层的线宽特性。

（6）掌握图层的控制技能。

3．完成实训

效果文件：	效果文件\第 8 章\"设置图层与特性.dwg"
视频文件：	视频文件\第 8 章\"设置图层与特性.avi"

【任务 5】 设置常用图层。

Step 1　打开"\效果文件\第 8 章\设置绘图环境.dwg"文件。

Step 2　单击【图层】工具栏或面板上的 ⧉ 按钮，执行【图层】命令，打开图 8-7 所示的【图层特性管理器】对话框。

Step 3　单击【新建图层】按钮 ⧉，在图 8-8 所示的"图层"位置上输入"轴线层"，创建一个名为"轴线层"的新图层。

> **小技巧**：图层名最长可达 255 个字符，可以是数字、字母或其他字符；图层名中不允许含有大于号（>）、小于号（<）、斜杠（/）、反斜杠（\）以及标点等符号等；另外，为图层命名时，必须确保图层名的唯一性。

图 8-7　【图层特性管理器】对话框

图 8-8　新建图层

Step 4　连续按 Enter 键，分别创建"墙线层"、"门窗层"、"楼梯层"、"文本层"、"尺寸层"、"其他层"等 10 个图层，如图 8-9 所示。

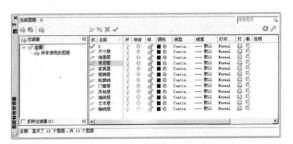

图 8-9　设置图层

> **小技巧**：连续两次按键盘上的 Enter 键，也可以创建多个图层。在创建新图层时，所创建出的新图层将继承先前图层的一切特性（如颜色、线型等）。

【任务 6】 设置颜色特性。

Step 1　继续任务 1 的操作。

Step 2　选择"轴线层"，在图 8-10 所示的颜色图标上单击鼠标左键，打开【选择颜色】对话框。

图 8-10　修改图层颜色

Step 3　在【选择颜色】对话框中的【颜色】文本框中输入 124，为所选图层设置颜色值，如图 8-11 所示。

Step 4　单击 确定 按钮返回【图层特性管理器】对话框，结果"轴线层"的颜色被设置为"126"号色，如图 8-12 所示。

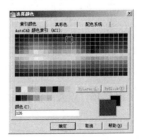

图 8-11　【选择颜色】对话框

图 8-12　设置结果

小技巧：另外，用户也可以进入对话框中的【真彩色】和【配色系统】两个选项卡，如图 8-13 和图 8-14 所示，定义自己需要的色彩。

图 8-13　【真彩色】选项卡

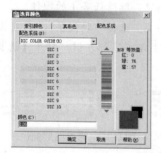

图 8-14　【配色系统】选项卡

Step 5　参照第 6~8 操作步骤，分别为其他图层设置颜色特性，设置结果如图 8-15 所示。

图 8-15　设置颜色特性

【任务 7】设置线型特性。

Step 1　继续任务 2 的操作。

Step 2　选择"轴线层"，在图 8-16 所示的"Continuous"位置上单击鼠标左键，打开【选择线型】对话框。

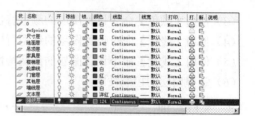

图 8-16　指定位置

Step 3　在【选择线型】对话框中单击 [加载...] 按钮，从打开的【加载或重载线型】对话框中选择图 8-17 所示的"ACAD_ISO04W100"线型。

Step 4　单击 [确定] 按钮，结果选择的线型被加载到【选择线型】对话框中，如图 8-18 所示。

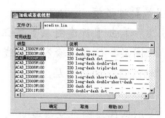

图 8-17　选择线型

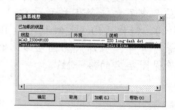

图 8-18　加载线型

图 8-19　设置图层线型

Step 5　选择刚加载的线型，单击 [确定] 按钮，将加载的线型附给当前被选择的"轴线层"，结果如图 8-19 所示。

【任务 8】设置线宽特性。

Step 1　继续任务 3 的操作。

Step 2　选择"墙线层"，在图 8-20 所示的位置上单击鼠标左键，以对其设置线宽。

Step 3　此时系统自动打开【线宽】对话框，然后选择 1.00 毫米的线宽，如图 8-21 所示。

Step 4　单击 确定 按钮返回【图层特性管理器】对话框，结果"墙线层"的线宽被设置为 1.00mm，如图 8-22 所示。

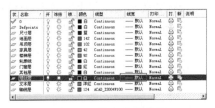

图 8-20　指定单击位置

图 8-21　选择线宽

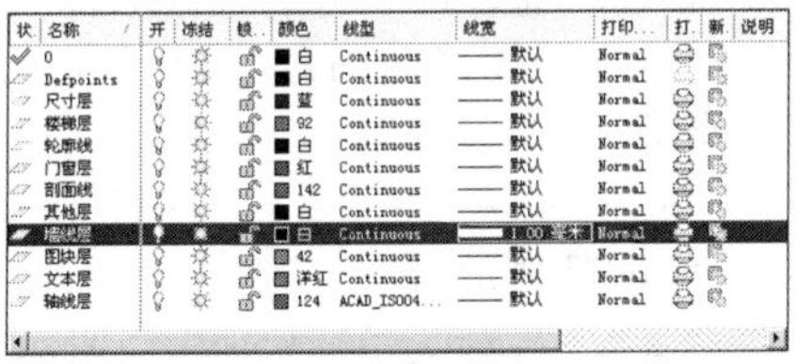

图 8-22　设置线宽

Step 5　在【图层特性管理器】对话框中单击 ✕ 按钮，关闭对话框。

Step 6　最后执行【另存为】命令，将文件另命名并存储为"设置图层与特性.dwg"。

8.2.3　补充知识——管理与控制图层

前面章节学习了图层及其特性设置的相关知识，下面学习图层的控制、匹配、隔离、图层的漫游以及图层的切换功能，以方便对图层进行管理、控制和切换。

1. 图层的控制

为了方便对图形进行规划和状态控制，AutoCAD 为用户提供了几种状态控制功能，具体有开关、冻结与解冻、锁定与解锁等，如图 8-23 所示。

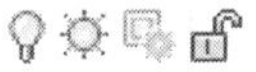

图 8-23　状态控制图标

◆ 开关控制功能。💡/💡按钮用于控制图层的开关状态。默认状态下的图层都为打开的图层，按钮显示为💡。当按钮显示为💡时，位于图层上的对象都是可见的，并且可在该层上进行绘图和修改操作；在按钮上单击鼠标左键，即可关闭该图层，按钮显示为💡（按钮变暗）。

> **小技巧**：图层被关闭后，位于图层上的所有图形对象被隐藏，该层上的图形也不能被打印或由绘图仪输出，但重新生成图形时，图层上的实体仍将重新生成。

◆ 冻结与解冻。☼/❄按钮用于在所有视图窗口中冻结或解冻图层。默认状态下图层是被解冻的，按钮显示为☼；在该按钮上单击鼠标左键，按钮显示为❄，位于该层上的内容不能在屏幕上显示或由绘图仪输出，不能进行重生成、消隐、渲染和打印等操作。

> **小技巧**：关闭与冻结的图层都是不可见和不可以输出的。但被冻结图层不参加运算处理，可以加快视窗缩放、视窗平移和许多其他操作的处理速度，增强对象选择的性能，并减少复杂图形的重生成时间。建议冻结长时间不用看到的图层。

◆ 在视口中冻结。🔲按钮用于冻结或解冻当前视口中的图形对象，不过它在模型空间内是不可用的，只能在图纸空间内使用此功能。

◆ 锁定与解锁。🔓/🔒按钮用于锁定图层或解锁图层。默认状态下图层是解锁的，按钮显示为🔓，在此按钮上单击，图层被锁定，按钮显示为🔒，用户只能观察该层上的图形，不能对其编辑和修改，但该层上的图形仍可以显示和输出。

小技巧：当前图层不能被冻结，但可以被关闭和锁定。

2. 图层的匹配

【图层匹配】命令用于将选定对象的图层更改为目标图层上。执行此命令主要有以下几种方式：

◆ 执行菜单栏中的【格式】/【图层工具】/【图层匹配】命令；

◆ 单击【图层 II】工具栏上的🖼按钮；

◆ 在命令行输入 Laymch 后按 Enter 键。

执行【图层匹配】命令，其命令行操作如下。

命令：_laymch

选择要更改的对象： //选择要更改的图形

选择对象： // Enter，结束选择

选择目标图层上的对象或[名称(N)]： //n Enter，打开【更改到图层】对话框，然后在此对话框中双击需要更改到的图层即可

3. 图层的隔离

【图层隔离】命令用于将选定对象图层之外的所有图层都锁定，达到隔离图层的目的，执行此命令主要有以下几种方式：

◆ 执行菜单栏中的【格式】/【图层工具】/【图层隔离】命令；

◆ 单击【图层 II】工具栏上的🖼按钮；

◆ 在命令行输入 Layiso 后按 Enter 键。

激活【图层隔离】命令后，其命令行操作如下。

命令：_layiso

当前设置：锁定图层，Fade=50

选择要隔离的图层上的对象或[设置(S)]： //选择任一位置的墙线，将墙线所在的图层进行隔离

选择要隔离的图层上的对象或[设置(S)]： // Enter，结果除墙线层外的所有图层均被锁定，如图 8-24（右）所示，已隔离图层墙线层

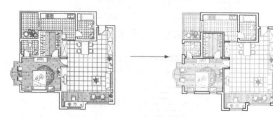

图 8-24 隔离墙线所在的图层

小技巧：单击【取消图层隔离】按钮🖼，或在命令行输入 Layuniso，都可以取消图层的隔离，将被锁定的图层解锁。

4. 图层的漫游

【图层漫游...】命令用于将选定对象的图层之外的所有图层都关闭。执行此命令主要有以下几种方式：

◆ 执行菜单栏中的【格式】/【图层工具】/【图层漫游...】命令；

◆ 单击【图层 II】工具栏上的🖼按钮；

◆ 在命令行输入 Laywalk 后按 Enter 键。

下面通过典型实例学习【图层漫游...】命令的使用方法和技巧。

Step 1 执行【打开】命令，打开"/素材文件/图层漫游.dwg"文件，如图 8-25 所示。

Step 2 单击【图层 II】工具栏上的🖼按钮，打开图 8-26 所示的【图层漫游】对话框。

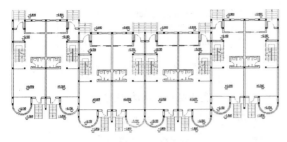

图 8-25 打开结果

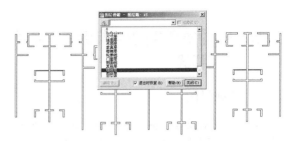

图 8-27 图层漫游的预览效果

小技巧：【图层漫游】对话框列表中反白显示的图层，表示当前被打开的图层；反之，则表示当前被关闭的图层。

Step 3 在【图层漫游】对话框中单击"墙线层"，结果除"墙线层"外的所有图层都被关闭，如图 8-27 所示。

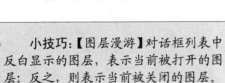

图 8-26 【图层漫游】对话框

小技巧：在对话框列表中的图层上双击鼠标左键后，结果此图层被视为"总图层"，左图层前端自动添加一个星号。

Step 4 在"墙线层"和"门窗层"上双击鼠标左键，然后再单击"楼梯层"，结果除这 3 个图层之外的所有图层都被关闭，如图 8-28 所示。

小技巧：在【图层漫游】对话框中的图层列表内单击鼠标右键，从右键菜单中可以进行更多的操作。

Step 5 单击 关闭(C) 按钮，结果图形将恢复原来的显示状态；如果将【退出时恢复】复选项关闭，那么图形将显示漫游时的显示状态。

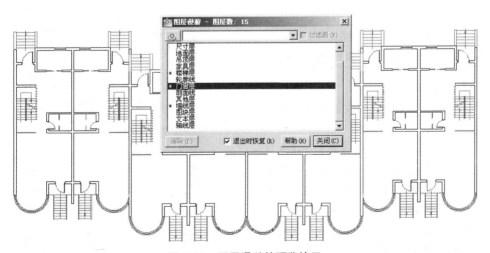

图 8-28 图层漫游的预览效果

8.2.4 【实训3】设置样板文件常用样式

1. 实训目的

本实训要求设置样板文件常用样式，通过本例的操作，掌握绘图样板文件常用样式的设置技能，具体实训目的如下。

- ◆ 掌握样板文件墙线、窗线样式的设置技能。
- ◆ 掌握样板文件文字样式的设置技能。
- ◆ 掌握样板文件尺寸箭头样式的设置技能。
- ◆ 掌握样板文件标注样式的设置技能。

2. 实训要求

打开保存的"设置图层与特性.dwg"文件，分别设置墙线、窗线样式、文字样式、尺寸箭头样式和标注样式，具体要求如下。

（1）启动 AutoCAD 程序，打开保存的"设置图层与特性.dwg"文件。

（2）使用【多线样式】命令设置窗线和墙线样式。

（3）使用【文字样式】命令设置文字样式。

（4）使用【标注样式】命令设置尺寸箭头和标注样式。

3. 完成实训

效果文件：	效果文件\第8章\"设置绘图样式.dwg"
视频文件：	视频文件\第8章\"设置绘图样式.avi"

【任务9】设置墙线样式。

Step 1 打开 "\效果文件\第8章\设置图层与特性.dwg" 文件。

Step 2 执行菜单栏中的【格式】/【多线样式】命令，在打开的【多线样式】对话框中单击 新建(N)... 按钮，打开【创建新的多线样式】对话框，为新样式赋名，如图8-29所示。

Step 3 单击 继续 按钮，打开【新建多线样式：墙线样式】对话框，设置多线样式的封口形式，如图8-30所示。

图 8-29 为新样式赋名

图 8-30 设置封口形式

Step 4 单击 确定 按钮返回【多线样式】对话框，结果设置的新样式显示在预览框内，如图8-31所示。

Step 5 参照上述操作步骤，设置"窗线样式"样式，其参数设置和效果预览分别如图 8-32 和图 8-33 所示。

图 8-31 设置墙线样式

图 8-32 设置参数

Step 6　选择"墙线样式"，单击 置为当前(U) 按钮，将其设为当前样式，并关闭对话框。

【任务 10】设置文字样式。

Step 1　继续任务 1 的操作。

Step 2　单击【样式】工具栏或【注释】面板上的 A 按钮，激活【文字样式】命令，打开图 8-34 所示的【文字样式】对话框。

> **小技巧：**如果用户需要将新设置的样式应用在其他图形文件中，可以单击 保存… 按钮，在弹出的对话框以"*.mln"的格式进行保存，在其他文件中使用时，仅需要加载即可。

Step 3　单击 新建(N) 按钮，在弹出的打开【新建文字样式】对话框中为新样式赋名，如图 8-35 所示。

Step 4　单击 确定 按钮返回【文字样式】对话框，设置新样式的字体、字高以及宽度比例等参数，如图 8-36 所示。

图 8-33　窗线样式预览

图 8-34　【文字样式】对话框

图 8-35　为新样式赋名

图 8-36　设置"仿宋体"样式

Step 5　单击 应用(A) 按钮，至此创建了一种名为"仿宋体"文字样式。

Step 6　参照第 2～5 操作步骤，设置一种名为"宋体"的文字样式，其参数设置如图 8-37 所示。

Step 7　参照上节汉字样式的设置过程，重复使用【文字样式】命令，设置一种名为"COMPLEX"的轴号字体样式，其参数设置如图 8-38 所示。

图 8-37　设置"宋体"样式

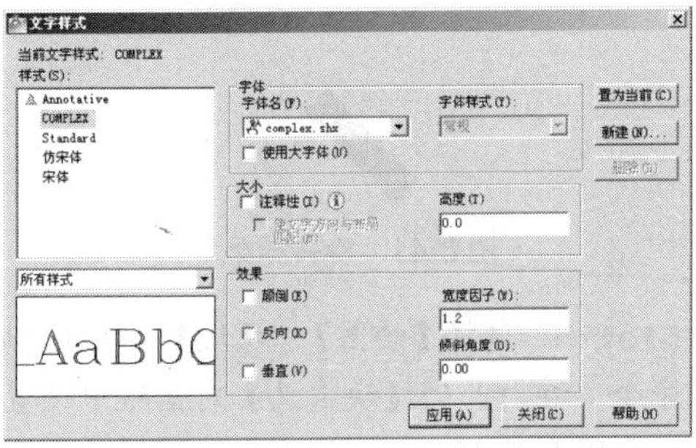

图 8-38　设置"COMPLEX"样式

Step 8 单击 应用(A) 按钮，结束文字样式的设置过程。

Step 9 参照上节汉字样式的设置过程，重复使用【文字样式】命令，设置一种名为"SIMPLEX"的文字样式，其参数设置如图 8-39 所示。

【任务 11】设置尺寸箭头样式。

Step 1 继续任务 2 的操作。

Step 2 单击【绘图】工具栏或面板上的 ⌐⌐ 按钮，绘制宽度为 0.5、长度为 2 的多段线，作为尺寸箭尖，并使用【窗口缩放】功能将绘制的多段线放大显示。

Step 3 使用【直线】命令绘制一条长度为 3 的水平线段，并使直线段的中点与多段线的中点对齐，如图 8-40 所示。

Step 4 单击【修改】菜单中的【旋转】命令，将箭头旋转 45°，如图 8-41 所示。

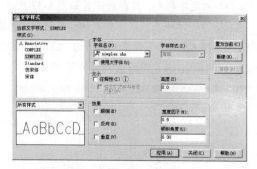

图 8-39 设置"SIMPLEX"样式

图 8-40 绘制细线

图 8-41 旋转结果

Step 5 选择【绘图】/【块】/【创建块】菜单命令，在打开的【块定义】对话框中设置块参数，如图 8-42 所示。

Step 6 单击【拾取点】按钮 ⌐⌐，返回绘图区捕捉多段线中点作为块的基点，然后将其将其创建为图块。

【任务 12】设置标注样式。

Step 1 继续任务 3 的操作。

Step 2 单击【样式】工具栏或【注释】面板上的 ⌐⌐ 按钮，在打开的【标注样式管理器】对话框中单击 新建(N)... 按钮，为新样式赋名，如图 8-43 所示。

图 8-42 设置块参数

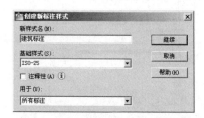

图 8-43 【创建新标注样式】对话框

Step 3 单击 继续 按钮，打开【新建标注样式：建筑标注】对话框，设置基线间距、起点偏移量等参数，如图 8-44 所示。

Step 4 展开【符号和箭头】选项卡，然后单击【箭头】选区中的【第一个】列表框，选择列表中的"用户箭头"选项，如图 8-45 所示。

Step 5 此时系统弹出【选择自定义箭头块】对话框，然后选择"尺寸箭头"块作为尺寸箭头，如图 8-46 所示的。

Step 6 单击 确定 按钮返回【符号和箭头】选项卡，然后设置参数如图 8-47 所示。

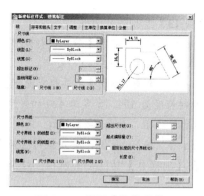

图 8-44 设置【线】参数

图 8-45 【箭头】选区

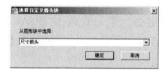

图 8-46 设置尺寸箭头

Step 7 在对话框中展开【文字】选项卡，设置尺寸字本的样式、颜色、大小等参数，如图 8-48 所示。

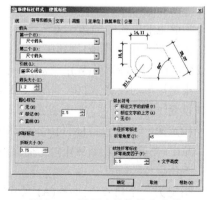

图 8-47 设置直线和箭头参数

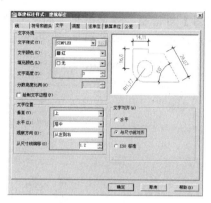

图 8-48 设置文字参数

Step 8 展开【调整】选项卡，调整文字、箭头与尺寸线等的位置，如图 8-49 所示。

Step 9 展开【主单位】选项卡，设置线型参数和角度标注参数，如图 8-50 所示。

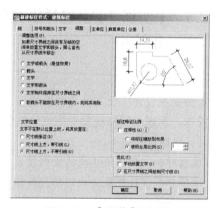

图 8-49 【调整】选项卡

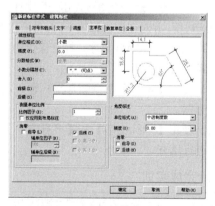

图 8-50 【主单位】选项卡

Step 10 单击 确定 按钮返回【标注样

式管理器】对话框，结果新设置的尺寸样式出现在此对话框中，如图 8-51 所示。

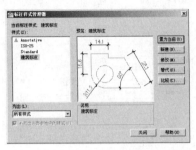

图 8-51 【标注样式管理器】对话框

Step 11 单击 置为当前 ⑪ 按钮，将"建筑标注"设置为当前样式，同时结束命令。

Step 12 最后执行【另存为】命令，将当前文件另命名并存储为"设置绘图样式.dwg"。

8.2.5 【实训 4】设置样板文件图纸边框

1. 实训目的

本实训要求设置样板文件的图纸边框，通过本例的操作，掌握绘图样板文件图纸边框的设置技能，具体实训目的如下。

◆ 掌握样板文件图纸边框的绘制技能。
◆ 掌握样板文件图纸边框的填充技能。

2. 实训要求

打开保存的"设置绘图样式.dwg"文件，分别绘制图纸边框，并对图框进行填充，具体要求如下。

（1）启动 AutoCAD 程序，打开保存的"设置绘图样式.dwg"文件。

（2）使用【矩形】命令配合坐标输入功能绘制图纸边框。

（3）使用【单行文字】和【多行文字】命令对图框进行填充。

3. 完成实训

效果文件：	效果文件\第 8 章\"绘制样板图纸边框.dwg"
视频文件：	视频文件\第 8 章\"绘制样板图纸边框.avi"

【任务 13】绘制图纸边框。

Step 1 执行【打开】命令，打开"\效果文件\第 8 章\设置绘图样式.dwg"文件。

Step 2 单击【绘图】工具栏或面板上的 ▭ 按钮，绘制长度为 594、宽度为 420 的矩形，作为 2 号图纸的外边框，如图 8-52 所示。

Step 3 按 Enter 键，重复执行【矩形】命令，配合【捕捉自】功能绘制内框。命令行操作如下。

命令: //Enter
RECTANG 指定第一个角点或[倒角(C)/标高(E)/圆角(F)/厚度(T)/宽度(W)]: //w Enter
指定矩形的线宽 <0>: //2 Enter, 设置线宽
指定第一个角点或[倒角(C)/标高(E)/圆角(F)/厚度(T)/宽度(W)]: //激活【捕捉自】功能
_from 基点: //捕捉外框的左下角点
<偏移>: //@25,10 Enter
指定另一个角点或[面积(A)/尺寸(D)/旋转(R)]: //激活【捕捉自】功能
_from 基点: //捕捉外框右上角点
<偏移>: //@-10,-10 Enter,
结果如图 8-53 所示

Step 4 重复执行【矩形】命令，配合【端点捕捉】功能绘制标题栏外框。命令行操作过程如下。

命令: _rectang
当前矩形模式: 宽度=2.0
指定第一个角点或[倒角(C)/标高(E)/圆角(F)/厚度(T)/宽度(W)]: // w Enter
指定矩形的线宽 <2.0>: //1.5 Enter, 设置线宽
指定第一个角点或[倒角(C)/标高(E)/圆角(F)/厚度(T)/宽度(W)]: //捕捉内框右下角点
指定另一个角点或[面积(A)/尺寸(D)/旋转(R)]: //@-240,50 Enter, 结果如

图 8-54 所示

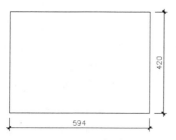

图 8-52　绘制外框

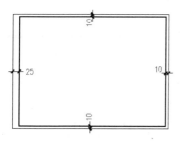

图 8-53　绘制内框

Step 5　重复执行【矩形】命令，配合【端点捕捉】功能绘制会签栏的外框。命令行操作过程如下。

命令: _rectang

当前矩形模式:　宽度=1.5

指定第一个角点或[倒角(C)/标高(E)/圆角(F)/厚度(T)/宽度(W)]:　//捕捉内框的左上角点

指定另一个角点或[面积(A)/尺寸(D)/旋转(R)]:　　　　　　//@-20,-100 Enter，绘制结果如图 8-55 所示

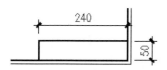

图 8-54　标题栏外框

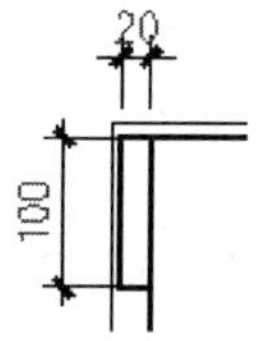

图 8-55　会签栏外框

Step 6　执行菜单栏中的【绘图】/【直线】命令，参照所示尺寸，配合【对象捕捉】和【极轴追踪】功能绘制标题栏和会签栏内部的分格线，如图 8-56 和图 8-57 所示。

【任务 14】填充图纸边框。

Step 1　继续任务 1 的操作。

Step 2　单击【绘图】工具栏或【注释】面板上的 A 按钮，分别捕捉图 8-58 所示的方格对角点 A 和 B，打开【文字格式】编辑器，然后设置文字的对正方式，如图 8-59 所示。

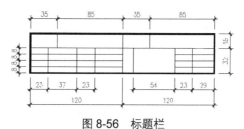

图 8-56　标题栏

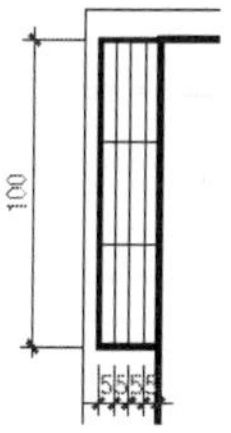

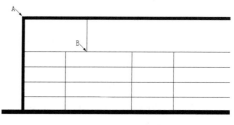

图 8-57　会签栏

图 8-58　定位捕捉点

图 8-59　设置对正方式

Step 3 在文字编辑器中设置文字样式为"宋体"、字体高度为8，然后在输入框内输入"设计单位"，如图8-60所示。

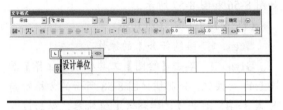

图8-60 输入文字

Step 4 单击 确定 按钮关闭【文字格式】编辑器，观看文字的填充结果，如图8-61所示。

Step 5 重复使用【多行文字】命令，设置文字样式、高度和对正方式不变，填充图8-62所示的文字。

图8-61 填充结果

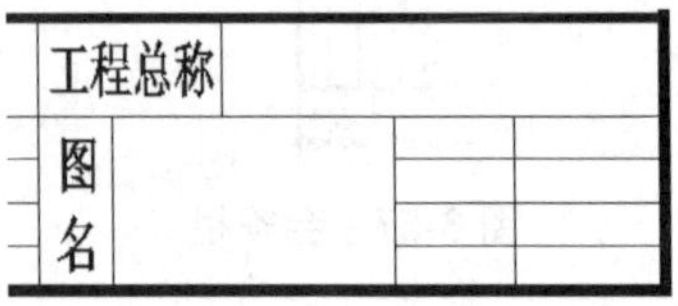

工程总称		
图		
名		

图8-62 填充结果

Step 6 重复执行【多行文字】命令，设置字体样式为"宋体"、字体高度为4.6、对正方式为"正中"，填充标题栏其他文字，如图8-63所示。

Step 7 单击【修改】工具栏或面板上的 ⟳ 按钮，激活【旋转】命令，将会签栏旋转-90°，然后使用【多行文字】命令，设置样式为"宋体"、高度为2.5，对正方式为"正中"，为会签栏填充文字，结果如图8-64所示。

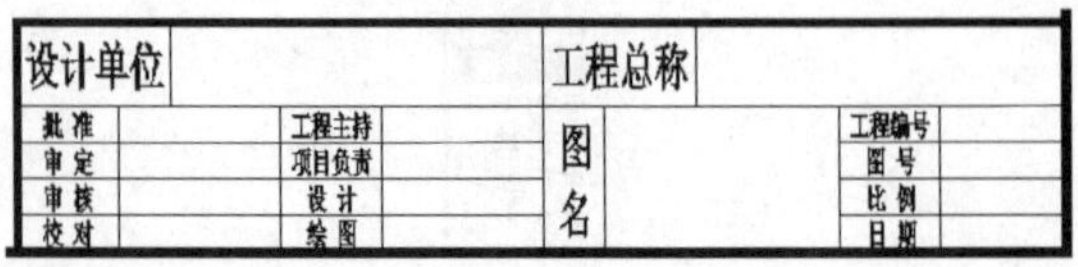

设计单位			工程总称		
批准	工程主持		图	工程编号	
审定	项目负责			图号	
审核	设 计		名	比例	
校对	绘 图			日期	

图8-63 标题栏填充结果

Step 8 重复执行【旋转】命令，将会签栏及填充的文字旋转负90°，基点不变。

Step 9 单击【绘图】工具栏或【块】面板上的 🗔 按钮，或使用快捷键"B"激活【创建块】命令，打开【块定义】对话框。

Step 10 在【块定义】对话框中设置块名为"A2-H"，基点为外框左下角点，其他块参数如图8-65所示，将图框及填充文字创建为内部块。

专 业	名 称	日 期
建 筑		
结 构		
给 排 水		

图8-64 填充文字

图8-65 设置块参数

Step 11 执行【另存为】命令，将当前文件另命名并存储为"绘制样板图纸边框.dwg"。

8.2.6 【实训5】绘图样板文件的页面布局

1. 实训目的

本实训要求设置样板文件的页面布局，通过本例的操作，掌握绘图样板文件页面布局的设置技能，具体实训目的如下。

◆ 掌握在布局空间设置样板文件页面布局的技能。

◆ 掌握在页面布局添加图框的技能。

2. 实训要求

打开保存的"绘制样板图纸边框.dwg"文件，在布局空间设置页面布局，添加图框，具体要求如下。

（1）启动 AutoCAD 程序，打开保存的"绘制样板图纸边框.dwg"文件。

（2）进入布局空间，使用【页面设置管理器】命令设置页面布局。

（3）使用【插入】命令插入图框。

（4）将文件命名保存。

3. 完成实训

效果文件：	效果文件\第 8 章\"样板图的页面布局.dwg"
视频文件：	视频文件\第 8 章\"样板图的页面布局.avi"

Step 1 执行【打开】命令，打开 "\效果文件\第 8 章\绘制样板图纸边框.dwg"文件。

Step 2 单击绘图区底部的"布局 1"标签，进入到图 8-66 所示的布局空间。

图 8-66 布局空间

Step 3 在打开的【页面设置管理器】对话框中单击 新建(N)... 按钮，打开【新建页面设置】对话框，为新页面赋名，如图 8-67 所示。

图 8-67 为新页面赋名

Step 4 单击 确定(0) 按钮进入【页面设置-布局 1】对话框，然后设置打印设备、图纸尺寸、打印样式、打印比例等各页面参数，如图

8-68 所示。

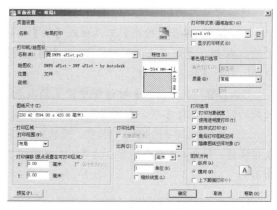

图 8-68 设置页面参数

Step 5 单击 确定(0) 按钮返回【页面设置管理器】话框，将刚设置的新页面设置为当前，如图 8-69 所示。

图 8-69 【页面设置管理器】对话框

Step 6 单击的 关闭(C) 按钮，结束命令，新布局的页面设置效果如图 8-70 所示。

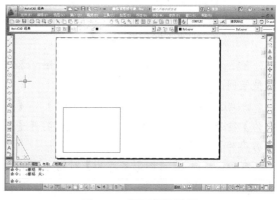

图 8-70 页面设置效果

Step 7 使用快捷键"E"激活【删除】命令，选择布局内的矩形视口边框进行删除。

Step 8 单击【绘图】工具栏或【块】面板上的 按钮，或使用快捷键"I"激活【插入块】命令，打开【插入】话框。

Step 9 在【插入】对话框中设置插入点、轴向的缩放比例等参数，如图 8-71 所示。

Step 10 单击 确定(O) 按钮，结果 A2-H 图表框被插入到当前布局中的原点位置上，如图 8-72 所示。

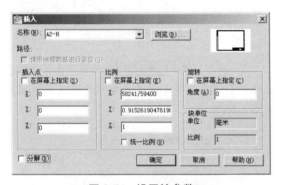

图 8-71 设置块参数

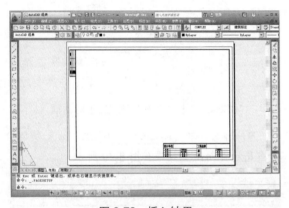

图 8-72 插入结果

Step 11 单击状态栏上的 图纸 按钮，返回模型空间。

Step 12 执行菜单栏中的【文件】/【另存为】命令，或按 Ctrl+Shift+S 快捷键，打开【图形另存为】对话框。

Step 13 在【图形另存为】对话框中的设置文件的存储类型为"AutoCAD 图形样板(*dwt)"，如图 8-73 所示。

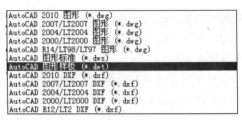

图 8-73 【文件类型】下拉列表框

Step 14 在【图形另存为】对话框下部的【文件名】文本框内输入"建筑样板"，如图 8-74 所示。

Step 15 单击 保存... 按钮，打开【样板说明】对话框，输入"A2-H 幅面样板文件"，如图 8-75 所示。

图 8-74 样板文件的创建

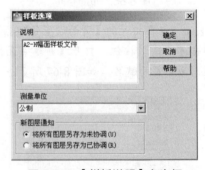

图 8-75 【样板说明】文本框

Step 16 单击 确定 按钮，结果创建了制图样板文件，保存于 AutoCAD 安装目录下的"Template"文件夹目录下。

Step 17 最后执行【另存为】命令，将当前文件另命名并存储为"样板图的页面布局.dwg"。

8.3 上机与练习

1. 填空题

（1）（　　）文件是包含一定的绘图环境和参数变量，但并未绘制图形的空白文件，其文件格式为 ".dwt"。

（2）【图层】是一个组织和规划复杂图形的高级制图工具，其中，层的状态控制功能具体有（　　）、（　　）、（　　）等 3 种。

（3）如果在创建新图层时选择了一个现有图层，那么后叙建的图层将会（　　）。

（4）图层被（　　）后，只能观察该层上的图形，不能对其编辑和修改，但该层上的图形仍可以显示和输出。

（5）图层被（　　）后，可以加快视窗缩放、视窗平移和许多其他操作的处理速度，增强对象选择的性能并减少复杂图形的重生成时间。

（6）（　　）命令可以将选定对象的图层更改为目标图层；（　　）命令可以将选定对象图层之外的所有图层都关闭。

2. 操作题

结合本章所学知识，制作 A3 的样板文件。

第**9**章

绘制建筑施工平面图

📖 学习目标

本章主要了解建筑施工平面图的功能、图示内容，掌握建筑施工平面图的绘制方法和技巧，具体包括绘制建筑施工平面图定位轴线、绘制建筑施工平面图纵横墙线、绘制建筑施工平面图建筑构件、标注建筑施工平面图房间功能与面积、标注建筑施工平面图施工尺寸与墙体序号。

📖 学习重点

掌握建筑施工平面图定位轴线，纵横墙线、建筑构件的绘制，以及施工图尺寸和墙体序号的标注技能。

📖 主要内容

- ◆ 绘制建筑施工平面图定位轴线
- ◆ 绘制建筑施工平面图纵横墙线
- ◆ 绘制建筑施工平面图建筑构件
- ◆ 标注建筑施工平面图房间功能与面积
- ◆ 标注建筑施工平面图施工尺寸与墙体序号

9.1 关于建筑施工平面图

所谓"平面图",实际上就是水平剖面图,它是假想用一水平的剖切平面,沿着房屋的门窗洞口位置将房屋剖开,移去剖切平面以上的部分,将余下的部分用直接正投影法投影到 H 面上而得到的正投影图。

建筑施工平面图主要用于表达房屋建筑的平面形状、房间布置、内外交通联系,以及墙、柱、门窗构配件的位置、尺寸、材料和做法等,它是建筑施工图的主要图纸之一,是施工过程中房屋的定位放线、砌墙、设备安装、装修以及编制概预算、备料等的重要依据。

一般在平面图上需要表达出如下内容。

◆ 轴线与编号

定位轴线网是用来控制建筑物尺寸和模数的基本手段,是墙体定位的主要依据,它能表达出建筑物纵向和横向墙体的位置关系。

定位轴线有"纵向定位轴线"与"横向定位轴线"之分。"纵向定位轴线"自下而上用大写拉丁字母 A、B、C……表示(I、O、Z3 个拉丁字母不能使用,避免与数字 1、0、2 相混),"横向定位轴线"由左向右使用阿拉伯数字 1、2、3……顺序编号,如图 9-1 和图 9-2 所示。

◆ 内部结构和朝向

平面图的内部布置和朝向应包括各种房间的分布及结构间的相互关系,入口、走道、楼梯的位置等。一般平面图均注明房间的名称或编号,层平面图还需要表明建筑的朝向。

图 9-1　纵向轴线编号

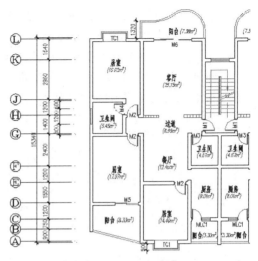

图 9-2　横向轴线编号

在平面图中应表明各层楼梯的形状、走向和级数。在楼梯段中部,使用带箭头的细实线表示楼梯的走向,并注明"上"或"下"字样。

◆ 门窗型号

施工平面图中的门使用大写字母"M"表示,窗使用大写字母"C"表示,并采用阿拉伯数字编号,如 M1、M2、M3……C1、C2、C3……同一编号代表同一类型的门或窗。

当门窗采用标准图时,注写标注图集编号及图号。从门窗编号中可知门窗共有多少种,一般情况下,在首页图纸上附有一个门窗表,列出门窗表的编号、名称、洞口尺寸及数量等。

◆ 内部尺寸

建筑尺寸主要用于反映建筑物的长、宽及内部各结构的相互位置关系,是施工的依据。它主要包括外部尺寸和内部尺寸两种,其中,"内部尺寸"就是在施工平面图内部标注的尺寸,主要表现外部尺寸无法表明的内部结构的尺寸,比如门洞及门洞两侧的墙体尺寸等。

◆ 外部尺寸

"外部尺寸"就是在施工平面图的外围所标注的尺寸,它在水平方向和垂直方向上各有三道尺寸,由里向外依次为细部尺寸、轴线尺寸和外包尺寸。

◆ 细部尺寸:细部尺寸也叫定形尺寸,它表示平面图内的门窗距离、窗、间墙、墙体等细部的详细尺寸，如图 9-3 所示。

♦ 轴线尺寸：轴线尺寸表示平面图的开间和进深，如图 9-3 所示。一般情况下两横墙之间的距离称为"开间"，两纵墙之间的距离为"进深"。

♦ 总尺寸：总尺寸也叫外包尺寸，它表示平面图的总宽和总长，通常标在平面图的最外部，如图 9-3 所示。

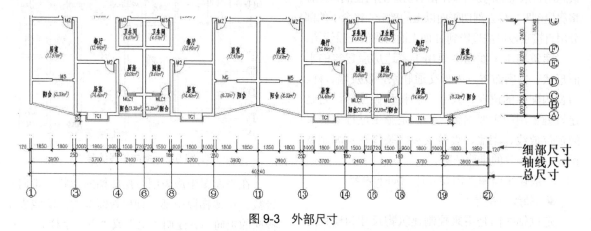

图 9-3　外部尺寸

♦ 文本注释

在平面图中应注明必要的文字性说明。例如标注出各房间的名称以及各房间的有效使用面积，平面图的名称、比例，以及各门窗的编号等文本对象。

♦ 标高尺寸

在平面图中应标注不同楼地面标高，表示各层楼地面距离相对标高零点的高差，除此之外还应标注各房间及室外地坪、台阶等的标高。

♦ 剖切位置

在首层平面图上应标注有剖切符号，以表明剖面图的剖切位置和剖视方向。

♦ 详图的位置及编号

当某些构造细部或构件另画有详图表示时，要在平面图中的相应位置注明索引符号，表明详图的位置和编号，以便与详图对照查阅。

对于平面较大的建筑物，可以进行分区绘制，但每张平面图均应绘制出组合示意图。各区需要使用大写拉丁字母编号。在组合示意图上要提示的分区，应采用阴影或填充的方式表示。

♦ 层次、图名及比例

在平面图中，不仅要注明该平面图表达的建筑的层次，还有表明建筑物的图名和比例，以便查找、计算和施工等。

9.2 上机实训

9.2.1 【实训 1】绘制住宅楼施工图定位轴线

1. 实训目的

本实训要求绘制某住宅楼建筑施工图定位轴线，通过本例的操作，掌握建筑施工图定位轴线的绘制方法和技能，具体实训目的如下。

♦ 掌握样板文件的调用技能。
♦ 掌握在轴线层绘制纵横轴线的技能。
♦ 掌握在纵横轴线上创建门、窗洞的技能。

2. 实训要求

在样板文件上绘制纵横定位轴线，并对轴线进行编辑，然后在轴线上创建出门、窗洞，其绘制结果如图 9-4 所示。

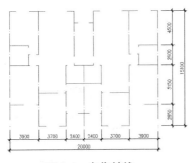

图9-4 定位轴线

具体要求如下。

（1）启动 AutoCAD 程序，调用建筑样板文件。

（2）使用【矩形】命令绘制矩形，然后将矩形分解。

（3）使用【偏移】命令对水平和垂直线进行偏移，然后使用【夹点编辑】功能编辑出定位轴线。

（4）使用【修剪】、【打断】等命令在轴线上创建门、窗洞。

（5）将绘制的轴线文件进行保存。

3. 完成实训

效果文件：	效果文件\第9章\ "绘制施工图定位轴线.dwg"
视频文件：	视频文件\第9章\ "绘制施工图定位轴线.avi"

【任务1】调用样板文件并绘制轴线。

Step 1 执行【新建】命令，以图9-5所示的 "建筑模板.dwt" 作为基础样板，创建公制单位空白文件。

图9-5 调用样板文件

小技巧：为了方便调用自定义的样板文件，可以将 "\样板文件\建筑模板.dwt" 文件，拷贝至 AutoCAD 2012 安装目标中的 "Template" 文件下。

Step 2 展开【图层控制】下拉列表，设置 "轴线层" 为当前图层。

Step 3 使用系统变量 LTSCALE，调整当前线型比例为1。

Step 4 执行【矩形】命令，绘制长度为10000、宽度为15100的矩形，并将此矩形分解为4条独立的线段。

Step 5 执行【偏移】命令，根据图层尺寸，将左侧垂直边向右偏移，创建施工图的纵向定位轴线，结果如图9-6所示。

Step 6 执行【复制】命令，创建横向定位轴线。命令行操作如下。

```
命令: _copy
    选择对象:        //选择矩形的下侧水平边
    选择对象:        //Enter，结束对象的选择
    当前设置：  复制模式 = 多个
    指定基点或[位移(D)/模式(O)] <位移>:
    //捕捉水平边的一个端点
    指定第二个点或[阵列(A)] <使用第一个
    点作为位移>:      //@0,900 Enter
    指定第二个点或[阵列(A)/退出(E)/放弃
    (U)] <退出>:      //@0,1650 Enter
    指定第二个点或[阵列(A)/退出(E)/放弃
    (U)] <退出>:      //@0,2850 Enter
    指定第二个点或[阵列(A)/退出(E)/放弃
    (U)] <退出>:      //@0,4400 Enter
    指定第二个点或[阵列(A)/退出(E)/放弃
    (U)] <退出>:      //@0,5600 Enter
    指定第二个点或[阵列(A)/退出(E)/放弃
    (U)] <退出>:      //@0,8000 Enter
    指定第二个点或[阵列(A)/退出(E)/放弃
    (U)] <退出>:      //@0,9400 Enter
    指定第二个点或[阵列(A)/退出(E)/放弃
```

(U)] <退出>: //@0,10600 Enter

指定第二个点或[阵列(A)/退出(E)/放弃

(U)] <退出>: //@0,13560 Enter

指定第二个点或[阵列(A)/退出(E)/放弃

(U)] <退出>: //Enter，复制结果如图

9-7 所示

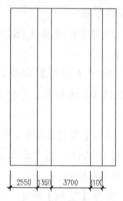

图 9-6　偏移结果

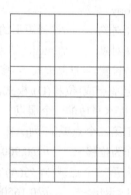

图 9-7　创建横向轴线

【任务 2】编辑纵横轴线。

Step 1　继续任务 1 的操作。

Step 2　在无命令执行的前提下，选择下侧的 A 号轴线，使其呈现夹点显示状态。

Step 3　在左侧的夹点上单击鼠标左键，使其变为夹基点（也称热点），此时该点变为红色，如图 9-8 所示。

Step 4　在命令行 "** 拉伸 ** 指定拉伸点或[基点(B)/复制(C)/放弃(U)/退出(X)]:" 提示下，捕捉 3 号定位轴线的下端点，操作结果如图 9-9

所示。

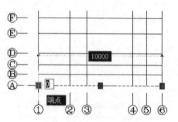

图 9-8　定位夹基点

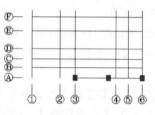

图 9-9　拉伸结果

Step 5　按 Esc 键取消对象的夹点显示状态，结果如图 9-10 所示。

Step 6　参照第 2～5 操作步骤，分别对其他水平和垂直轴线进行拉伸，编辑结果如图 9-11 所示。

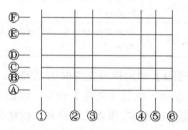

图 9-10　取消夹点

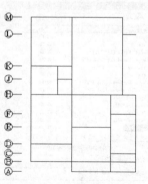

图 9-11　编辑结果

Step 7　执行【删除】命令，删除 B 号定位轴线，如图 9-12 所示。

Step 8　执行【修剪】命令，以 3、4 号定位线作为修剪边界，对 H 号定位线进行修剪。结果如图 9-13 所示。

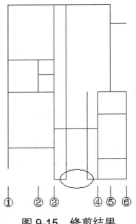

图 9-15　修剪结果

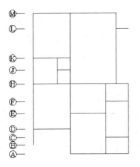

图 9-12　删除结果

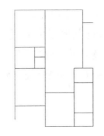

图 9-13　修剪结果

【任务 3】在轴线上创建门窗洞。

Step 1　继续任务 2 的操作。

Step 2　执行【偏移】命令，将 3 号轴线向右偏移 1000，将 4 号轴线向左偏移 900，如图 9-14 所示。

Step 3　以刚偏移出的两条辅助轴线作为边界，对 A 号轴线进行修剪，结果如图 9-15 所示，然后选择偏移的两条辅助轴线进行删除。

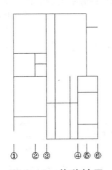

图 9-14　偏移结果

小技巧：综合【修剪】命令、【偏移】命令创建门窗洞口，是一种比较方便直观的打洞方式，此种方式应用很普遍。

Step 4　执行菜单栏中的【修改】／【打断】命令，在轴线 M 上创建宽度为 1800 的窗洞。命令行操作如下。

命令: _break
选择对象:　　　　　//选择水平轴线 M
指定第二个打断点或 [第一点 (F)]:
//F Enter，重新指定第一断点
指定第一个打断点:　　//激活捕捉自功能
_from 基点:　　　　//捕捉图 9-16 所示的端点
<偏移>:　　　　　//@900,0 Enter，确定第一断点的位置
指定第二个打断点:　　//@1800,0 Enter，定位第二断点，结果如图 9-17 所示

图 9-16　定位基点

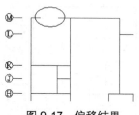

图 9-17　偏移结果

Step 5　重复执行【打断】命令，配合对象捕捉、对象追踪功能继续创建洞口。命令行操作如下。

命令：_break
　　选择对象：　　　　//选择 D 号定位轴线
　　指定第二个打断点或[第一点(F)]：
//F Enter
　　指定第一个打断点：//向右引出图 9-18
所示的追踪虚线，输入 1850 Enter
　　指定第二个打断点：//@1800，0 Enter，
打断结果如图 9-19 所示

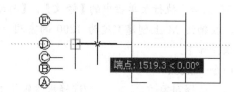

图 9-18　引出追踪虚线

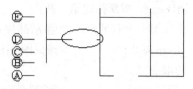

图 9-19　打断结果

Step 6　运用以上各种方式，分别创建其他位置的门窗洞，结果如图 9-20 所示。

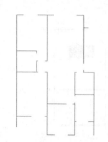

图 9-20　创建其他洞口

图 9-21　窗口选择

小技巧：此种打洞方式是使用频率最高的一种，特别是在内部结构比较复杂的施工图中，使用此种开洞方式，不需要绘制任何辅助线，操作极为简洁。

Step 7　框选图 9-21 所示的轴线网对其进行镜像，结果如图 9-22 所示。

Step 8　执行菜单栏中的【格式】/【线型】命令，在打开的【线型管理器】对话框中设置线型的全局比例为 100，如图 9-23 所示。

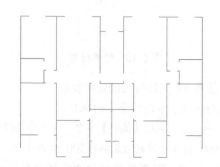

图 9-22　镜像结果

图 9-23　设置线型比例

Step 9 单击 确定 按钮结束命令，定位轴线的效果如图 9-24 所示。

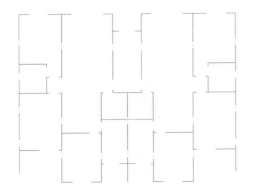

图 9-24　更改线型比例后的效果

Step 10 执行【另存为】命令，将图形另命名并存储为"绘制施工图定位轴线.dwg"。

9.2.2 【实训2】绘制住宅楼施工图纵横墙线

1. 实训目的

本实训要求绘制施工图纵横墙线，通过本例的操作，掌握施工图纵横墙线的绘制以及墙线的编辑技能，具体实训目的如下。

◆ 掌握墙线样式的设置技能。
◆ 掌握墙线比例的设置技能。
◆ 掌握纵横线的绘制技能。
◆ 掌握墙线的编辑技能。

2. 实训要求

打开保存的"绘制施工图定位轴线.dwg"文件，设置墙线样式，然后绘制纵横墙线，并对纵横墙线进行编辑，其结果如图 9-25 所示。

具体要求如下。

（1）启动 AutoCAD 程序，打开保存的"绘制施工图定位轴线.dwg"文件。

（2）使用【多线样式】对话框设置墙线样式。

（3）使用【多线】命令绘制纵横墙线。

（4）使用【多线编辑工具】对纵横墙线进行编辑。

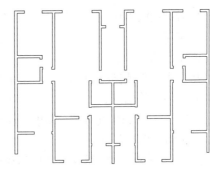

图 9-25　实例效果

3. 完成实训

效果文件：	效果文件\第 9 章\"绘制施工图纵横墙线.dwg"
视频文件：	视频文件\第 9 章\"绘制施工图纵横墙线.avi"

【任务4】绘制纵横墙线。

Step 1 打开"\效果文件\第 9 章\绘制施工图定位轴线.dwg"文件。

Step 2 展开【图层控制】下拉列表，设置"墙线层"为当前图层，如图 9-26 所示。

Step 3 执行菜单栏中的【绘图】/【多线】命令，配合捕捉功能绘制墙线。命令行操作如下。

命令: _mline
　　当前设置: 对正 = 上，比例 = 20.00，样式 = 墙线样式
　　指定起点或[对正(J)/比例(S)/样式(ST)]://S Enter，激活比例功能
　　输入多线比例 <20.00>:　//240 Enter，设置多线比例
　　当前设置: 对正 = 上，比例 = 240.00，样式 = 墙线
　　指定起点或[对正(J)/比例(S)/样式(ST)]://J Enter，激活对正功能
　　输入对正类型[上(T)/无(Z)/下(B)] <上>://Z Enter，设置对正方式
　　当前设置: 对正 = 无，比例 = 240.00，样式 = 墙线
　　指定起点或[对正(J)/比例(S)/样式(ST)]:

//捕捉图 9-27 所示的端点 1

指定下一点: //捕捉图
9-27 所示的端点 2

指定下一点或[放弃(U)]:   //捕捉图
9-27 所示的端点 3

指定下一点或[闭合(C)/放弃(U)]: //Enter,
结果如图 9-28 所示

Step 4 重复第 3 步, 设置多线比例和对正方式不变, 配合端点捕捉功能, 分别绘制其他位置的墙线, 结果如图 9-29 所示。

Step 5 关闭 "轴线层", 然后在无命令执行的前提下, 选择平面图左侧的墙线, 使其呈现夹点显示, 如图 9-30 所示。

Step 6 单击下侧的夹点, 使其转变为夹基点, 然后在命令行 "** 拉伸 ** 指定拉伸点或[基点(B)/复制(C)/放弃(U)/退出(X)]" 提示下, 输入 "@0,-120" 并按 Enter 键, 指定拉伸的目标点, 对墙线进行夹点拉伸, 并取消墙夹点显示, 结果如图 9-31 所示。

Step 7 重复执行第 5~6 操作步骤, 将最右侧的垂直墙线向下拉长 240 个绘图单位, 结果如图 9-32 所示。

图 9-26 设置当前层

图 9-27 定位端点

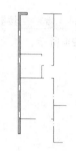

图 9-28 绘制结果

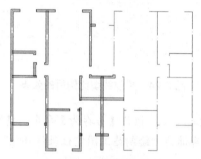

图 9-29 绘制其他墙体

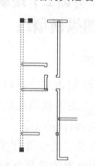

图 9-30 夹点显示

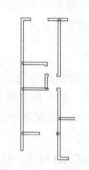

图 9-31 拉伸结果

【任务 5】 编辑纵横墙线。

Step 1 继续任务 1 的操作。

Step 2 执行菜单栏中的【修改】/【对象】/【多线】命令, 打开如图 9-33 所示的【多线编辑工具】对话框。

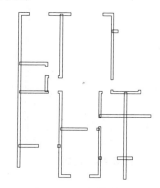

图 9-32 拉伸结果

图 9-33 【多线编辑工具】对话框

Step 3 单击【T形合并】按钮 ，返回绘图区，在命令行"选择第一条多线:"提示下，选择图 9-34 所示的墙线。

Step 4 在"选择第二条多线:"提示下，选择图 9-35 所示的墙线，结果这两条 T 形相交的多线被合并，如图 9-36 所示。

Step 5 继续在"选择第一条多线或[放弃(U)]:"提示下，分别选择其他位置 T 形墙线进行合并，结果如图 9-37 所示。

Step 6 重复执行菜单【修改】/【对象】/【多线】命令，在打开的对话框内双击 按钮，如图 9-38 所示。

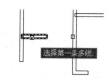

图 9-34 选择第一条多线

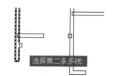

图 9-35 选择第二条多线

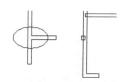

图 9-36 T 形合并

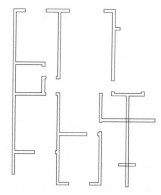

图 9-37 合并结果

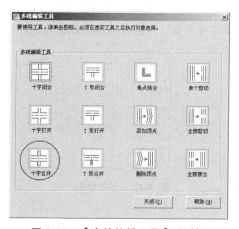

图 9-38 【多线编辑工具】对话框

Step 7 在命令行"选择第一条多线:"提示下，选择图 9-39 所示的墙线。

Step 8 在"选择第二条多线:"提示下，选择图 9-40 所示的墙线，对两条墙线进行合并，结果如图 9-41 所示。

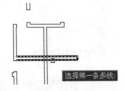

图 9-39　选择第一条多线

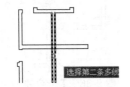

图 9-40　选择第二条多线

图 9-41　十字合并

Step 9　继续在命令行"选择第一条多线:"提示下，对下侧的十字相交墙线进行合并，结果如图 9-42 所示。

Step 10　执行【镜像】命令，选择图 9-43 所示的墙线进行镜像，结果如图 9-44 所示。

Step 11　最后执行【另存为】命令，将图形另命名并存储为"绘制施工图纵横墙线.dwg"。

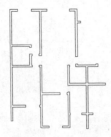

图 9-42　合并结果

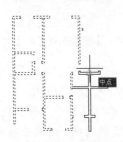

图 9-43　选择镜像对象

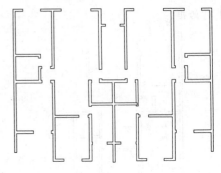

图 9-44　镜像结果

9.2.3　【实训 3】绘制住宅楼施工图建筑构件

1. 实训目的

本实训要求绘制建筑施工图建筑构件，通过本例的操作，掌握建筑施工图建筑构件的绘制技能，具体实训目的如下。

◆ 掌握平面窗、凸窗的绘制技能。

◆ 掌握阳台构件的绘制技能。

◆ 掌握楼梯构件的绘制技能。

2. 实训要求

打开保存的"绘制施工图纵横墙线.dwg"文件，绘制出平面窗、凸窗、阳台和楼梯等建筑构件，其绘制结果如图 9-45 所示。

具体要求如下。

（1）启动 AutoCAD 程序，打开保存的"绘制施工图纵横墙线.dwg"文件。

（2）使用【多线样式】命令设置窗线样式，然后使用【多线】命令绘制平面窗。

（3）使用【多段线】命令绘制凸窗和阳台构件。

（4）使用【插入】命令向平面图中插入门与楼梯构件。

3. 完成实训

效果文件:	效果文件\第 9 章\ "绘制建筑构件图.dwg"
视频文件:	视频文件\第 9 章\ "绘制建筑构件图.avi"

【任务 6】绘制平面窗与凸窗。

Step 1　打开 "\效果文件\第 9 章\绘制施工图纵横墙线.dwg" 文件。

Step 2　将 "门窗层" 设为当前层，然后执行菜单栏中的【格式】/【多线样式】命令，设置"窗线样式" 为当前样式，如图 9-46 所示。

Step 3　执行菜单栏中的【绘图】/【多线】命令，配合中点捕捉功能绘制楼梯间位置的平面窗。命令行操作如下。

命令: _mline

当前设置: 对正 = 无，比例 = 240.00，样式 = 窗线样式

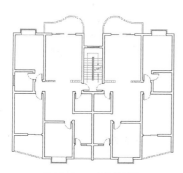

图 9-45　实例效果

图 9-46　设置当前样式

指定起点或[对正(J)/比例(S)/样式(ST)]: //捕捉图 9-47 所示的中点

指定下一点: //捕捉图 9-48 所示的中点

指定下一点或 [闭合 (C)/ 放弃 (U)]: //Enter，结果如图 9-49 所示

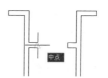

图 9-47　定位起点

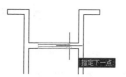

图 9-48　定位端点

Step 4　重复上一操作步骤，设置多线比例和对正方式不变，配合中点捕捉功能分别绘制其他位置的窗线，绘制结果如图 9-50 所示。

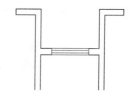

图 9-49　绘制结果

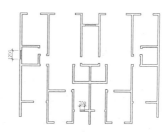

图 9-50　绘制窗线

Step 5　绘制凸窗。单击【绘图】工具栏或面板上的 按钮，配合端点捕捉功能绘制凸窗内轮廓线。命令行操作如下。

命令: _pline

指定起点: //捕捉图 9-51 所示的端点

当前线宽为 0.0

指定下一个点或[圆弧(A)/半宽(H)/长度(L)/放弃(U)/宽度(W)]: //@0,380 Enter

指定下一点或[圆弧(A)/闭合(C)/半宽(H)/长度(L)/放弃(U)/宽度(W)]: //配合极轴追踪和延伸捕捉功能，捕捉图 9-52 所示虚线的交点，作为第二点

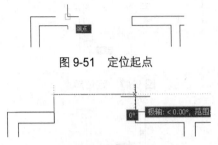

图 9-51　定位起点

图 9-52　定位第二点

指定下一点或[圆弧(A)/闭合(C)/半宽(H)/长度(L)/放弃(U)/宽度(W)]:　　//捕捉图 9-53 所示的端点

指定下一点或[圆弧(A)/闭合(C)/半宽(H)/长度(L)/放弃(U)/宽度(W)]:　　//Enter，结束命令，结果如图 9-54 所示

图 9-53　定位第三点

图 9-54　绘制结果

Step 6　单击【修改】工具栏 按钮，将刚绘制的凸窗内轮廓线分别向外偏移 40 和 120，并使用画线命令绘制下侧的水平图线，结果如图 9-55 所示。

Step 7　参照第 5~6 操作步骤，配合捕捉与追踪功能，绘制下侧的凸窗轮廓线，结果如图 9-56 所示。

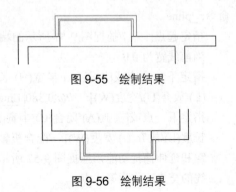

图 9-55　绘制结果

图 9-56　绘制结果

【任务 7】绘制阳台构件。

Step 1　继续任务 1 的操作。

Step 2　使用快捷键 "L" 激活画线命令，配合端点捕捉功能，绘制图 9-57 所示的阳台轮廓线。

Step 3　使用快捷键 "O" 激活【偏移】命令，将刚绘制的图线向内偏移 120 个绘图单位。

Step 4　使用快捷键 "EX" 激活【延伸】命令，对偏移出的图线进行修剪和延伸，结果如图 9-58 所示。

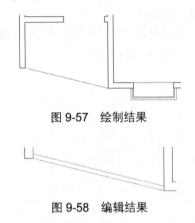

图 9-57　绘制结果

图 9-58　编辑结果

> **小技巧**：在修剪图线时，需要按住键盘上的 Shift 键，才能对图线进行修剪。

Step 5　执行菜单栏中的【绘图】/【多段线】命令，配合【捕捉自】功能绘制平面图上侧阳台的内轮廓线。命令行操作如下。

命令: _pline

指定起点:　　//激活【捕捉自】功能

_from 基点:　　//捕捉图 9-59 所示的端点

<偏移>:　　//@120,240 Enter

当前线宽为 0.0

指定下一个点或[圆弧(A)/半宽(H)/长度(L)/放弃(U)/宽度(W)]: //@0,1200 Enter

指定下一点或[圆弧(A)/闭合(C)/半宽(H)/长度(L)/放弃(U)/宽度(W)]: //@1000,0 Enter

指定下一点或[圆弧(A)/闭合(C)/半宽(H)/长度(L)/放弃(U)/宽度(W)]:　　//A Enter

指定圆弧的端点或[角度(A)/圆心(CE)/闭合(CL)/方向(D)/半宽(H)/直线(L)/半径(R)/第二个点(S)/放弃(U)/宽度(W)]://S Enter

指定圆弧上的第二个点://@832,198 Enter

指定圆弧的端点: //@765,380 Enter

指定圆弧的端点或[角度(A)/圆心(CE)/闭合(CL)/方向(D)/半宽(H)/直线(L)/半径(R)/第二个点(S)/放弃(U)/宽度(W)]://S Enter

指定圆弧上的第二个点://@1500,35 Enter

指定圆弧的端点: //@700,-1335 Enter

指定圆弧的端点或[角度(A)/圆心(CE)/闭合(CL)/方向(D)/半宽(H)/直线(L)/半径(R)/第二个点(S)/放弃(U)/宽度(W)]://L Enter

指定下一点或[圆弧(A)/闭合(C)/半宽(H)/长度(L)/放弃(U)/宽度(W)]:/向下引出图9-60 所示的极轴矢量, 然后捕捉交点

指定下一点或[圆弧(A)/闭合(C)/半宽(H)/长度(L)/放弃(U)/宽度(W)]: //Enter, 结束命令, 结果如图 9-61 所示

图 9-59 定位参照点

图 9-60 捕捉交点

Step 6 执行菜单栏中的【修改】/【偏移】命令, 将刚绘制的轮廓线外向偏移 120 个绘图单位, 结果如图 9-62 所示。

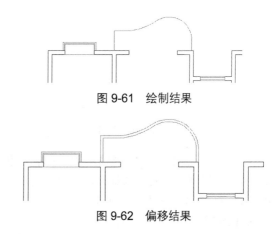

图 9-61 绘制结果

图 9-62 偏移结果

Step 7 使用快捷键 "REC" 激活【矩形】命令, 配合中点捕捉功能绘制推拉门。命令行操作如下。

命令: rec //Enter, 激活命令

RECTANG 指定第一个角点或[倒角(C)/标高(E)/圆角(F)/厚度(T)/宽度(W)]: //捕捉图 9-63 所示位置的中点

指定另一个角点或[面积(A)/尺寸(D)/旋转(R)]: //@935,50 Enter, 输入对角点坐标

命令: //Enter, 重复执行命令

RECTANG 指定第一个角点或[倒角(C)/标高(E)/圆角(F)/厚度(T)/宽度(W)]: //捕捉图 9-64 所示位置的中点

指定另一个角点或[面积(A)/尺寸(D)/旋转(R)]: //@-935,-50 Enter, 结果如图 9-65 所示

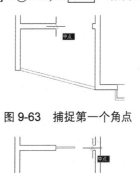

图 9-63 捕捉第一个角点

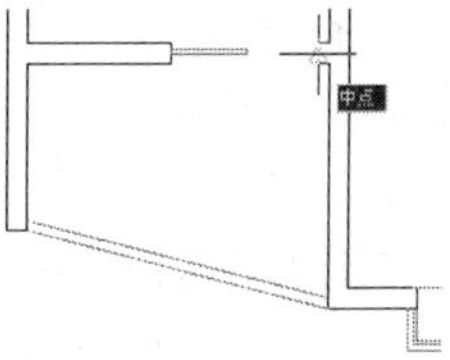

图 9-64 捕捉中点

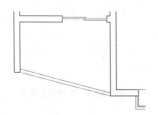

图 9-65　绘制结果

Step 8　重复执行【矩形】命令，配合对象捕捉功能，绘制上侧的三扇推拉门，门的宽度为 50、长度为 1000，如图 9-66 所示。

【任务 8】绘制门与楼梯构件。

Step 1　继续任务 2 的操作。

Step 2　绘制单开门。单击【绘图】工具栏或【块】面板上的 按钮，选择 "\图块文件\单开门.dwg" 文件，如图 9-67 所示。

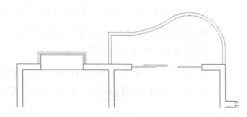

图 9-66　绘制三扇推拉门

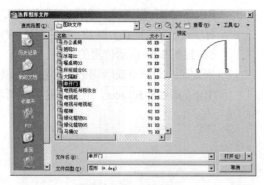

图 9-67　选择文件

Step 3　返回【插入】对话框，单击 确定 按钮，然后在 "指定插入点或[基点(B)/比例(S)/X/Y/Z/旋转(R)]:" 提示下，捕捉图 9-68 所示的中点作为插入点，将单开门插入到此门洞处。

Step 4　重复执行【插入块】命令，设置块参数如图 9-69 所示，以门洞一侧墙线中点作为插入点，插入单开门，结果如图 9-70 所示。

Step 5　重复执行【插入块】命令，设置块参数，如图 9-71 所示，插入结果如图 9-72 所示。

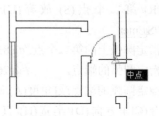

图 9-68　定位插入点

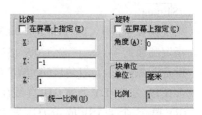

图 9-69　设置块参数

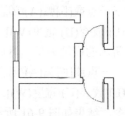

图 9-70　插入结果

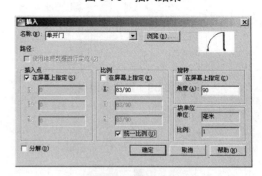

图 9-71　设置参数

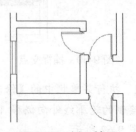

图 9-72　插入结果

Step 6 重复执行【插入块】命令，设置块参数，如图 9-73 所示，插入结果如图 9-74 所示。

图 9-73 设置块参数

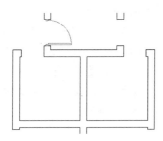

图 9-74 插入结果

Step 7 重复执行【插入块】命令，设置块参数，如图 9-75 所示，插入结果如图 9-76 所示。

图 9-75 设置块参数

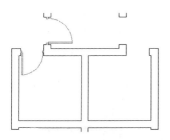

图 9-76 插入结果

Step 8 重复执行【插入块】命令，设置块参数，如图 9-69 所示，插入结果如图 9-77 所示。

Step 9 重复执行【插入块】命令，设置块参数如图 9-78 所示，插入结果如图 9-79 所示。

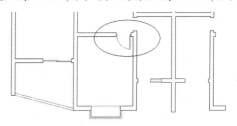

图 9-77 插入结果

图 9-78 设置参数

Step 10 重复执行【插入块】命令，选择 "\图块文件\" 目录下的大小隔断图块，使用默认参数将其插入到平面图中，结果如图 9-80 所示。

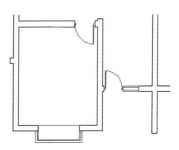

图 9-79 插入结果

图 9-80 插入大小隔断

Step 11 使用快捷键 "ML" 激活【多线】

命令，配合端点捕捉功能，绘制下侧的阳台轮廓线。命令行操作如下。

命令: ml

MLINE 当前设置: 对正 = 无，比例 = 240.00，样式 = 墙线样式

指定起点或[对正(J)/比例(S)/样式(ST)]: //st Enter

输入多线样式名或[?]: //墙线样式 Enter

当前设置: 对正 = 无，比例 = 240.00，样式 = 墙线样式

指定起点或[对正(J)/比例(S)/样式(ST)]: //j Enter

输入对正类型[上(T)/无(Z)/下(B)] <无>: //b Enter

当前设置: 对正 = 下，比例 = 240.00，样式 = 墙线样式

指定起点或[对正(J)/比例(S)/样式(ST)]: //s Enter

输入多线比例 <240.00>: //120 Enter

当前设置: 对正 = 下，比例 = 120.00，样式 = 墙线样式

指定起点或[对正(J)/比例(S)/样式(ST)]: //捕捉图 9-81 所示的端点

指定下一点: //捕捉图 9-82 所示的端点

指定下一点或[放弃(U)]: // Enter，结束命令

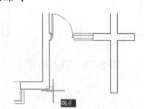

图 9-81 定位起点

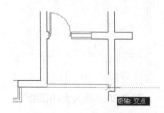

图 9-82 定位第二点

Step 12 执行【镜像】命令，选择平面图中的各建筑构件轮廓线，对其进行镜像复制。命令行操作如下。

命令: _mirror

选择对象: //选择图 9-83 所示的各建筑构件

选择对象: // Enter，结束对象的选择

指定镜像线的第一点: //捕捉图 9-83 所示的中点

指定镜像线的第二点: //@0,1 Enter

要删除源对象吗? [是(Y)/否(N)] <N>: // Enter，镜像结果如图 9-84 所示

Step 13 单击【图层】工具栏上的【图层控制】列表，在展开的下拉列表中设置"楼梯层"为当前图层，如图 9-85 所示。

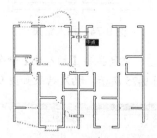

图 9-83 选择对象

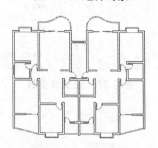

图 9-84 镜像结果

图 9-85 设置当前图层

Step 14　执行【插入块】命令，选择 "\图块文件\楼梯.dwg" 文件，如图 9-86 所示，然后以默认参数插入到平面图中，结果如图 9-87 所示。

图 9-86　设置参数

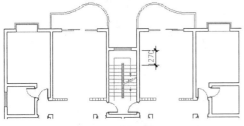

图 9-87　插入结果

Step 15　最后执行【另存为】命令，将图形另命名并存储为 "绘制建筑构件图.dwg"。

9.2.4　【实训 4】标注住宅楼施工图房间功能与面积

1. 实训目的

本实训要求标注住宅楼施工图房间功能和面积，通过本例的操作，掌握施工图房间功能与面积的标注技能，具体实训目的如下。

◆ 掌握文字样式的设置和调用。
◆ 掌握施工图房间功能的标注技能。
◆ 掌握施工图房间面积的查询技能。
◆ 掌握施工图房间面积的标注技能。

2. 实训要求

打开保存的 "绘制建筑构件图.dwg" 文件，分别标注施工图房间功能和面积，其标注结果如图 9-88 所示。

具体要求如下。

（1）启动 AutoCAD 程序，打开保存的 "绘制建筑构件图.dwg" 文件。

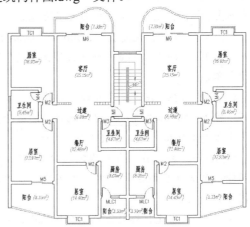

图 9-88　实例效果

（2）使用【文字样式】命令设置文字样式。

（3）使用【单行文字】命令标注房间功能。

（4）使用【面积】命令查询各房间面积，然后使用【多行文字】命令标注房间面积。

3. 完成实训

效果文件：	效果文件\第 9 章\"标注施工图房间功能与面积.dwg"
视频文件：	视频文件\第 9 章\"标注施工图房间功能与面积.avi"

【任务 9】标注房间功能。

Step 1　打开 "\效果文件\第 9 章\绘制建筑构件图.dwg" 文件。

Step 2　展开【图层控制】下拉列表，设置 "文本层" 为当前层。

Step 3　单击【样式】工具栏【文字样式控制】列表，在展开的下拉列表内选择 "仿宋体" 作为当前样式，如图 9-89 所示。

图 9-89　设置当前样式

Step 4　执行菜单栏中的【绘图】/【文字】/

【单行文字】命令，在命令行"指定文字的起点或[对正（J）/样式（S）]:"提示下，在平面图左上角房间内单击鼠标左键点取一点，作为文字的起点。

Step 5 在"指定高度 <2.5000>:"提示下，输入"420"并按 Enter 键，表示文字高度为 420 个绘图单位。

Step 6 在"指定文字的旋转角度<0>:"提示下，输入"0"并按 Enter 键，此时绘图区会出现一个单行文字输入框，如图 9-90 所示。

Step 7 此时在命令行内输入"居室"，结果所输入的文字会被注写到单行文字输入框内，如图 9-91 所示。

Step 8 将光标移至上侧阳台区域内，然后单击鼠标左键，此时绘图区出现图 9-92 所示的输入框，然后输入文字，如图 9-93 所示。

图 9-90 单行文字输入框

图 9-91 输入文字

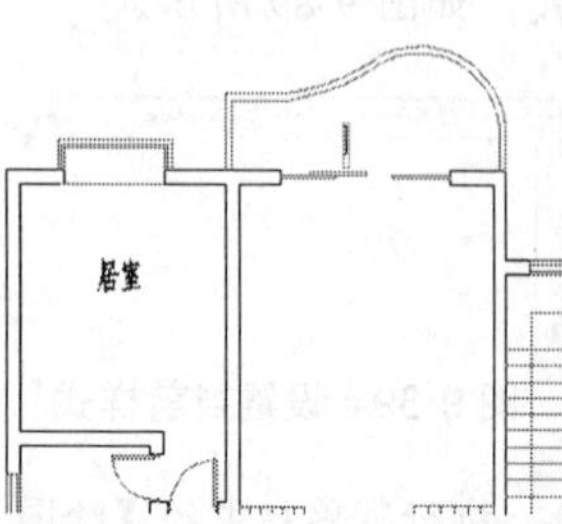

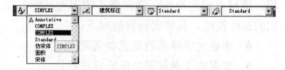

图 9-92 单行文字输入框

Step 9 分别将光标放在其他房间内，然后为各房间标注文字注释，结果如图 9-94 所示。

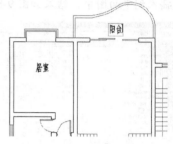

图 9-93 输入文字

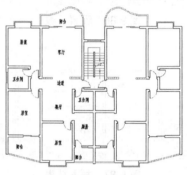

图 9-94 标注房间功能

Step 10 最后连续两次按 Enter 键，结束【单行文字】命令。

【任务 10】标注门窗型号。

Step 1 继续任务 1 的操作。

Step 2 单击【样式】工具栏中的【文字样式控制】列表，在展开的【文字样式】下拉列表内选择"SIMPLEX"作为当前的文字样式，如图 9-95 所示。

图 9-95 设置当前样式

Step 3 执行菜单栏中的【绘图】/【文字】/【单行文字】命令，或使用快捷键"DT"激活【单行文字】命令，标注单开门的型号。命令行操作如下。

命令: dt   //Enter，激活命令

TEXT 当前文字样式：SIMPLEX 当前

文字高度：420.0

指定文字的起点或[对正(J)/样式(S)]:
//卫生间右侧单开门下侧拾取一点

指定高度 <2.5>: //300 Enter，输入文字的高度

指定文字的旋转角度 <0.00>: //Enter，输入 M2，同时结束命令

命令: //Enter，重复执行命令

TEXT 当前文字样式: SIMPLEX 当前文字高度: 300.0

指定文字的起点或[对正(J)/样式(S)]:
//在卫生间门处拾取一点

指定高度 <300.0>: //Enter，采用当前设置

指定文字的旋转角度 <0.00>: //90 Enter，指定角度，同时输入 M4，并结束命令，结果如图 9-96 所示

Step 4 执行菜单栏中的【修改】/【复制】命令，将刚标注的两行文字复制到平面图的其他位置，结果如图 9-97 所示。

图 9-96 标注结果

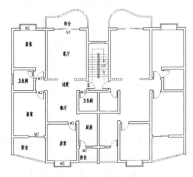

图 9-97 复制结果

Step 5 执行菜单栏中的【修改】/【对象】/【文字】/【编辑】命令，选择复制出的单行文字，此时文字呈现反白显示，如图 9-98 所示。

Step 6 在反白显示的输入框内输入正确的文字内容，如图 9-99 所示。

图 9-98 选择文字

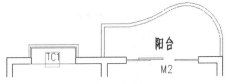

图 9-99 修改结果

Step 7 按 Enter 键，选择其他需要修改的文字进行编辑，结果如图 9-100 所示。

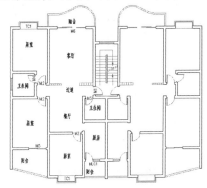

图 9-100 编辑结果

Step 8 执行菜单栏中的【工具】/【快速选择】命令，在打开的对话框中设置过滤参数，如图 9-101 所示，对标注的文字进行选择，选择结果如图 9-102 所示。

Step 9 执行菜单栏中的【修改】/【镜像】命令，对选择的文字进行镜像，命令行操作如下。

命令: _mirror

找到23个 //当前被选择的对象

指定镜像线的第一点: //捕捉图 9-103

所示位置的中点

指定镜像线的第二点： //捕捉图 9-104 所示位置的中点

是否删除源对象？[是(Y)/否(N)] <N>： //Enter，结束命令

图 9-101 设置参数

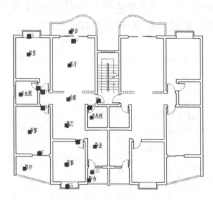

图 9-102 选择结果

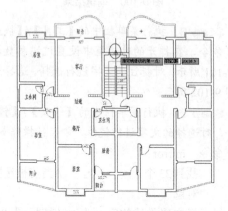

图 9-103 捕捉中点

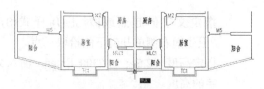

图 9-104 捕捉中点

【任务 11】标注房间面积。

Step 1 继续任务 2 的操作。

Step 2 执行【图层】命令，创建名为"面积层"的图层，图层颜色为 102 号色，并将其设置为当前层。

Step 3 使用快捷键"ST"激活【文字样式】命令，设置一种名为"面积"的文字样式，如图 9-105 所示。

Step 4 执行菜单栏中的【工具】/【查询】/【面积】命令，查询"居室"的使用面积，命令行操作如下。

命令：_MEASUREGEOM

输入选项[距离(D)/半径(R)/角度(A)/面积(AR)/体积(V)] <距离>：_area

指定第一个角点或[对象(O)/增加面积(A)/减少面积(S)/退出(X)] <对象(O)>： //捕捉图 9-106 所示的端点 1

指定下一个点或[圆弧(A)/长度(L)/放弃(U)]： //捕捉图 9-106 所示的端点 2

指定下一个点或[圆弧(A)/长度(L)/放弃(U)]： //捕捉图 9-106 所示的端点 3

指定下一个点或[圆弧(A)/长度(L)/放弃(U)/总计(T)] <总计>： //捕捉图 9-106 所示的端点 4

指定下一个点或[圆弧(A)/长度(L)/放弃(U)/总计(T)] <总计>： //Enter

区域 = 14393600.0，周长 = 15240.0

输入选项[距离(D)/半径(R)/角度(A)/面积(AR)/体积(V)/退出(X)]<面积>：//X Enter，结束命令

小技巧：在查询区域的面积时，需要按照一定的方向顺序依次拾取区域的各个角点，否则测量出来的结果是错误的。

图 9-105 设置文字样式

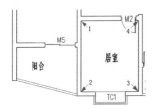

图 9-106 定位查询点

Step 5 重复执行【面积】命令，配合捕捉或追踪功能分别查询出其他各房间的使用面积。

Step 6 单击【绘图】工具栏或【注释】面板上的 A 按钮，在"居室"字样的下侧拉出矩形框，打开【文字格式】编辑器，设置字高及正中对正，输入图 9-107 所示文字。

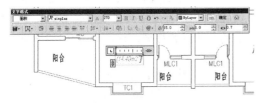

图 9-107 输入文本

Step 7 在文本编辑框中选择"2^"字样，使其反白显示，然后单击编辑器工具栏中的【堆叠】按钮，堆叠后的效果如图 9-108 所示。

图 9-108 堆叠结果

Step 8 选择刚标注的面积，将其复制到其他房间内，并对其修改，结果如图 9-109 所示。

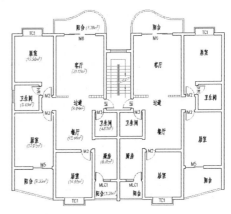

图 9-109 修改结果

Step 9 执行菜单栏中的【修改】/【镜像】命令，对所有的面积对象进行镜像。

Step 10 最后执行【另存为】命令，将图形另命名并存储为"标注施工图房间功能与面积.dwg"。

9.2.5 【实训5】标注住宅楼施工图施工尺寸与墙体序号

1. 实训目的

本实训要求标注住宅楼施工图尺寸与墙体序号，通过本例的操作，掌握施工图施工尺寸与墙体序号的标注方法和技巧，具体实训目的如下。

◆ 掌握设置标注样式的技能。
◆ 掌握标注施工图施工尺寸的技能。
◆ 掌握墙体标号的绘制与属性定义技能。
◆ 掌握标注墙体序号的技能。

2. 实训要求

打开保存的"标注施工图房间功能与面积.dwg"文件，设置标注样式，标注施工图施工尺寸，然后使用【插入】命令插入墙体序号，并对序号进行编辑，其标注结果如图 9-110 所示。

具体要求如下。

（1）启动 AutoCAD 程序，打开保存的"标注施工图房间功能与面积.dwg"文件。

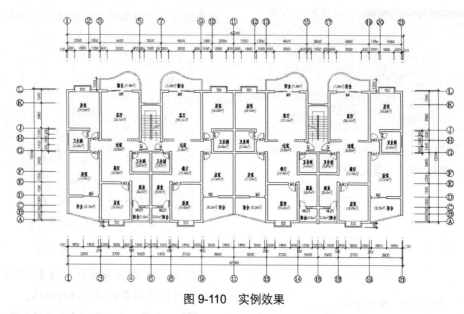

图 9-110　实例效果

（2）调用样板文件中的标注样式，使用【线性】、【连续】、【快速标注】等命令标注施工图尺寸。

（3）使用【插入】命令插入墙体序号，然后使用【复制】命令复制墙体序号到其他轴线上。

（4）对墙体序号的属性值进行编辑，然后使用【移动】命令调整墙体序号。

（5）将文件命名保存。

3. 完成实训

效果文件：	效果文件\第9章\"标注施工图尺寸与序号.dwg"
视频文件：	视频文件\第9章\"标注施工图尺寸与序号.avi"

【任务12】标注施工图细部尺寸。

Step 1　打开"\效果文件\第9章\标注施工图房间功能与面积.dwg"文件。

Step 2　展开【图层控制】下拉列表，设置"尺寸层"作为当前层，并关闭"轴线层"。

Step 3　执行【镜像】命令，对单元平面图进行镜像复制，然后对镜像后的墙线进行编辑完善。

Step 4　执行【标注样式】命令，将"建筑标注"设置为当前标注样式，并修改标注比例为100。

Step 5　执行菜单栏中的【绘图】／【构造线】命令，在平面图下侧绘制一条水平构造线作为尺寸定位辅助线，构造线距离平面图最外轮廓线为1100个单位。

Step 6　接下来综合使用【线性】和【连续】命令，配合捕捉和追踪功能为平面图标注图 9-111 所示的尺寸。

Step 7　单击【标注】工具栏或【注释】面板上的ⱦ按扭，标注平面图墙体的半宽尺寸，并对重叠的尺寸进行协调，结果如图 9-112 所示。

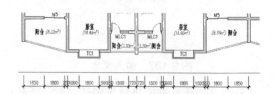

图 9-111　标注结果

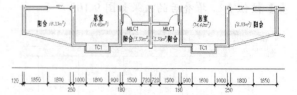

图 9-112　编辑其他尺寸

Step 8　使用快捷键"MI"激活【镜像】命令，选择平面图尺寸进行镜像，结果如图 9-113 所示。

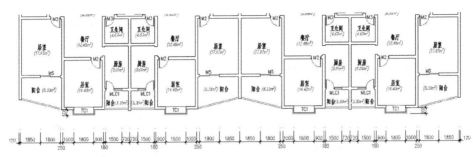

图 9-113　镜像结果

【任务 13】标注施工图轴线尺寸。

Step 1　继续任务 1 的操作。

Step 2　展开【图层控制】下拉列表，关闭"墙线层"、"门窗层"、"面积层"、"文本层"。

Step 3　单击【标注】工具栏或面板上的 按钮，选择图 9-114 所示的各条垂直轴线，为平面图标注图 9-115 所示的轴线尺寸。

Step 4　在无命令执行的前提下，选择刚标注的轴线尺寸，使其呈现夹点显示，如图 9-116 所示。

Step 5　使用夹点拉伸功能，将轴线尺寸的尺寸界限原点拉伸到尺寸定位线上，如图 9-117 所示。

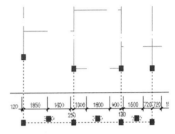

图 9-116　夹点显示

Step 6　按 Esc 键取消夹点显示，并对编辑后的轴线尺寸进行镜像，结果如图 9-118 所示。

Step 7　参照上述操作步骤，综合使用【线性】、【连续】、【快速标注】、【编辑标注文字】和夹点编辑功能，分别标注平面图其他位置的尺寸，并打开被关闭的图层，结果如图 9-119 所示。

Step 8　执行【线性】命令，标注平面图各侧的总尺寸和局部尺寸，并删除尺寸定位辅助线，结果如图 9-120 所示。

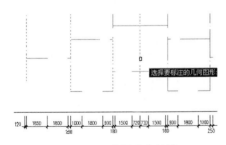

图 9-114　选择垂直轴线

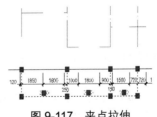

图 9-117　夹点拉伸

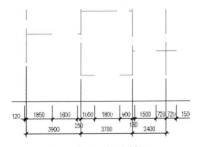

图 9-115　标注结果

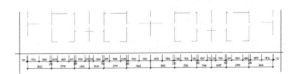

图 9-118　镜像结果

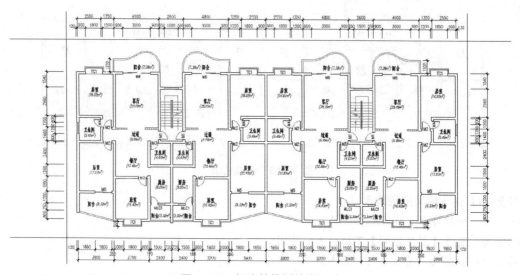

图 9-119　标注其他侧轴线尺寸

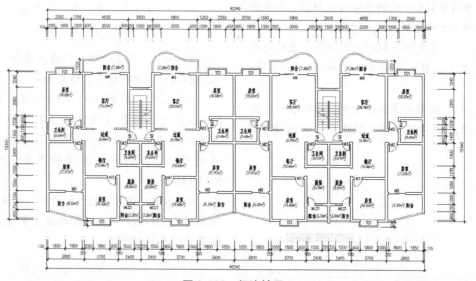

图 9-120　标注结果

【任务 14】标注施工图墙体序号。

Step 1　继续上节操作。

Step 2　执行【特性】命令，在打开的【特性】窗口内修改尺寸界线超出尺寸线的长度为 21.5，结果如图 9-121 所示。

Step 3　单击【标准】工具栏或【剪贴板】面板上的 按钮，选择被延长的轴线尺寸作为源对象，将其尺寸界线的特性复制给其他位置的轴线尺寸。

Step 4　使用快捷键"I"激活【插入块】命令，插入"\图块文件\轴标号.dwg"文件，缩放比例为 120，如图 9-122 所示。

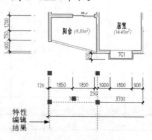

图 9-121　修改结果

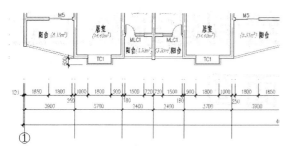

图 9-122　插入结果

Step 5　执行菜单栏中的【修改】/【复制】命令，将轴线标号分别复制到其他指示线的末端点，基点为轴标号圆心，目标点为各指示线末端点，结果如图 9-123 所示。

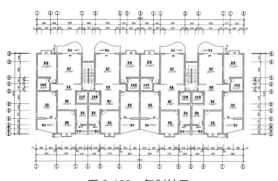

图 9-123　复制结果

Step 6　分别在复制出的轴标号属性块上双击鼠标左键，修改属性值，输入正确的墙体序号。

Step 7　使用属性块的编辑功能，依次选择所有位置的双位编号，修改宽度比例为 0.7，结果如图 9-124 所示。

Step 8　执行【移动】命令，将平面图四侧的轴标号进行外移，基点为轴标号与指示线的交点，目标点为各指示线端点，并关闭"轴线层"，平面图最终的显示效果如图 9-110 所示。

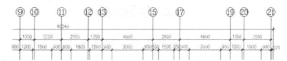

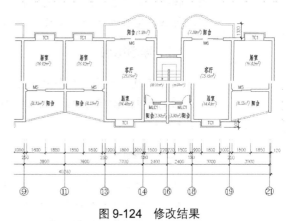

图 9-124　修改结果

Step 9　最后执行【另存为】命令，并将图形另命名并保存为"标注施工图尺寸与序号.dwg"。

第 **10** 章

绘制建筑施工立面图

📖 **学习目标**

本章主要了解建筑立面图的功能、图示内容，掌握建筑立面图的绘制方法和技巧，具体包括绘制住宅楼底层立面图、标准层立面图、顶层立面图，以及标注住宅楼立面图施工尺寸、标高和墙面材质注释等。

📖 **学习重点**

学习建筑立面图定位轴线的绘制、底层立面图、标准层立面图和顶层立面图的绘制方法和技巧，同时掌握立面图尺寸、标高和外墙面材质的标注技能。

📖 **主要内容**

◆ 绘制住宅楼立面图定位轴线、建筑构件以及外墙轮廓线
◆ 绘制住宅楼底层立面图
◆ 绘制住宅楼标准层立面图
◆ 绘制住宅楼顶层立面图
◆ 标注住宅楼立面图施工尺寸
◆ 标注住宅楼立面图标高
◆ 标注住宅楼立面图外墙材质

▋10.1▋关于建筑立面图

立面图也称建筑立面图，它相当于正投影图中的正立和侧立投影图，是使用直接正投影法，将建筑物各个方向的外表面进行投影所得到的正投影图，通过几个不同方向的立面图，来反映一幢建筑物的体型、外貌以及各墙面的装饰和用料。

一般情况下，在绘制此类立面图时，其绘图比例需要与建筑平面图的比例保持一致，以便与建筑平面图对照绘制和识读。

在绘制建筑立面图之前，首先简单介绍有关立面图的一些理论知识及相关的设计内容，具体内容如下。

◆　立面图例

由于立面图的比例小，因此立面图上的门窗应按图例立面式样表示，相同类似的门窗只画出一、两个完整图，其余的只画出单线图形即可。

◆　立面图定位线

立面图横向定位线是一种用于表达建筑物的层高线及窗台、阳台等立面构件的高度线，纵向轴线代表的是建筑物门、窗、阳台等建筑构件位置的辅助线，因此对于立面图的纵向定位轴线，可以根据建筑施工平面图结合起来，为建筑物各立面构件进行定位。

◆　立面图线宽

为了确保建筑立面图的清晰美观，在绘制立面图时需要注意图线的线宽。一般情况下，立面图的外形轮廓线需要使用粗实线表示；室外地坪线需要使用特粗实线表示；门窗、阳台、雨罩等构件的主要轮廓线用中粗实线表示；其他如门窗扇、墙面分格线等均用细实线表示。

◆　立面图文本注释

在建筑物立面图上，外墙表面分格线应表示清楚，一般需要使用文字说明各部分所用的面材和色彩。比如表明外墙装饰的做法及分格、表明室外台阶、勒角、窗台、阳台、檐沟、屋顶和雨水管等的立面形状及材料做法等，以方便指导施工。

◆　立面图编号

对于有定位轴线的建筑物，只需画出两端的轴线并注出其编号，编号应与建筑平面图该立面两端的轴线编号一致，以便与建筑平面图对照阅读，从而确认立面的方位；对于没有定位轴线的建筑物，可以按照平面图各面的朝向进行绘制。

◆　图名

建筑立面图需要标明图名。一般情况下，立面图有 3 种命名，具体如下：

◆　第一种方式就是按立面图的主次命名，即把建筑物的主要出入口或反映建筑物外貌主要特征的立面图称为正立面图，而把其他立面图分别称为背立面图、左立面图和右立面图等；

◆　第二种命名方式是按照建筑物的朝向命名，根据建筑物立面的朝向可分别称为南立面图、北立面图、东立面图和西立面图；

◆　第三种命名方式是按照轴线的编号命名，根据建筑物立面两端的轴线编号命名，如①~⑨图等。

◆　立面图标高。

在立面图中要标注房屋主要部位的相对标高，如室外地坪、室内地面、各层楼面、檐口、女儿墙压顶，雨罩等；其尺寸标注只需沿立面图的高度方向标注细部尺寸、层高尺寸和总高度。

◆　立面图尺寸

与建筑平面图一样，建筑立面图在其高度方向上也需要标注三道尺寸，即细部尺寸、层高尺寸和总高尺寸，最里面的一道尺寸是"细部尺寸"，中间的一道尺寸称为"层高尺寸"，最外面一道尺寸为"总高尺寸"，如图 10-1 所示。

◆　立面图符号

对于比较简单的对称式的建筑物，其立面图

可以只绘制一半，但必需标出对称符号；对于另画详图的部位，一般需要标注索引符号，以指明查阅详图。

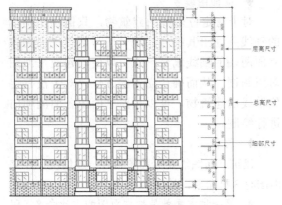

图 10-1　立面图尺寸

10.2　上机实训

10.2.1　【实训1】绘制住宅楼底层立面图

1. 实训目的

本实训要求绘制住宅楼底层立面图，通过本例的操作，掌握建筑底层立面图的绘制方法和技巧，具体实训目的如下。

- ◆ 掌握底层立面图定位轴线的绘制技能。
- ◆ 掌握底层立面图墙面轮廓线的绘制技能。
- ◆ 掌握底层立面图建筑构件的绘制技能。

2. 实训要求

打开"\效果文件\第9章\标注施工图尺寸与序号.dwg"文件，在轴线层绘制立面图的定位轴线、立面图墙面轮廓线以及建筑构件等，其绘制结果如图 10-2 所示。

具体要求如下。

（1）启动 AutoCAD 程序，打开"\效果文件\第9章\标注施工图尺寸与序号.dwg"文件。

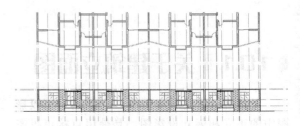

图 10-2　实例效果

（2）使用【构造线】命令绘制纵横定位轴线。

（3）使用【多段线】命令绘制顶层外墙面轮廓线。

（4）使用【插入】命令插入立面窗、凸窗构件。

（5）使用【图案填充】命令填充底层立面图外墙面材质。

（6）将绘制的底层立面图文件进行保存。

3. 完成实训

效果文件：	效果文件\第 10 章\"绘制底层立面图.dwg"
视频文件：	视频文件\第 10 章\"绘制底层立面图.avi"

【任务1】绘制立面定位轴线。

Step 1　打开"\效果文件\第 9 章\标注施工图尺寸与序号.dwg"文件。

Step 2　执行【图层】命令，设置"轴线层"为当前层，冻结图 10-3 所示的图层，此时平面图的显示效果如图 10-4 所示。

状	名称	开	冻结	锁定	颜色	线型	线宽	打印样式	打印	新视口冻结
✓	0	☼	☼	🔒	■白	Continuous	——默认	Normal		
✓	Defpoints	☼	☼	🔒	■白	Continuous	——默认	Normal		
✓	尺寸层	☼	☼	🔒	■蓝	Continuous	——默认	Normal		
✓	楼梯层	☼	☼	🔒	■92	Continuous	——默认	Normal		
✓	轮廓线	☼	☼	🔒	■白	Continuous	——默认	Normal		
✓	门窗层	☼	☼	🔒	■红	Continuous	——默认	Normal		
✓	面板层	☼	☼	🔒	■102	Continuous	——默认	Normal		
✓	剖面线	☼	☼	🔒	■142	Continuous	——默认	Normal		
✓	其他层	☼	☼	🔒	■白	Continuous	——默认	Normal		
✓	墙线层	☼	☼	🔒	■白	Continuous	——1.00 毫米	Normal		
✓	图块层	☼	☼	🔒	■42	Continuous	——默认	Normal		
✓	文本层	☼	☼	🔒	■详red	Continuous	——默认	Normal		
✓	轴线层	☼	☼	🔒	■124	ACAD_ISO04W100	——默认	Normal		

图 10-3　冻结图层

Step 3　执行菜单栏中的【格式】/【线型】命令，在弹出的【线型管理器】对话框中修改线型比例尺为 1。

Step 4　执行菜单栏中的【绘图】/【构造线】命令，配合端点捕捉功能，分别通过平面图下侧各墙、窗等位置点绘制垂直构造线，作为立面图纵向定位线，如图 10-5 和图 10-6 所示。

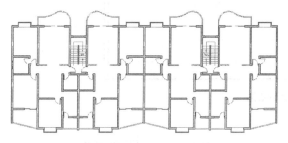

图 10-4　图形的显示效果

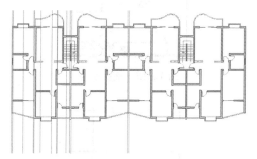

图 10-5　绘制定位线（全局图）

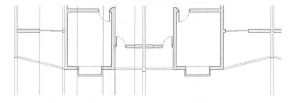

图 10-6　局部放大图

> **小技巧**：纵向定位线代表的是建筑物门、窗、阳台等建筑构件位置的辅助线，因此对于立面图的纵向定位线，可以与平面图结合起来，为建筑物各立面构件进行定位。

Step 5　接下来重复执行【构造线】命令，在平面图下侧适当位置绘制一条水平的构造线作为横向定位基准线。

Step 6　执行菜单栏中的【修改】/【偏移】命令，将水平定位线向上偏移 900 和 3900 个绘图单位，作为室内地面和底层立面的横向定位线，如图 10-7 所示。

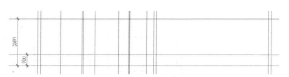

图 10-7　偏移结果

Step 7　重复执行【偏移】命令，将最上侧的水平定位线分别向下偏移 120 和 1900 个绘图单位，作为外墙身和阳台栏杆定位线，如图 10-8 所示。

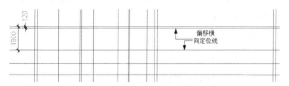

图 10-8　偏移结果

【任务 2】绘制外墙面轮廓线。

Step 1　继续任务 1 的操作。

Step 2　展开【图层控制】下拉列表，设置"轮廓线"为当前层，如图 10-9 所示。

图 10-9　设置当前层

Step 3　执行菜单栏中的【绘图】/【多段线】命令，配合捕捉和追踪功能绘制宽度为 60 的多段线作为地坪线，如图 10-10 所示。

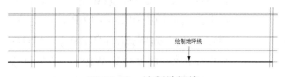

图 10-10　绘制地坪线

Step 4　重复执行【多段线】命令，配合端点和交点捕捉功能，绘制图 10-11 所示的立面轮廓线，其中多段线的宽度为 30 个绘图单位。

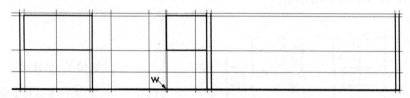

图 10-11　绘制结果

Step 5　重复执行【多段线】命令，配合交点捕捉功能绘制宽度为 50 个绘图单位的多段线。命令行操作如下。

命令: _pline

　　指定起点:　　　　　　　　　//捕捉图 10-11 所示的点 W

　　当前线宽为 30.0

　　指定下一个点或[圆弧(A)/半宽(H)/长度(L)/放弃(U)/宽度(W)]:　//@0,600 Enter

　　指定下一点或[圆弧(A)/闭合(C)/半宽(H)/长度(L)/放弃(U)/宽度(W)]: //@-3040,0 Enter

　　指定下一点或[圆弧(A)/闭合(C)/半宽(H)/长度(L)/放弃(U)/宽度(W)]:　//@0,-600 Enter

　　指定下一点或[圆弧(A)/闭合(C)/半宽(H)/长度(L)/放弃(U)/宽度(W)]: // Enter

命令:　　//Enter，重复执行命令

　　PLINE 指定起点:　　//捕捉图 10-12 所示的交点 Q

　　当前线宽为 30.0

　　指定下一个点或[圆弧(A)/半宽(H)/长度(L)/放弃(U)/宽度(W)]:　//@0,500 Enter

　　指定下一点或[圆弧(A)/闭合(C)/半宽(H)/长度(L)/放弃(U)/宽度(W)]:　//配合极轴追踪功能捕捉如图 10-12 所示的交点

　　指定下一点或[圆弧(A)/闭合(C)/半宽(H)/长度(L)/放弃(U)/宽度(W)]:　//配合极轴追踪功能捕捉如图 10-13 的交点

　　指定下一点或[圆弧(A)/闭合(C)/半宽(H)/长度(L)/放弃(U)/宽度(W)]: // Enter，绘制结果如图 10-14 所示

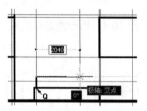

图 10-12　捕捉交点

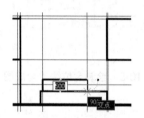

图 10-13　捕捉交点

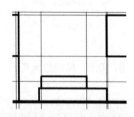

图 10-14　绘制结果

【任务 3】绘制立面构件。

Step 1　继续任务 2 的操作。

Step 2　设置"图块层"为当前图层，然后执行菜单栏中的【插入】/【块】命令，插入"\图块文件\凸窗.dwg"文件，插入点见图 10-15 的中点。

Step 3　执行菜单栏中的【绘图】/【矩形】命令，以凸窗左上角点作为参照点，配合捕捉自功能绘制长度为 2980、宽度为 100 的矩形，命令行操作如下。

命令: _rectang

指定第一个角点或[倒角(C)/标高(E)/圆角(F)/厚度(T)/宽度(W)]: //w Enter

指定矩形的线宽 <0.0>: //30 Enter，设置矩形线宽

指定第一个角点或[倒角(C)/标高(E)/圆角(F)/厚度(T)/宽度(W)]: //激活捕捉自功能

_from 基点: //捕捉凸窗外轮廓左上角点

<偏移>: //@-160,0 Enter

指定另一个角点或[面积(A)/尺寸(D)/旋转(R)]: //@2980,100 Enter，结果如图 10-16 所示

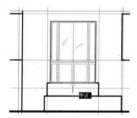

图 10-15　定位插入点

图 10-16　定位插入点

Step 4　重复执行【插入】命令，采用默认参数，分别插入 "\图块文件\" 目录下的 "推拉门.dwg" 和 "门联窗.dwg" 图块，插入点分别为图 10-17 所示的交点 A 和 B。

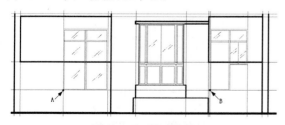

图 10-17　插入结果

Step 5　执行菜单栏中的【修改】/【分解】命令，选择刚插入的 3 个图块，将其分解为各个独立的对象。

Step 6　使用快捷键 "TR" 激活【修剪】命令，分别对分解后的推拉门和门联窗进行修剪，并删除残余的图线，结果如图 10-18 所示。

Step 7　重复执行【插入块】命令，采用默认参数，插入 "\图块文件\铁艺栏杆.dwg" 文件，插入点为图 10-19 所示图线的中点。

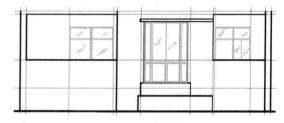

图 10-18　修剪结果

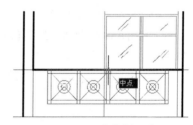

图 10-19　定位插入点

Step 8　使用快捷键 "CO" 激活【复制】命令，将刚插入的栏杆图例进行复制，基点为栏杆图例的左上角点，目标点为图 10-20 所示的端点。

Step 9　综合【分解】、【修剪】和【删除】命令，对复制出的栏杆进行编辑，去掉多余图线，结果如图 10-21 所示。

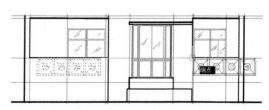

图 10-20　复制图形

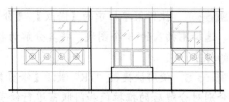

图 10-21　编辑结果

Step 10　展开【图层控制】下拉列表，将"剖面线"设置为当前图层。

Step 11　使用快捷键"PL"激活【多段线】命令，配合捕捉功能，分别连接图 12-22 所示的点 1、2、3 和点 4、5、6，绘制两条多段线进行封闭填充区域，其中多段线的线宽为 0。

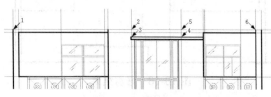

图 10-22　绘制封闭线

Step 12　使用快捷键"LA"激活【图层】命令，关闭"轴线层"，图形的显示效果如图 10-23 所示。

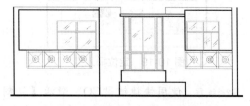

图 10-23　关闭"轴线层"后的显示

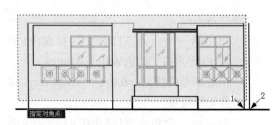

图 10-24　窗交选择

Step 13　执行菜单栏中的【修改】/【镜像】命令，配合【两点之间的中点】和端点捕捉功能，对编辑后的单元立面图进行镜像复制。命令行操作如下。

命令：_mirror

选择对象：　　　　　　　//拉出图 10-24 所示的窗交选择框

选择对象：　　　　　　　//Enter，结束对象的选择

指定镜像线的第一点：　　//按住 Shfit 键单击鼠标右键，选择【两点之间的中点】选项

_m2p 中点的第一点：　　//捕捉图 10-24 所示的端点 1

中点的第二点：　　　　　//捕捉图 10-24 所示的端点 2

指定镜像线的第二点：　　//@0,1 Enter

要删除源对象吗？[是(Y)/否(N)] <N>：//Enter，镜像结果如图 10-25 所示

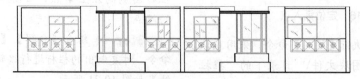

图 10-25　镜像结果

Step 14　使用快捷键"TR"激活【修剪】命令，以最右侧两条垂直轮廓线作为修剪边界，将边界之间的图线修剪掉。

Step 15　执行菜单栏中的【绘图】/【图案填充】命令，设置填充参数如图 10-26 所示，为底层立面填充图案，填充结果如图 10-27 所示。

图 10-26　设置填充参数

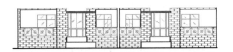

图 10-27 填充结果

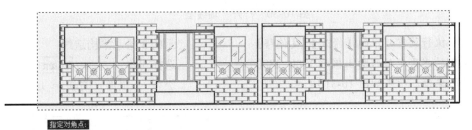

指定对角点：

图 10-28 窗交选择

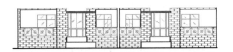

Step 16 重复执行【镜像】命令，框选图 10-28 所示的图形进行镜像，最终效果如图 10-1 所示。

Step 17 最后执行【另存为】命令，将图形另命名并存储为"绘制底层立面图.dwg"。

10.2.2 【实训 2】绘制住宅楼标准层立面图

1. 实训目的

本实训要求绘制住宅楼标准层立面图，通过本例的操作，掌握立面图标准层的绘制技能，具体实训目的如下。

- ♦ 掌握使用【偏移】命令绘制标准层定位轴线的技能。
- ♦ 掌握使用【复制】命令复制创建标准层的技能。
- ♦ 掌握使用【阵列】命令阵列复制标准层的技能。

2. 实训要求

打开保存的"绘制底层立面图.dwg"文件，使用【偏移】命令绘制标准层定位轴线，然后使用【复制】、【阵列】命令创建标准层，其结果如图 10-29 所示。

具体要求如下。

（1）启动 AutoCAD 程序，打开保存的"绘制底层立面图.dwg"文件。

（2）使用【偏移】命令创建标准层定位轴线。

（3）使用【复制】命令复制底层创建标准层。

（4）使用【阵列】命令创建标准层及其立面构件。

（5）建筑制作结果命名保存。

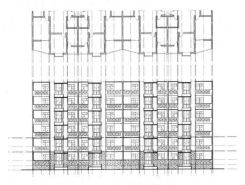

图 10-29 实例效果

3. 完成实训

效果文件：	效果文件\第 10 章\ "绘制标准层立面图.dwg"
视频文件：	视频文件\第 10 章\ "绘制标准层立面图.avi"

Step 1 打开"\效果文件\第 9 章\绘制底层立面图.dwg"文件。

Step 2 使用快捷键"LA"激活【图层】命令，在打开的【图层特性管理器】对话框中打开被关闭的"轴线层"，如图 10-30 所示。

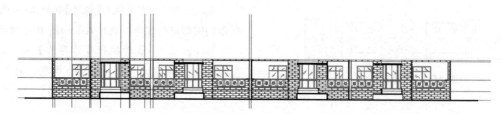

图 10-30　打开"轴线层"

Step 3　执行菜单栏中的【修改】/【偏移】命令,将最上侧的水平定位线向上偏移 1100、2880 和 3000 个绘图单位,结果如图 10-31 所示。

图 10-31　偏移结果

Step 4　使用快捷键"LA"激活【图层】命令,设置"0 图层"作为当前层,并关闭"剖面线"图层,结果如图 10-32 所示。

图 10-32　操作结果

Step 5　使用快捷键"CO"激活【复制】命令,窗口选择图 10-33 所示的底层立面轮廓图,配合坐标输入功能,沿 y 轴正方向复制 3000 个单位,结果如图 10-34 所示。

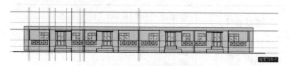

图 10-33　窗口选择

Step 6　执行菜单栏中的【修改】/【阵列】/【矩形阵列】命令,窗交选择图 10-35 所示的 3 条水平构造线进行矩形阵列,命令行操作如下。

命令: _arrayrect

　　选择对象:　　　//窗交选择图 10-35 所

示的 3 条水平构造线

选择对象:　　　　// Enter

类型 = 矩形　关联 = 是

图 10-34　复制结果

为项目数指定对角点或[基点(B)/角度(A)/计数(C)] <计数>:　// Enter

输入行数或[表达式(E)] <4>:　//5 Enter

输入列数或[表达式(E)] <4>:　//1 Enter

指定对角点以间隔项目或[间距(S)] <间距>:　// Enter

指定行之间的距离或[表达式(E)] <1>: //3000 Enter

按 Enter 键接受或[关联(AS)/基点(B)/行(R)/列(C)/层(L)/退出(X)] <退出>: // Enter,阵列结果如图 10-36 所示

图 10-35　窗交选择

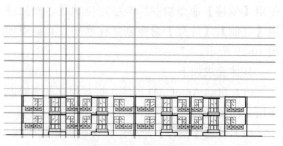

图 10-36　阵列结果

Step 7　展开【图层控制】下拉列表，关闭"轴线层"，并设置"剖面线"作为当前图层。

Step 8　重复使用【矩形阵列】命令，框选图 10-37 所示的二层立面结构进行阵列，命令行操作如下。

命令：_arrayrect

　　选择对象：　　//窗交选择图 10-37 所示的 3 条水平构造线

　　选择对象：　　// Enter

　　类型 = 矩形 关联 = 是

　　为项目数指定对角点或[基点(B)/角度(A)/计数(C)] <计数>：// Enter

　　输入行数或[表达式(E)] <4>：//5 Enter

　　输入列数或[表达式(E)] <4>：//1 Enter

　　指定对角点以间隔项目或[间距(S)] <间距>：// Enter

　　指定行之间的距离或[表达式(E)] <1>：//3000 Enter

　　按 Enter 键接受或[关联(AS)/基点(B)/行(R)/列(C)/层(L)/退出(X)] <退出>：// Enter，阵列结果如图 10-38 所示

图 10-37　阵列结果

图 10-38　阵列结果

Step 9　在无命令执行的前提下，分别单击图 10-39 所示的图线，使其夹点显示。

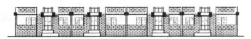

图 10-39　夹点显示图线

Step 10　执行菜单栏中的【修改】/【复制】命令，对夹点显示的图线进行复制，基点为任一点，目标点为"@0,15000"，复制结果如图 10-40 所示。

Step 11　最后执行【另存为】命令，将图形另命名并存储为"绘制标准层立面图.dwg"。

图 10-40　复制结果

10.2.3　【实训 3】绘制住宅楼顶层立面图

1. 实训目的

本实训要求绘制住宅楼顶层立面图，通过本例的操作，掌握顶层立面图的绘制技能，具体实训目的如下。

- ◆ 掌握使用【复制】命令复制标准层的技能。
- ◆ 掌握使用【偏移】命令创建定位轴线的技能。
- ◆ 掌握使用【多段线】、【构造线】、【复制】、【修剪】、【镜像】等命令创建顶层立面图的技能。
- ◆ 掌握使用【图案填充】命令填充墙面材质的技能。

2. 实训要求

打开保存的"绘制标准层立面图.dwg"文件，在该标准层上绘制顶层立面图，其绘制结果如图 10-41 所示。

具体要求如下。

（1）启动 AutoCAD 程序，打开保存的"绘制

标准层立面图.dwg"文件。

图 10-41　实例效果

（2）使用【复制】命令对标准层进行复制，然后使用【偏移】命令创建顶层定位轴线。

（3）使用【多段线】命令绘制顶层立面图外墙轮廓线。

（4）使用【修剪】、【镜像】命令创建顶层立面图。

（5）使用【图案填充】命令向顶层立面图中填充外墙材质。

3．完成实训

效果文件：	效果文件\第10章\"绘制顶层立面图.dwg"
视频文件：	视频文件\第8章\"绘制顶层立面图.avi"

Step 1　打开 "\效果文件\第9章\绘制标准层立面图.dwg"文件。

Step 2　展开【图层控制】下拉列表，打开被关闭的"轴线层"，平面图的显示结果如图 10-42 所示。

Step 3　执行菜单栏中的【修改】/【复制】命令，对部分标准层立面图进行复制，命令行操作如下。

命令：_copy

　　选择对象：　　　　　　　　//拉

　出图 10-43 所示的窗口选择框

图 10-42　打开"轴线层"

选择对象：　　　//Enter，结束对象的选择

当前设置：　复制模式 = 多个

指定基点或[位移(D)/模式(O)] <位移>：

//拾取任一点作为基点

指定第二个点或[阵列(A)] <使用第一个点作为位移>：　//@0,3000Enter

指定第二个点或[阵列(A)/退出(E)/放弃(U)] <退出>：　　　//Enter，复制结果如图 10-44 所示

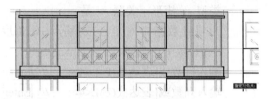

图 10-43　窗口选择

图 10-44　复制结果

Step 4　使用快捷键 "O" 激活【偏移】命令，以最上侧的水平定位线作为首次偏移对象，以偏移出的对象作为下一次偏移对象，分别创建间距为 900、1500、600、500、1500、300 和 300 的定位线，结果如图 10-45 所示。

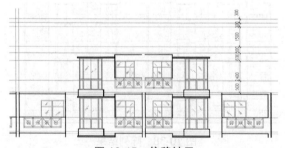

图 10-45　偏移结果

Step 5　展开【图层控制】下拉列表，将"轮廓线"设置为当前图层。

Step 6　使用快捷键 "PO" 激活【多段线】命令，以最右侧垂直轮廓线上端点作为起点，绘制图 10-46 所示的立面轮廓线，其中多段线的线宽

为 30 个绘图单位。

图 10-46　绘制结果

Step 7　重复执行【多段线】命令，保持多段线宽度不变，配合捕捉和对象追踪等功能，继续补画内部的立面轮廓线，结果如图 10-47 所示。

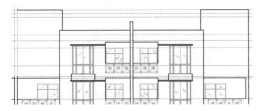

图 10-47　绘制内部轮廓线

Step 8　使用快捷键"XL"激活【构造线】命令，配合中点捕捉功能，绘制两条垂直的构造线作为定位线，如图 10-48 所示。

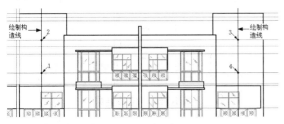

图 10-48　绘制构造线

Step 9　将"图块层"设置为当前图层，然后执行菜单栏中的【插入】/【块】命令，采用默认参数设置"\图块文件\双扇窗.dwg"文件，插入点分别为图 10-48 所示的交点 1、2、3、4，插入结果如图 10-49 所示。

　小技巧：对于立面图中的门、窗等基本构件，通常是插入相应的构件图例来表示，以提高绘图效率，对于构件的细部做法，可以另附详图和大样图。

图 10-49　插入结果

Step 10　将"轮廓线"设置为当前层，执行菜单栏中的【绘图】/【多段线】命令，配合捕捉功能绘制阁楼顶轮廓线，命令行操作如下。

命令: _pline
　　指定起点:　　　//激活捕捉自功能
　　_from 基点:　　//捕捉右上角外轮廓线角点
　　<偏移>:　　　 //@0,-300 Enter
　　当前线宽为 30.0
　　指定下一个点或[圆弧(A)/半宽(H)/长度(L)/放弃(U)/宽度(W)]: //@300,0 Enter
　　指定下一点或[圆弧(A)/闭合(C)/半宽(H)/长度(L)/放弃(U)/宽度(W)]: //@0,1400 Enter
　　指定下一点或[圆弧(A)/闭合(C)/半宽(H)/长度(L)/放弃(U)/宽度(W)]: //@100,0 Enter
　　指定下一点或[圆弧(A)/闭合(C)/半宽(H)/长度(L)/放弃(U)/宽度(W)]: //@0,300 Enter
　　指定下一点或[圆弧(A)/闭合(C)/半宽(H)/长度(L)/放弃(U)/宽度(W)]: //@-4940,0 Enter
　　指定下一点或[圆弧(A)/闭合(C)/半宽(H)/长度(L)/放弃(U)/宽度(W)]: //@0,-300 Enter
　　指定下一点或[圆弧(A)/闭合(C)/半宽(H)/长度(L)/放弃(U)/宽度(W)]: //@100,0 Enter
　　指定下一点或[圆弧(A)/闭合(C)/半宽(H)/长度(L)/放弃(U)/宽度(W)]: //@

0,-1400 Enter

指定下一点或[圆弧(A)/闭合(C)/半宽(H)/
长度(L)/放弃(U)/宽度(W)]: //c Enter

命令: //Enter，重复
执行命令

PLINE

指定起点: //激活捕捉自功能

_from 基点: //捕捉刚绘制的轮
廓线左上角点

<偏移>: = //@0,-200 Enter

指定下一个点或[圆弧(A)/半宽(H)/长度
(L)/放弃(U)/宽度(W)]: //@4940,0 Enter

指 定下一点或[圆弧(A)/闭合(C)/半宽
(H)/长度(L)/放弃(U)/宽度(W)]: //Enter，
退出命令，绘制结果如图 10-50 所示

 小技巧：在具体的绘制过程中，可
以配合状态栏上的【极轴追踪】或【正
交模式】功能，以快速定位点。

Step 11 使用快捷键 "CO" 激活【复制】
命令，选择刚绘制的阁楼顶轮廓线，将其复制到空
白区域。

Step 12 执行菜单栏中的【修改】/【拉伸】
命令，拉出图 10-51 所示的选择框，将轮廓线水平
拉长 3900 个绘图单位，结果如图 10-52 所示。

图 10-50 绘制结果

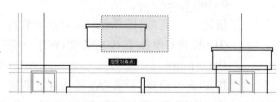

图 10-51 窗交选择

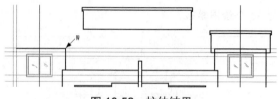

图 10-52 拉伸结果

Step 13 使用快捷键 "M" 激活【移动】命
令，将拉伸后的轮廓线进行位移，命令行操作如下。

命令: m //Enter，激活移动命令

MOVE 选择对象: //选择拉伸后的轮
廓线

选择对象: //Enter

指定基点或[位移(D)] <位移>: //捕捉
拉伸轮廓线的右下角点

指定第二个点或 <使用第一个点作为位
移>: //激活【捕捉自】功能

_from基点: //捕捉图 10-52 所示的端
点 W

<偏移>: //@300,-300 Enter，结果
如图 10-53 所示

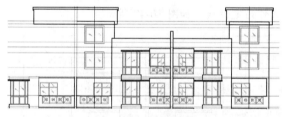

图 10-53 位移结果

Step 14 执行菜单栏中的【修改】/【修剪】
命令，将位于阁楼轮廓线内部的多余线条进行修
剪，结果如图 10-54 所示。

Step 15 使用快捷键 "E" 激活【删除】命
令，删除两条垂直的构造线，同时关闭 "轴线层"。

Step 16 执行菜单栏中的【修改】/【镜像】
命令，对顶层立面轮廓图进行镜像，结果如图 10-55
所示。

Step 17 展开【图层】工具栏上的【图层
控制】下拉列表，将 "剖面线" 设置为当前层。

Step 18 单击【绘图】菜单中的【图案填
充】命令，在打开的【图案填充和渐变色】对话

框中设置填充图案为 AR-RSHKE，填充比例为 1.5，为立面图填充图 10-56 所示的图案。

图 10-54 修剪结果

图 10-55 镜像结果

图 10-56 填充结果

Step 19 重复使用【图案填充】命令，设置填充图案为 MUDST，填充比例为 40，为顶层立面轮廓图填充图 10-57 所示的图案。

图 10-57 填充结果

Step 20 最后执行【另存为】命令，将图形另命名并存储为"绘制顶层立面图.dwg"。

10.2.4 【实训 4】标注住宅楼立面图材质与尺寸

1. 实训目的

本实训要求标注住宅楼立面图外墙材质与施工尺寸，通过本例的操作掌握立面图施工尺寸与外墙材质的标注技能，具体实训目的如下。

- ◆ 掌握标注样式的设置和调用技能。
- ◆ 掌握立面图施工尺寸的标注技能。
- ◆ 掌握文字样式的设置和调用。
- ◆ 掌握使用【快速引线】命令标注立面图外墙材质的标注技能。

2. 实训要求

打开保存的"绘制顶层立面图.dwg"文件，分别标注立面图施工尺寸和外墙材质，其标注结果如图 10-58 所示。

图 10-58 实例效果

具体要求如下。

（1）启动 AutoCAD 程序，打开保存的"绘制顶层立面图.dwg"文件。

（2）使用【标注样式】命令设置标注样式。

（3）使用【线性】、【连续】以及【快速标准】等命令标注立面图施工尺寸。

（4）使用【文字样式】命令设置文字样式，然后使用【快速引线】命令标注外墙材质。

3. 完成实训

效果文件：	效果文件\第 10 章\"标注立面图材质与尺寸.dwg"
视频文件：	视频文件\第 10 章\"标注立面图材质与尺寸.avi"

【任务 4】标注立面图外墙材质。

Step 1 打开"\效果文件\第 10 章\绘制顶层立面图.dwg"文件。

Step 2 展开【图层控制】下拉列表，设置

"文本层"为当前层。

Step 3 使用快捷键"D"激活【标注样式】命令，替代当前尺寸文字的样式为"仿宋体"，标注比例为220。

Step 4 使用快捷键"LE"激活【快速引线】命令，设置引线参数如图10-59所示和图10-60所示，文字的附着方式为"最后一行加下划线"，然后标注图10-61所示的引线注释。

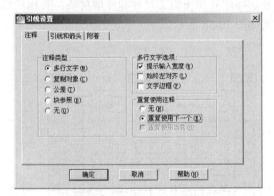

图 10-59 设置注释参数

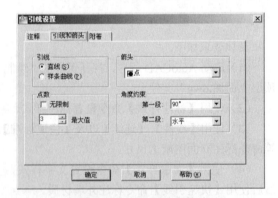

图 10-60 设置引线和箭头

小技巧：在此如果点选了"重复使用下一个"单选项，那么用户在连续标注其他引线注释时，系统会自动以第一次标注的文字注释作为下一次的引线注释。

Step 5 重复执行【快速引线】命令，按照当前的参数设置，分别标注其他位置的注释，结果如图10-62所示。

图 10-61 标注引线文本

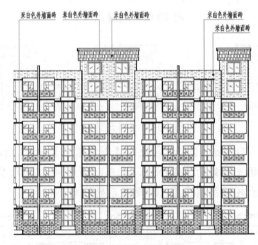

图 10-62 标注文字注释

Step 6 执行菜单栏中的【修改】/【对象】/【文字】/【编辑】命令，选择最左侧的引线注释，修改其文字内容为"米白色外墙面砖"，如图10-63的所示。

图 10-63 修改结果

Step 7　继续在"选择注释对象或[放弃(U)]："的提示下，分别修改其他位置的引线注释，结果如图 10-64 所示。

图 10-64　修改其他文字

Step 8　将引线注释分解，然后使用【复制】命令，将引线箭头进行多重复制，结果如图 10-65 所示。

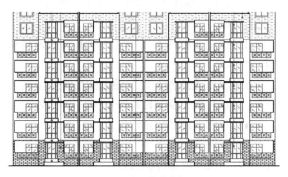

图 10-65　复制结果

【任务 5】标注立面图施工尺寸。

Step 1　继续任务 1 的操作。

Step 2　展开【图层控制】下拉列表，打开"尺寸层"和"轴线层"，并将"尺寸层"设置为当前图层

Step 3　使用快捷键"D"激活【标注样式】命令，设置"建筑标注"样式为当前样式，同时修改尺寸比例为 100。

Step 4　执行菜单栏中的【绘图】／【构造线】命令，在立面图右侧适当位置绘制图 10-66 所示的构造线作为尺寸定位线。

Step 5　接下来综合使用【线性】、【连续】和【编辑标注文字】命令，为立面图标注图 10-67 所示细部尺寸。

图 10-66　绘制尺寸定位线

图 10-67　标注细部尺寸

Step 6　综合使用【线性】、【矩形阵列】命令，标注立面图层高尺寸，结果如图 10-68 所示。

Step 7　执行【线性】命令，配合捕捉和追踪功能标注立面图总高尺寸和其他位置的细部尺寸，结果如图 10-69 所示。

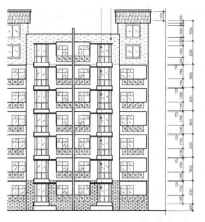

图 10-68　标注层高尺寸

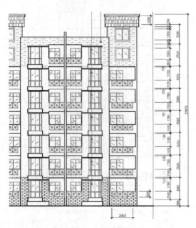

图 10-69　标注其他尺寸

Step 8　使用快捷键"E"激活【删除】命令，删除尺寸定位辅助线，结果如图 10-70 所示。

Step 9　最后执行【另存为】命令，将图形另命名并存储为"标注立面图材质与尺寸.dwg"。

图 10-70　删除构造线

10.2.5　【实训5】标注住宅楼立面图标高尺寸和轴线标号

1. 实训目的

本实训要求标注住宅楼立面图标高尺寸和轴标号，通过本例的操作，掌握立面图标高尺寸与轴标号的标注方法和技巧，具体实训目的如下。

- ◆ 掌握标注建筑立面图标高尺寸的技能。
- ◆ 掌握标注建筑立面图轴标号的技能。

2. 实训要求

打开保存的"标注立面图材质与尺寸.dwg"

文件，为该立面图标注标高尺寸与轴标号，其标注结果如图 10-71 所示。

图 10-71　实例效果

具体要求如下。

（1）启动 AutoCAD 程序，打开保存的"标注立面图材质与尺寸.dwg"文件。

（2）使用【特性】、【特性匹配】命令调整轴线尺寸。

（3）使用【插入】命令插入标高符号，然后使用【复制】命令复制标高符号到其他轴线上。

（4）对标高符号的属性值进行编辑。

（5）使用【复制】命令复制平面图中的轴标号，并对其属性值进行修改。

（6）将文件命名保存。

3. 完成实训

效果文件：	效果文件\第 10 章\"标注建筑立面图符号.dwg"
视频文件：	视频文件\第 8 章\"标注建筑立面图符号.avi"

Step 1　打开"\效果文件\第 10 章\标注立面图材质与尺寸.dwg"文件。

Step 2　在无命令执行的前提下，选择立面图下侧尺寸文字为 900 的层高尺寸，使其呈现夹点显示，如图 10-72 所示。

Step 3　执行【特性】命令，在打开的【特性】窗口中修改尺寸界线的长度为 26，如图 10-73 所示。

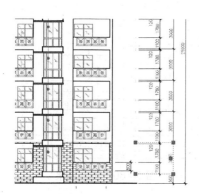

图 10-72　夹点效果

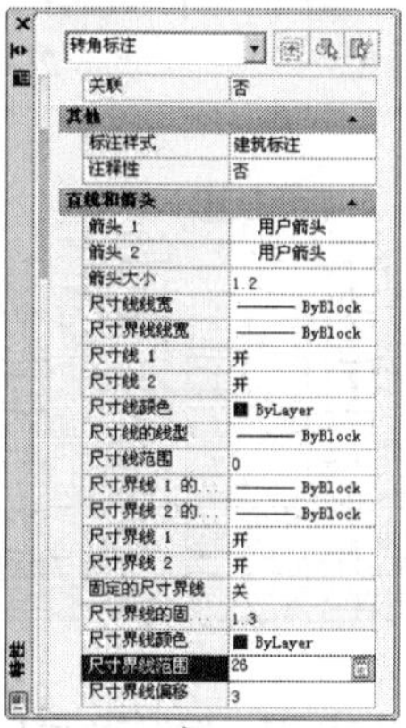

图 10-74　编辑结果

图 10-73　特性编辑

图 10-75　匹配结果

Step 4　关闭【特性】窗口，并按 Esc 键取消尺寸的夹点显示，特性编辑后的效果如图 10-74 所示。

Step 5　单击【标准】工具栏或【剪贴板】上的 按钮，选择被延长的层高尺寸作为源对象，将其尺寸界线的特性复制给其他层高尺寸，匹配结果如图 10-75 所示。

Step 6　展开【图层控制】下拉列表，设置"其他层"作为当前层。

Step 7　使用快捷键"I"激活【插入块】命令，插入"\图块文件\标高符号.dwg"文件，缩放比例为 120，插入结果如图 10-76 所示。

Step 8　使用快捷键"CO"激活【复制】命令，将插入的标高符号分别复制到其他层高尺寸界线的外端点，结果如图 10-77 所示。

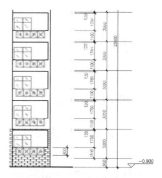

图 10-76　插入结果

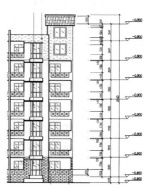

图 10-77　复制结果

Step 9 执行菜单栏中的【修改】/【对象】/【属性】/【单个】命令，在"选择块:"提示下选择第二个标高属性块（从下向上），在打开的【增强属性编辑器】对话框中修改标高的属性值，如图 10-78 所示。

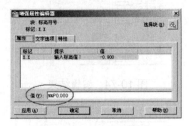

图 10-78 修改属性值

小技巧：在修改标高属性值时，在【值】文本框中巧妙地输入"%%P"符号，系统将会自动将其转化为"正/负号"形式。

Step 10 单击 应用(A) 按钮，结果标高尺寸被自动修改，如图 10-79 所示。

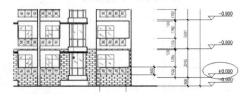

图 10-79 修改标高尺寸

Step 11 单击【选择块】按钮 ，返回绘图区，从下向上依次拾取其他位置的标高尺寸属性块，修改各位置的标高尺寸，结果如图 10-80 所示。

Step 12 使用快捷键"XL"激活【直线】命令，根据视图间的对正关系，绘制图 10-81 所示的垂直构造线。

图 10-80 修改结果

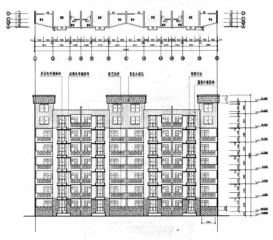

图 10-81 绘制指示线

Step 13 使用快捷键"BR"激活【打断】命令，打断构造线，将其转换为轴标号指示线，结果如图 10-82 所示。

Step 14 使用快捷键"CO"激活【复制】命令，在平面图中选择编辑号为 1 和 21 的轴标号进行复制，结果如图 10-83 所示。

Step 15 最后执行【另存为】命令，将图形另命名并存储为"标注建筑立面图符号.dwg"。

图 10-82 打断结果

图 10-83　复制结果

第11章

绘制园林景观施工图

📖 **学习目标**

本章主要了解园林景观施工图的功能、作用、图示内容，掌握园林景观厅施工图的绘制方法和技巧，具体包括绘制景观亭台阶与护栏、绘制景观亭立面结构图、绘制景观亭攒尖与挑檐、绘制景观亭楞瓦、标注景观亭施工尺寸、标注景观亭引线注释等。

📖 **学习重点**

学习景观亭、景观廊台阶、廊柱、楞瓦、攒尖、挑檐等景观亭的绘制方法和技巧，同时掌握景观亭施工尺寸与引线注释的标注。

📖 **主要内容**

- ◆ 绘制景观亭台基与护栏
- ◆ 绘制景观亭立面结构图
- ◆ 绘制住宅楼标准层立面图
- ◆ 绘制景观亭攒尖与挑檐
- ◆ 绘制景观亭楞瓦结构
- ◆ 添加景观亭配镜
- ◆ 标注景观亭施工尺寸
- ◆ 标注景观亭引线注释

▌11.1▐ 园林景观的功能与作用

景观建筑是园林的重要组成部分，是建造在园林和城市绿化地段内供人们游憩或观赏用的建筑物，它与园林山、水、植物等有机结合，是情景交融的结合点。常见的有亭、榭、廊、阁、轩、楼、台、舫、厅堂、亭架、园桥等建筑物。

园林建筑除了营造园林主景的重要功能外，还具备以下几种功能。

- ◆ 观景功能。园林建筑往往位于观赏园林景观的最佳处，便于游人身居其间、赏景怡情。
- ◆ 休憩功能。这类建筑种类繁多。如架、亭、座椅等。
- ◆ 连接景区、构建游览线路。园林建筑在现代园林中还发挥着组织园林景观线路，构建园林观赏路径的作用。在中国园林建筑中，尤以桥和廊的此项功能最具代表。
- ◆ 构造空间功能。此类功能现代园林多采用仿古墙、花墙、回廊，结合实地灵巧建造，以达到和形成"园中园"或"景中景"的效果。此类建筑或小品的使用，往往是为了在此处营造出功能变化所需的独立空间。
- ◆ 导向作用。为了确保游人既能充分享受园林之美，又不至迷失道路和方向，在构筑美景的同时起到"指南针"的作用。如：高山之巅的宝塔。
- ◆ 娱乐功能。为了满足游人日益丰富的精神需求，现代园林中出现了越来越多的具有娱乐功能的设施和建筑。如石舫、大戏楼等。
- ◆ 教育、学习、纪念的功能。如展览馆、科技馆、纪念馆、纪念碑、名人雕塑、历史名人书法绘画作品，历史人物、故事的文化墙等。

- ◆ 管理和基础保障功能。如园林大门、围墙、办公室、治安亭、摄影监控室、喷灌等供水、配电设施等。

▌11.2▐ 上机实训

11.2.1 【实训1】绘制景观亭施工图

1. 实训目的

亭在园林景观中往往是个"亮点"，起到画龙点睛的作用，它可以很自然地跟园林中的各种元素配合成为独特和别致的景色。由于亭是园林的点睛之物，因此一般多设在园林视线交接处。

本实训要求绘制景观亭施工图，通过本例的操作，掌握景观建筑的绘制方法和技巧，具体实训目的如下。

- ◆ 掌握景观亭台基与护栏的绘制技能。
- ◆ 掌握景观亭立面结构的绘制技能。
- ◆ 掌握景观亭攒尖与挑檐的绘制技能。
- ◆ 掌握景观亭楞瓦的绘制

2. 实训要求

打开"\样板文件\建筑样板.dwt"文件，使用【直线】、【矩形】、【偏移】、【修剪】等命令绘制景观亭建筑施工图，其绘制结果如图 11-1 所示。

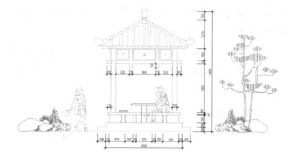

图 11-1 实例效果

具体要求如下。

（1）启动 AutoCAD 程序，打开"\样板文件\建筑样板.dwt"文件。

（2）使用【直线】命令绘制景观亭台基与护栏。

（3）使用【构造线】、【圆角】、【修剪】等命令绘制景观亭攒尖与挑檐。

（4）使用【阵列】、【修剪】等命令绘制楞瓦。

（5）使用【插入】命令插入景观亭配镜。

（6）将绘制的底层立面图文件进行保存。

3. 完成实训

效果文件：	效果文件\第11章\"绘制景观亭.dwg"
视频文件：	视频文件\第11章\"绘制景观亭.avi"

【任务1】绘制景观亭台基与护栏。

Step 1 执行【新建】命令，以"\样板文件\建筑样板.dwt"作为基础样板，新建空白文件。

Step 2 执行菜单栏中的【格式】/【图形界限】命令，重新设置绘图区域。命令行操作如下。

命令：'_limits
重新设置模型空间界限：
指定左下角点或[开(ON)/关(OFF)]<0.0,0.0>： // Enter
指定右上角点<59400.0,29700.0>：//7500,6000 Enter

Step 3 使用快捷键"Z"激活【缩放】命令，将图形界限全部最大化显示。

Step 4 展开【图层控制】下拉列表，并将"轮廓线"设为当前操作层。

Step 5 执行菜单栏中的【绘图】/【矩形】命令，绘制长度为3000、宽度为330的矩形作为亭子的台基，如图11-2所示。

Step 6 执行菜单栏中的【绘图】/【直线】命令，配合坐标输入功能绘制坐椅轮廓线。命令行操作如下。

命令：_line
指定第一点： //激活【捕捉自】功能
_from 基点： //捕捉矩形的左上角点
<偏移>： //@130,0 Enter
指定下一点或[放弃(U)]：//@280<90 Enter

指定下一点或[放弃(U)]：//@-20,0 Enter
指定下一点或[闭合(C)/放弃(U)]：//@40<90 Enter
指定下一点或[闭合(C)/放弃(U)]：//@-40,0 Enter
指定下一点或[闭合(C)/放弃(U)]：//@60<90 Enter
指定下一点或[闭合(C)/放弃(U)]：//@2860,0 Enter
指定下一点或[闭合(C)/放弃(U)]：//@60<-90 Enter
指定下一点或[闭合(C)/放弃(U)]：//@-40,0 Enter
指定下一点或[闭合(C)/放弃(U)]：//@40<-90 Enter
指定下一点或[闭合(C)/放弃(U)]：//@-20,0 Enter
指定下一点或[闭合(C)/放弃(U)]：//@280<-90 Enter
指定下一点或[闭合(C)/放弃(U)]：//Enter，绘制结果如图11-3所示

图11-2 绘制台基

图11-3 绘制结果

Step 7 使用快捷键"J"激活【合并】命令，对内部的水平线段进行合并，结果如图11-4所示。

图11-4 合并图线

Step 8 使用快捷键 "O" 激活【偏移】命令，将两侧的垂直图线 1 和 2 向内偏移 640、940 和 1060 个单位，结果如图 11-5 所示。

所示。

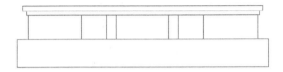

图 11-5 偏移结果

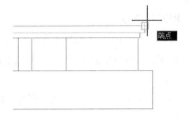

图 11-7 捕捉端点

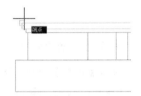

图 11-6 捕捉端点

【任务 2】绘制景观亭立面结构。

Step 1 继续任务 1 的操作。

Step 2 执行菜单栏中的【绘图】/【矩形】命令，配合【捕捉自】功能绘制两侧的柱子结构。命令行操作如下。

命令: _rectang

指定第一个角点或[倒角(C)/标高(E)/圆角(F)/厚度(T)/宽度(W)]: //激活【捕捉自】功能

_from 基点: //捕捉图 11-6 所示的端点

<偏移>: //@130,0 Enter

指定另一个角点或[面积(A)/尺寸(D)/旋转(R)]: //@200,2400 Enter

命令:

RECTANG

指定第一个角点或[倒角(C)/标高(E)/圆角(F)/厚度(T)/宽度(W)]: //激活【捕捉自】功能

_from 基点: //捕捉图 11-7 所示的端点

<偏移>: //@-130,0 Enter

指定另一个角点或[面积(A)/尺寸(D)/旋转(R)]: //@-200,2400 Enter, 结果如图 11-8

图 11-8 绘制结果

Step 3 重复执行【矩形】命令，配合【捕捉自】功能继续绘制内部矩形结构。命令行操作如下。

命令: _rectang

指定第一个角点或[倒角(C)/标高(E)/圆角(F)/厚度(T)/宽度(W)]: //激活【捕捉自】功能

_from 基点: //捕捉左侧柱子的左上角端点

<偏移>: //@-150,-450 Enter

指定另一个角点或[面积(A)/尺寸(D)/旋转(R)]: //@2900,-120 Enter

命令:

RECTANG

指定第一个角点或[倒角(C)/标高(E)/圆角(F)/厚度(T)/宽度(W)]: //激活【捕捉自】功能

_from 基点: //捕捉刚绘制的矩形左上角端点

<偏移>: //@880,450 Enter

指定另一个角点或[面积(A)/尺寸(D)/旋

转(R)]: //@120,-720 Enter

命令:

RECTANG

指定第一个角点或[倒角(C)/标高(E)/圆角(F)/厚度(T)/宽度(W)]: //激活【捕捉自】功能

_from 基点: //捕捉图 11-9 所示的端点

<偏移>: //@-880,450 Enter

指定另一个角点或[面积(A)/尺寸(D)/旋转(R)]: //@-120,-720 Enter，结果如图 11-10 所示。

图 11-9 捕捉端点

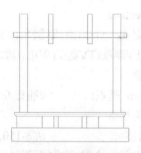

图 11-10 绘制结果

Step 4 执行【直线】命令，配合延伸捕捉功能绘制长度为 3270 的水平轮廓线，如图 11-11 所示。

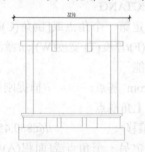

图 11-11 绘制结果

Step 5 执行菜单栏中的【修改】/【修剪】命令，对刚绘制的矩形结构进行修剪编辑，结果如图 11-12 所示。

图 11-12 修剪结果

Step 6 执行【矩形】命令，配合【捕捉自】功能继续绘制内部矩形结构。命令行操作如下。

命令: _rectang

指定第一个角点或[倒角(C)/标高(E)/圆角(F)/厚度(T)/宽度(W)]: //激活【捕捉自】功能

_from 基点: //捕捉图 11-13 所示的端点

<偏移>: //@40,0 Enter

指定另一个角点或[面积(A)/尺寸(D)/旋转(R)]: //@120,120 Enter

命令:

RECTANG

指定第一个角点或[倒角(C)/标高(E)/圆角(F)/厚度(T)/宽度(W)]:

_from 基点: //捕捉图 11-14 所示的端点

<偏移>: //@40,0 Enter

指定另一个角点或[面积(A)/尺寸(D)/旋转(R)]: //@120,120 Enter，结果如图 11-15 所示。

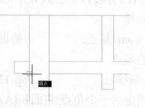

图 11-13 捕捉端点

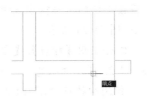

图 11-14　捕捉端点

图 11-15　绘制结果

Step 7　使用快捷键"BO"激活【边界】命令，分别在图 11-16 所示的 1、2、3 这 3 个区域拾取点，创建图 11-17 所示的 3 条闭合多段线边界。

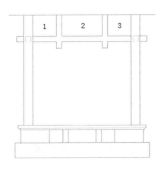

图 11-16　指定区域

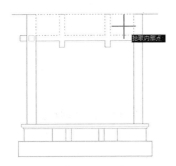

图 11-17　创建边界

Step 8　使用快捷键"O"激活【偏移】命令，分别将 3 条闭合多段线边界向内偏移 40 个单位，结果如图 11-18 所示。

Step 9　使用快捷键"L"激活【直线】命令，配合平行线捕捉功能，绘制图 11-19 所示的玻璃示意线。

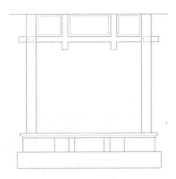

图 11-18　偏移结果

图 11-19　绘制结果

Step 10　使用快捷键"XL"激活【构造线】命令，配合捕捉追踪功能，绘制图 11-20 所示的两条构造线。

Step 11　使用快捷键"O"激活【偏移】命令，将水平构造线向下偏移 100 和 824 个单位，将垂直构造线向左偏移 100 和 1748 个单位，结果如图 11-21 所示。

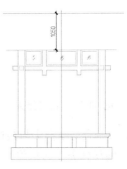

图 11-20　绘制结果

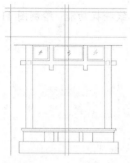

图 11-21　偏移结果

Step 12　接下来综合使用【修剪】和【直线】命令，将构造线编辑成图 11-22 所示的状态。

Step 13　删除左侧的垂直构线和水平构造线，然后将编辑后的亭顶轮廓线进行镜像，结果如图 11-23 所示。

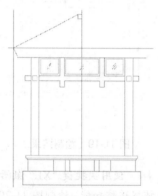

图 11-22　编辑结果

图 11-23　镜像结果

【任务 3】绘制景观亭攒尖与挑檐。

Step 1　继续任务 2 的操作。

Step 2　绘制攒尖。将垂直构造线对称偏移

88 个单位，将最上侧的水平轮廓线向个偏移 335 个单位，结果如图 11-24 所示。

Step 3　综合使用【修剪】、【圆角】命令将图线编辑成图 11-25 所示的状态。

Step 4　使用快捷键 "L" 激活【直线】命令，绘制攒尖内部的水平示意线，如图 11-26 所示。

Step 5　绘制挑檐。执行【偏移】命令，将垂直构造线向左偏移 1952 和 1850 个单位，结果如图 11-27 所示。

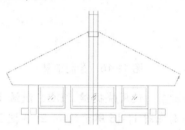

图 11-24　偏移结果

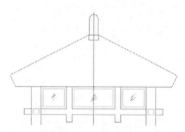

图 11-25　编辑结果

图 11-26　绘制结果

图 11-27　偏移结果

Step 6　执行菜单栏中的【绘图】/【构造线】命令，使用"偏移"功能绘制两条水平构造线。命令行操作如下。

命令: _xline

　　定点或[水平(H)/垂直(V)/角度(A)/二等分(B)/偏移(O)]: //o Enter

　　指定偏移距离或[通过(T)] <1850.0>: //400 Enter

　　选择直线对象: //选择图 11-28 所示的水平轮廓线

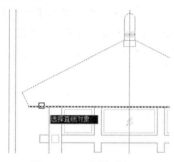

图 11-28　选择对象

　　指定向哪侧偏移: //在所选轮廓线的上侧拾取点

　　选择直线对象: // Enter

命令:

　　XLINE

　　指定点或[水平(H)/垂直(V)/角度(A)/二等分(B)/偏移(O)]: //o Enter

　　指定偏移距离或[通过(T)] <400.0>: //268 Enter

　　选择直线对象: //选择图 11-28 所示的水平轮廓线

　　指定向哪侧偏移: //在所选轮廓线的上侧拾取点

　　选择直线对象: // Enter，结果如图 11-29 所示。

Step 7　执行菜单栏中的【绘图】/【直线】命令,配合交点捕捉功能绘制图 11-30 所示的倾斜轮廓线。

Step 8　执行菜单栏中的【绘图】/【圆弧】/【起点、端点、半径】命令，绘制弧形挑

檐。命令行操作如下。

图 11-29　绘制结果

命令: _arc

　　指定圆弧的起点或[圆心(C)]: //捕捉刚绘制的倾斜轮廓线上侧端点

　　指定圆弧的第二个点或[圆心(C)/端点(E)]: _e

　　指定圆弧的端点: //@280,-85 Enter

　　指定圆弧的圆心或[角度(A)/方向(D)/半径(R)]: _r 指定圆弧的半径: //380

命令: _arc

　　指定圆弧的起点或[圆心(C)]: //捕捉刚绘制的倾斜轮廓线下侧端点

　　指定圆弧的第二个点或[圆心(C)/端点(E)]: _e

　　指定圆弧的端点: //@270,-174 Enter

　　指定圆弧的圆心或[角度(A)/方向(D)/半径(R)]: _r 指定圆弧的半径: //357 Enter，结果如图 11-31 所示

Step 9　删除构造线，然后执行【镜像】命令，将绘制的挑檐轮廓线进行镜像，结果如图 11-32 所示。

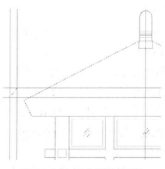

图 11-30　绘制倾斜图线

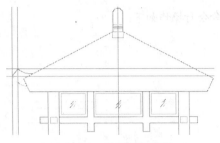

图 11-31　绘制弧形挑檐

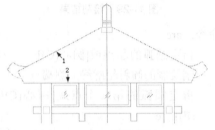

图 11-32　镜像结果

Step 10　执行菜单栏中的【修改】/【偏移】命令，将轮廓线 1 向下偏移 75 和 100 个单位，将轮廓线 2 向个偏移 92 个单位，结果如图 11-33 所示。

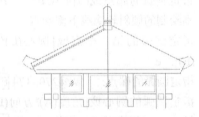

图 11-33　偏移结果

【任务 4】绘制景观亭楞瓦。

Step 1　继续任务 3 的操作。

Step 2　绘制瓦结构。使用快捷键 "AR" 激活【阵列】命令，对垂直构造线进行阵列，命令行操作如下。

命令: ar　　　　　　　　// Enter

　　ARRAY

　　选择对象:　　　　//选择垂直构造线

　　选择对象:　　　　// Enter

　　输入阵列类型[矩形(R)/路径(PA)/极轴(PO)] <矩形>:　　// r Enter

　　类型 = 矩形　关联 = 是

　　为项目数指定对角点或[基点(B)/角度

(A)/计数(C)] <计数>:　　　　//c Enter

　　输入行数或[表达式(E)] <4>:　//1 nter

　　输入列数或[表达式(E)] <4>:　//9 Enter

　　指定对角点以间隔项目或[间距(S)] <间距>:　　　　　　　　//s Enter

　　指定列之间的距离或 [表达式 (E)] <1031.6399>:　　　　　//-200 Enter

　　按 Enter 键接受或[关联(AS)/基点(B)/行(R)/列(C)/层(L)/退出(X)] <退出>: // Enter，结果如图 11-34 所示

Step 3　执行菜单栏中的【格式】/【多线样式】命令，设置多线样式参数，如图 11-35 所示，其预览效果如图 11-36 所示，并将此样式设置为当前样式。

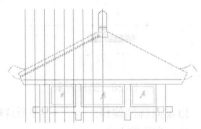

图 11-34　阵列结果

图 11-35　设置新样式

图 11-36　新样式的预览效果

图 11-37　设置当前颜色

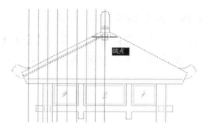

图 11-38　捕捉端点

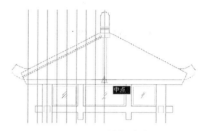

图 11-39　捕捉中点

Step 4　执行菜单栏中的【格式】/【颜色】命令，将当前颜色设置为 141 号色，如图 11-37 所示。

Step 5　执行菜单栏中的【绘图】/【多线】命令，配合端点和中点捕捉功能绘制亭瓦轮廓线。命令行操作如下。

命令：_mline

　　当前设置：对正 = 上，比例 = 20.00，样式 = 瓦

　　指定起点或[对正(J)/比例(S)/样式(ST)]：//s Enter

　　输入多线比例 <20.00>：　　　//70，设置多线比例

　　当前设置：对正 = 上，比例 = 70.00，样式 = 瓦

　　指定起点或[对正(J)/比例(S)/样式(ST)]：//j Enter

　　输入对正类型[上(T)/无(Z)/下(B)] <上>：//z Enter

　　当前设置：对正 = 无，比例 = 70.00，样式 = 瓦

　　指定起点或[对正(J)/比例(S)/样式(ST)]：//捕捉图 11-38 所示的端点

　　指定下一点：　　　　　　//捕捉图 11-39 所示的中点

　　指定下一点或[放弃(U)]：//Enter，结果如图 11-40 所示

Step 6　重复执行【多线】命令，按照当前的参数设置，配合交点捕捉功能，分别绘制其他位置的亭瓦轮廓线，结果如图 11-41 所示。

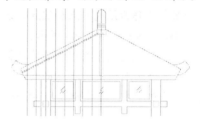

图 11-40　绘制结果

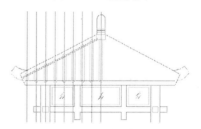

图 11-41　绘制其他瓦结构

　　小技巧：在绘制亭类立面图时，亭顶的绘制是关键，也是难点，在此通过巧妙设置多线样式，使用【多线】命令快速绘制出主体轮廓，具有一定的技巧性和代表性。

Step 7　将绘制的多线分解，然后综合【修剪】和【删除】命令，对图形进行编辑完善，删

除多余图线，结果如图 11-42 所示。

Step 8 使用快捷键 "J" 激活【合并】命令，分别将下侧的半圆合并为整圆，结果如图 11-43 所示。

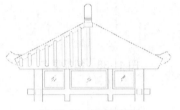

图 11-42 编辑结果

图 11-43 合并结果

Step 9 执行菜单栏中的【绘图】/【圆弧】/【起点、端点、半径】命令，以图 11-43 所示的端点 1 和端点 2 作为弧的起点和端点，绘制半径为 101 的圆弧，结果如图 11-44 所示。

Step 10 执行菜单栏中的【修改】/【复制】命令，配合端点捕捉功能，将刚绘制的圆弧分别复制到其他位置，结果如图 11-45 所示。

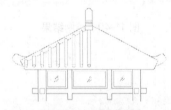

图 11-44 绘制圆弧

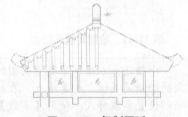

图 11-45 复制圆弧

Step 11 执行菜单栏中的【绘图】/【圆】/【相切、相切、半径】命令，绘制左下侧两圆的相切圆，相切圆半径为 125，结果如图 11-46 所示。

Step 12 执行菜单栏中的【修改】/【偏移】命令，将刚绘制的相切圆向外偏移 30 个绘图单位，结果如图 11-47 所示。

Step 13 综合使用【修剪】和【删除】命令，对圆图形修剪编辑，结果如图 11-48 所示。

Step 14 执行菜单栏中的【修改】/【阵列】/【矩形阵列】命令，对刚编辑出的两条圆弧进行阵列，命令行操作如下。

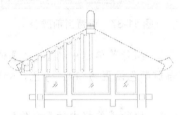

图 11-46 绘制相切圆

图 11-47 偏移相切圆

图 11-48 编辑结果

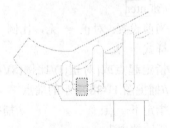

图 11-49 窗交选择

命令：_arrayrect

为项目数指定对角点或[基点(B)/角度

(A)/计数(C)] <计数>:

选择对象:　　　　//框选如图 11-49 所示
的两条圆弧

选择对象:　　　　// Enter

类型 = 矩形　关联 = 是

为项目数指定对角点或[基点(B)/角度
(A)/计数(C)] <计数>:　　　　//c Enter

输入行数或[表达式(E)] <4>:　　//1 Enter

输入列数或[表达式(E)] <4>:　　//8 Enter

指定对角点以间隔项目或[间距(S)] <间
距>:　　　　//s Enter

指定列之间的距离或 [表达式 (E)]
<1031.6399>:　　　　//200 Enter

按 Enter 键接受或[关联(AS)/基点(B)/行(R)/
列(C)/层(L)/退出(X)] <退出>:　// Enter,
结果如图 11-50 所示

Step 15　执行菜单栏中的【修改】／【镜
像】命令，框选图 11-51 所示的图形进行镜像，选
择结果如图 11-52 所示，镜像结果如图 11-53 所示。

Step 16　接下来综合使用【修剪】、【延伸】
等命令对亭顶进行编辑完善，结果如图 11-54 所示。

Step 17　使用快捷键"Z"激活【视图缩放】
功能，调整视图，使图形完全显示，结果如图 11-55
所示。

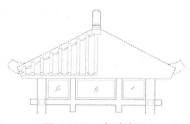

图 11-50　阵列结果

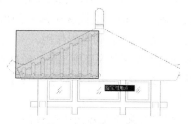

图 11-51　窗口选择

Step 18　使用快捷键"PL"激活【多段线】
命令，配合【正交】或【极轴追踪】功能绘制图
11-56 所示的台阶轮廓线。

图 11-52　选择结果

图 11-53　镜像结果

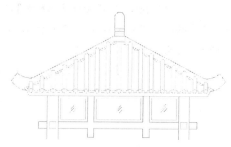

图 11-54　完善结果

图 11-55　调整视图

Step 19　将下侧的台阶分解，然后使用【修
剪】和【延伸】命令进行编辑完善，结果如图 11-57
所示。

图 11-56　绘制结果

图 11-57　完善结果

【任务 5】为景观亭添加配镜。

Step 1　继续任务 4 的操作。

Step 2　使用快捷键 "I" 激活【插入块】命令，采用默认参数插入 "\图块文件\石桌与石凳 01.dwg" 文件，插入点为图 11-58 所示的中点。

Step 3　重复执行【插入块】命令，采用默认参数并插入 "\图块文件\人物 01.dwg" 文件，结果如图 11-59 所示。

图 11-58　定位插入点

图 11-59　插入结果

Step 4　将插入的 "石桌与石凳 01.dwg" 图块分解，然后执行【修剪】命令对其进行完善，结果如图 11-60 所示。

Step 5　重复执行【插入块】命令，采用默认参数，分别插入 "\图块文件\" 目录下的 "人物 11.dwg、石头.dwg\石头 01.dwg 和立面树 01.dwg" 图块，结果如图 11-61 所示。

图 11-60　完善结果

图 11-61　插入结果

Step 6　最后执行【保存】命令，将图形命名并存储为 "绘制景观亭.dwg"。

11.2.2　【实训 2】绘制景观廊施工图

1. 实训目的

景观廊与景观亭都是空间联系和空间分化的一种重要手段，景观廊不仅具有遮风避雨、交通联系的实际功能，而且对园林中风景的展开和观赏程序的层次起着重要的组织作用。

本实训要求绘制景观廊施工图，通过本例的操作，掌握景观廊的绘制方法和技巧，具体实训目的如下。

◆ 掌握景观廊定位线的绘制技能。

◆ 掌握景观廊立面结构的绘制技能。

◆ 掌握景观廊攒楞瓦与配镜的绘制。

2. 实训要求

打开保存的"绘制景观亭.dwg"文件，使用【拉伸】、【镜像】、【偏移】、【修剪】等命令对景观亭进行编辑修改，绘制出景观廊施工图，其结果如图 11-62 所示。

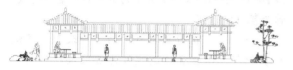

图 11-62　实例效果

具体要求如下。

（1）启动 AutoCAD 程序，打开保存的"绘制景观亭.dwg"文件。

（2）使用【拉伸】命令对景观亭进行拉伸。

（3）使用【镜像】命令对景观亭镜像。

（4）使用【偏移】、【构造线】命令创建景观廊定位轴线。

（5）使用【修剪】、【阵列】等命令绘制完成景观廊施工图。

（6）将绘制结果命名保存。

3. 完成实训

效果文件：	效果文件\第 11 章\ "绘制景观廊.dwg"
视频文件：	视频文件\第 11 章\ "绘制景观廊.avi"

【任务 6】绘制景观廊定位线。

Step 1　打开"\效果文件\第 11 章\绘制景观亭.dwg"文件。

Step 2　执行菜单栏中的【修改】/【拉伸】命令，对亭子立面图进行拉伸。命令行操作如下。

命令: _stretch

以交叉窗口或交叉多边形选择要拉伸的对象…

选择对象:　　　　　//拉出图 11-63 所示的窗交选择框

选择对象:　　　　　// Enter

指定基点或[位移(D)] <位移>:　　//拾取任一点作为基点

指定第二个点或 <使用第一个点作为位移>: //@-13300,0 Enter，拉伸结果如图 11-64 所示

图 11-63　窗交选择

Step 3　执行菜单栏中的【修改】/【镜像】命令，对右侧的景观亭进行镜像，结果如图 11-65 所示。

Step 4　接下来综合使用【分解】、【删除】、【合并】、【延伸】等命令对图形进行完善，结果如图 11-66 所示。

图 11-64　拉伸结果

图 11-65　镜像结果

图 11-66　完善结果

Step 5　单击【修改】工具栏或面板上的 按钮，激活【打断于点】命令，分别捕捉图 11-66 所示的点 A 和点 B，将下侧的水平轮廓线进行打断，打断后的夹点效果如图 11-67 所示。

Step 6　使用快捷键 "M" 激活【移动】命令，将夹点显示的轮廓线向上移动 50 个单位，结果如图 11-68 所示。

Step 7　执行菜单栏中的【绘图】/【构造线】命令，绘制图 11-69 所示的水平和垂直构造线，作为基准定位线。

Step 8　执行菜单栏中的【修改】/【偏移】命令，以垂直构造线作为首次偏移对象，以偏移出的构造线作为下一次偏移对象，创建图 11-70 所示的垂直定位辅助线，其中偏移距离分别为 200、530、120、1500、120、530 和 200。

图 11-67　夹点效果

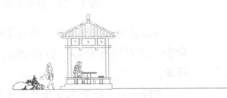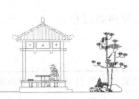

图 11-68　移动结果

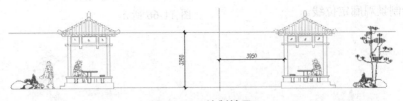

图 11-69　绘制结果

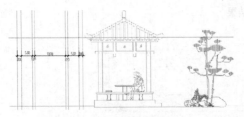

图 11-70　偏移垂直构造线

Step 9　重复执行【偏移】命令，以上侧的水平构造线作为首次偏移对象，以偏移出的构造线作为下一次偏移对象，创建图 11-71 所示的水平定位辅助线，其中偏移距离分别为 900、450、120、150、1260、60 和 40。

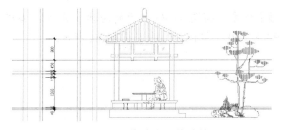

图 11-71　偏移水平构造线

【任务 7】绘制景观廊立面结构。

Step 1　继续任务 6 的操作。

Step 2　执行菜单栏中的【修改】/【修剪】命令，对构造线进行修剪，编辑出景观廊的立面轮廓线，如图 11-72 所示。

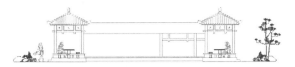

图 11-72　编辑结果

Step 3　使用快捷键 "L" 激活【直线】命令，配合捕捉与追踪功能，绘制图 11-73 所示的垂直轮廓线。

Step 4　使用快捷键 "O" 激活【偏移】命令，以刚绘制的垂直图线作为首次偏移对象，以偏移出的图线作为下一次偏移对象，对垂直图线进行偏移，偏移距离分别为 300、120、1220、120 和 300，偏移结果如图 11-74 所示。

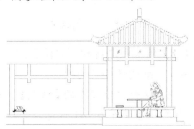

图 11-73　绘制结果

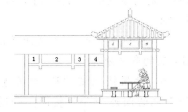

图 11-74　偏移结果

Step 5　使用快捷键 "BO" 激活【边界】命令，分别在图 11-74 所示的 1、2、3、4 4 个区域拾取点，创建图 11-75 所示的 4 个多段线边界。

Step 6　使用快捷键 "O" 激活【偏移】命令，将 4 个多边线边界分别向内偏移 40 个单位，结果如图 11-76 所示。

Step 7　使用快捷键 "CO" 激活【复制】命令，将立面亭中的玻璃示意线复制到立面廊图形中，结果如图 11-77 所示。

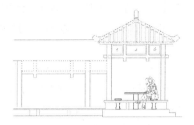

图 11-75　创建边界

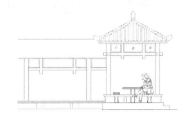

图 11-76　偏移结果

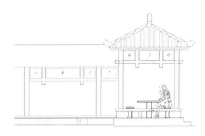

图 11-77　复制结果

图 11-78　选择复制对象

Step 8 重复执行【复制】命令，继续对立面亭中矩形轮廓线进行复制。命令行操作如下。

命令: _copy

选择对象: //选择图 11-78 所示的矩形

选择对象: // Enter

当前设置: 复制模式 = 多个

指定基点或[位移(D)/模式(O)] <位移>:
//捕捉图 11-79 所示的端点

指定第二个点或[阵列(A)] <使用第一个点作为位移>: //捕捉图 11-80 所示的端点

指定第二个点或[阵列(A)/退出(E)/放弃(U)] <退出>: //捕捉图 11-81 所示的端点

指定第二个点或[阵列(A)/退出(E)/放弃(U)] <退出>: // Enter ，结果如图 11-82 所示

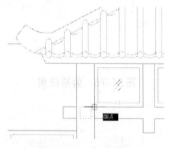

图 11-79 定位基点

图 11-80 定位目标点

Step 9 执行【直线】命令，配合中点捕捉和垂足捕捉功能绘制图 11-83 所示的垂直辅助线。

Step 10 执行菜单栏中的【修改】/【偏移】命令，将图 11-83 所示的轮廓线 A 向上偏移 92 和 800 个单位，结果如图 11-84 所示。

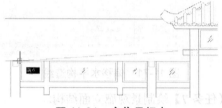

图 11-81 定位目标点

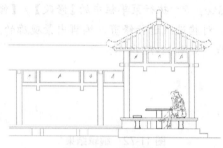

图 11-82 复制结果

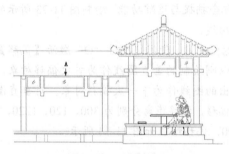

图 11-83 绘制结果

【任务 8】绘制景观廊楞瓦和配景。

Step 1 继续任务 7 的操作。

Step 2 执行菜单栏中的【格式】/【颜色】命令，将当前颜色设置为 141 号色。

Step 3 执行菜单栏中的【绘图】/【多线】命令，按照当前的参数设置，绘制图 11-85 所示的多线作为廊瓦。

Step 4 使用快捷键"X"激活【分解】命令，将刚绘制的多线分解。

Step 5 使用快捷键"J"激活【合并】命令，将下侧的圆弧合并为整圆，如图 11-86 所示。

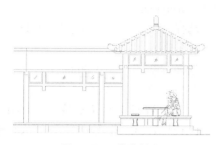

图 11-84 偏移结果

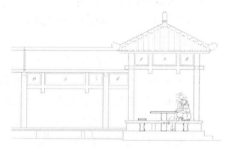

图 11-85 绘制结果

图 11-86 合并结果

Step 6 将水平轮廓线 S 删除,然后执行【起点、端点、半径】命令,绘制弧形轮廓线,命令行操作如下。

命令: _arc
　　指定圆弧的起点或[圆心(C)]: 　　　//捕捉图 11-87 所示的端点
　　指定圆弧的第二个点或[圆心(C)/端点(E)]: _e
　　指定圆弧的端点: 　　//@130,0 Enter
　　指定圆弧的圆心或[角度(A)/方向(D)/半径(R)]: _r 指定圆弧的半径: 　　//86 Enter,结果如图 11-88 所示

图 11-87 捕捉端点

图 11-88 绘制圆弧

Step 7 执行菜单栏中的【修改】/【复制】命令,选择亭子立面图二条弧线,将其复制到廊立面图中,命令行操作如下。

命令: _copy
　　选择对象: 　　　　　　　　　//选择图 11-89 所示的两条圆弧
　　选择对象: 　　　　　　　// Enter
　　当前设置: 复制模式 = 多个
　　指定基点或[位移(D)/模式(O)] <位移>: //捕捉图 11-90 所示的圆心
　　指定第二个点或[阵列(A)] <使用第一个点作为位移>: //捕捉图 11-91 所示的圆心
　　指定第二个点或[阵列(A)/退出(E)/放弃(U)] <退出>: 　　//Enter,结束命令,结果如图 11-92 所示

Step 8 使用快捷键 "E" 激活【删除】命令,将夹点显示图 11-93 所示的垂直图线删除,结果如图 11-94 所示。

Step 9 执行菜单栏中的【修改】/【阵列】/【矩形阵列】命令,框选图 11-95 所示的对象进行阵列,命令行操作如下。

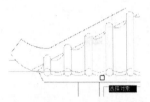

图 11-89　选择结果

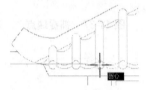

图 11-90　捕捉圆心

图 11-91　捕捉圆心

图 11-92　复制结果

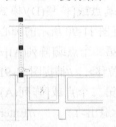

图 11-93　夹点显示

图 11-94　删除结果

命令: _arrayrect

选择对象:　　　　　//框选图 11-95 所示的两条圆弧

选择对象:　　　　// Enter

类型 = 矩形　关联 = 是

为项目数指定对角点或[基点(B)/角度(A)/计数(C)] <计数>:　　　//c Enter

输入行数或[表达式(E)] <4>:　//1 Enter

输入列数或[表达式(E)] <4>:　//20 Enter

指定对角点以间隔项目或[间距(S)] <间距>:　　　　　　　　//s Enter

指定列之间的距离或[表达式(E)] <1031.6399>:　　　　//200 Enter

按 Enter 键接受或[关联(AS)/基点(B)/行(R)/列(C)/层(L)/退出(X)] <退出>: // Enter，结果如图 11-96 所示

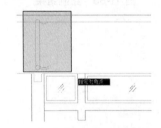

图 11-95　窗口选择

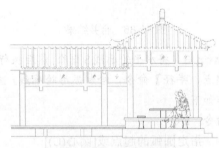

图 11-96　阵列结果

Step 10　综合使用【修剪】和【删除】命令，对亭廊交接位置的图线和上侧的水平图线进行修剪和完善，结果如图 11-97 所示。

Step 11　执行菜单栏中的【修改】／【阵列】／【矩形阵列】命令，框选图 11-98 所示的对象进行阵列，命令行操作如下。

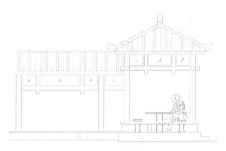

图 11-97　完善结果

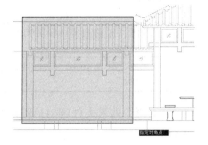

图 11-98　窗口选择

命令: _arrayrect

选择对象:　　　　　　　　　　//框选

图 11-98 所示的两条圆弧

选择对象:　　　　　　　// Enter

类型 = 矩形　关联 = 是

为项目数指定对角点或[基点(B)/角度

(A)/计数(C)] <计数>:　　　//c Enter

输入行数或[表达式(E)] <4>: //1 Enter

输入列数或[表达式(E)] <4>: //3 Enter

指定对角点以间隔项目或[间距(S)] <间

距>:　　　　　　　　//s Enter

指定列之间的距离或 [表 达 式 (E)]

<1031.6399>:　　　　//-3000 Enter

按 Enter 键接受或[关联(AS)/基点(B)/

行 (R)/ 列 (C)/ 层 (L)/ 退 出 (X)] <退出

>: 　//Enter，结果如图 11-99 所示

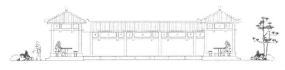

图 11-99　阵列结果

Step 12　执行菜单栏中的【修改】/【镜

像】命令，选择图 11-100 所示的对象进行镜像。

命令行操作如下。

命令: _mirror

选择对象:　　　　　　//选择图 11-100

所示的对象

选择对象:　　　　// Enter

指定镜像线的第一点: //捕捉图 11-101

所示的中点

指定镜像线的第二点: //@0,1 Enter

要删除源对象吗？[是(Y)/否(N)] <N>:

// Enter，结果如图 11-102 所示

Step 13　使用快捷键 "I" 激活【插入块】

命令，采用默认参数插入 "\图块文件\人物02.dwg"

文件，并对其他配景图块进行复制或镜像，结果

如图 11-103 所示。

Step 14　最后执行【另存为】命令，将图

形另命名并存储为 "绘制景观廊.dwg"。

图 11-100　选择对象

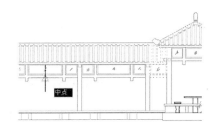

图 11-101　捕捉中点

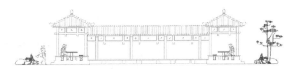

图 11-102　镜像结果

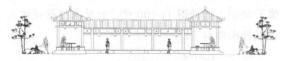

图 11-103　插入结果

11.2.3　【实训3】标准景观施工图施工尺寸

1. 实训目的

本实训要求为绘制的景观亭与景观廊标注施工尺寸，通过本例的操作，掌握景观建筑施工尺寸的标注方法和技巧，具体实训目的如下。

◆ 掌握景观建筑细部尺寸的标注技能。

◆ 掌握景观建筑轴线尺寸的标注技能。

◆ 掌握景观建筑总尺寸的标注技能。

◆ 掌握景观建筑高度尺寸的标注技能。

2. 实训要求

打开保存的"绘制景观廊.dwg"文件，在该建筑施工图上标注出细部尺寸、轴线尺寸、水平总尺寸和高度尺寸等，其标注结果如图 11-104 所示。

具体要求如下。

（1）启动 AutoCAD 程序，打开保存的"绘制景观廊.dwg"文件。

（2）使用【标注样式】命令设置标注样式。

（3）使用【线性】命令标注景观廊细部尺寸。

（4）使用【连续】、【快速标注】命令标注景观廊水平与垂直的轴线尺寸。

（5）使用【线性】命令标注景观廊水平和垂直总尺寸。

（6）使用【编辑标注】命令对标注尺寸进行调整。

（7）将标注结果命名保存。

3. 完成实训

效果文件：	效果文件\第 11 章\"标注亭廊景观图尺寸.dwg"
视频文件：	视频文件\第 10 章\"标注亭廊景观图尺寸.avi"

Step 1　打开"\效果文件\第 11 章\绘制景观廊.dwg"文件。

Step 2　使用快捷键"D"激活【标注样式】命令，将"建筑标注"设置为当前标注样式，同时修改标注比例为 40。

Step 3　展开【图层控制】下拉列表，将"尺寸层"设为当前层。

Step 4　接下来综合使用【线性】、【连续】命令，标注图 11-105 所示的细部尺寸。

Step 5　执行【编辑标注文字】命令，对重合尺寸的标注文字进行位置协调，结果如图 11-106 所示。

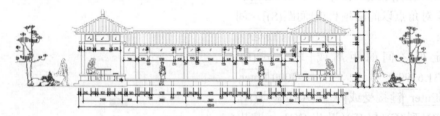

图 11-104　实例效果

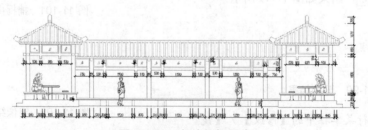

图 11-105　标注细部尺寸

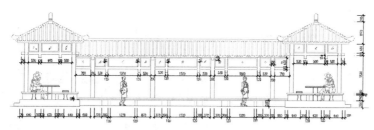

图 11-106　协调结果

Step 6　综合使用【快速标注】、【移动】命令标注立面图的柱间尺寸和高度尺寸，结果如图 11-107 所示。

Step 7　执行夹点编辑中的拉伸功能，对柱间尺寸和层高尺寸进行夹点拉伸，使标注线的原点在同水平位置或垂直位置上，结果如图 11-108 所示。

Step 8　接下来使用【对齐】或【线性】命令标注立面图的总尺寸，结果如图 11-109 所示。

Step 9　最后执行【另存为】命令，将图形另命名并存储为"标注亭廊景观图尺寸.dwg"。

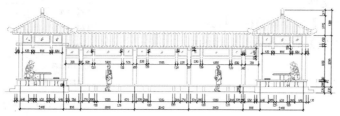

图 11-107　标注结果

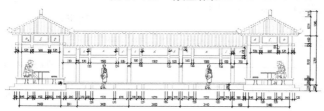

图 11-108　拉伸结果

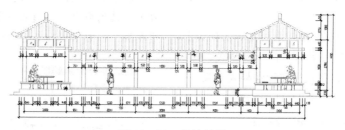

图 11-109　标注结果

11.2.4　【实训 4】标注景观施工图引线注释

1．实训目的

本实训要求标注景观施工图引线注释，通过本例的操作，掌握景观施工图引线注释的标注方法和技巧，具体实训目的如下。

◆　掌握引线标注的设置与应用技能。
◆　掌握景观施工图引线注释的标注技能。

2．实训要求

打开保存的"标注亭廊景观图尺寸.dwg"文件，为该景观图标注引线注释，其标注结果如图 11-110 所示。

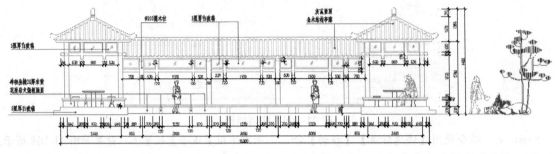

图 11-110　实例效果

具体要求如下。

（1）启动 AutoCAD 程序，打开保存的"标注亭廊景观图尺寸.dwg"文件。

（2）使用【标注样式】命令调整标注样式。

（3）使用【快速引线】命令标注景观廊的引线注释。

（4）将文件命名保存。

3. 完成实训

效果文件：	效果文件\第 11 章\"标注亭廊景观图引线注释.dwg"
视频文件：	视频文件\第 11 章\"标注亭廊景观图引线注释.avi"

Step 1　打开"\效果文件\第 11 章\标注亭廊景观图尺寸.dwg"文件。

Step 2　展开【图层控制】下拉列表，将"文本层"设置为当前图层。

Step 3　使用快捷键"D"激活【标注样式】命令，将"建筑标注"设置为当前标注样式，然后单击 替代(O)... 按钮，替代当前标注样式参数，如图 11-111、图 11-112 和图 11-113 所示。

图 11-111　替代符号和箭头

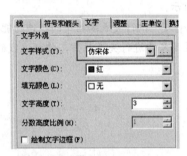

图 11-112　替代文字样式

图 11-113　修改标注比例

Step 4　使用快捷键"LE"激活【快速引线】命令，使用命令中的【设置】选项功能，设置引线参数，如图 11-114 和图 11-115 所示。

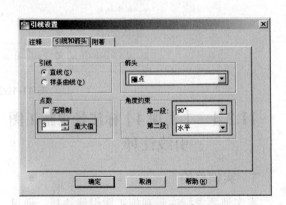

图 11-114　【引线和箭头】选项卡

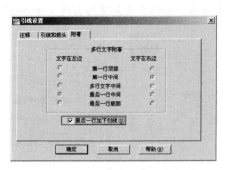

图 11-115 【附着】选项卡

Step 5 接下来继续根据命令行的提示，绘制引线并标注图 11-116 所示的引线注。

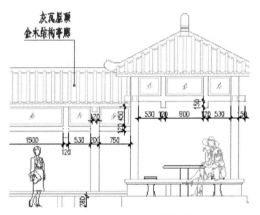

图 11-116 标注引线注释

Step 6 重复执行【快速引线】命令，按照当前的参数设置，标注其他位置的引线注释，结果如图 11-117 所示。

Step 7 重复执行【快速引线】命令，设置引线参数，如图 11-118 所示，然后标注图 11-119 所示的引线注释。

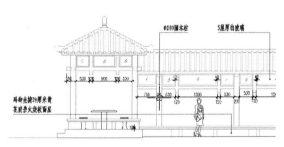

图 11-117 标注其他引线注释

图 11-118 【引线和箭头】选项卡

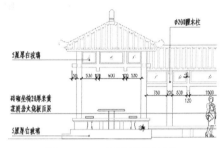

图 11-119 标注引线注释

Step 8 重复执行【快速引线】命令，设置引线参数如图 11-120 和图 11-121 所示，然后绘制图 11-122 所示的引线。

图 11-120 【注释】选项卡

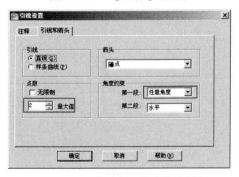

图 11-121 【引线和箭头】选项卡

Step 9 执行【另存为】命令，将图形另命　　名并存储为"标注亭廊景观图引线注释.dwg"。

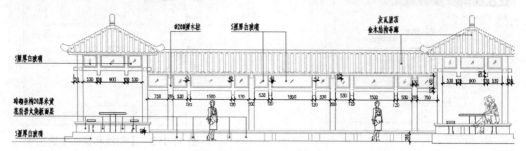

图 11-122　绘制引线

第 **12** 章

CAD 图纸的打印输出

📖 **学习目标**

本章主要介绍有关 CAD 设计图的后期输出的相关知识，具体包括：了解 AutoCAD 两种打印空间、配置打印设备、设置打印样式、设置打印页面、单比例输出 CAD 设计图、多比例输出 CAD 设计图、CAD 设计图与其他设计软件的数据交换等。

📖 **学习重点**

掌握打印设备的配置、打印样式的设置、打印页面的设置，以及单比例输出 CAD 设计图、多比例输出 CAD 设计图。

📖 **主要内容**

- ◆ 配置打印设备
- ◆ 设置打印样式
- ◆ 设置打印页面
- ◆ 单比例输出建筑施工平面图
- ◆ 多比例输出建筑施工立面图
- ◆ AutoCAD 的数据交换

12.1 建筑设计图纸的输出

打印输出是用 AutoCAD 进行建筑设计的最后一个操作环节，也是最关键的一个环节，只有将设计图顺利打印到图纸上，才算真正完成了建筑设计工作。下面学习有关建筑设计图的打印输出知识。

12.1.1 了解打印空间

AutoCAD 为用户提供了两种操作空间，即模型空间和布局空间。模型空间是图形设计的主要操作空间，它与设计图的输出不直接相关，仅属于一个辅助的出图空间，可以打印一些要求比较低的设计图；而布局空间则是设计图打印的主要操作空间，它与打印输出密切相关，用户在此空间内不仅可以打印单个或多个图形，还可以使用单一比例打印、多种比例打印，在调整出图比例和协调图形位置方面比较方便。

12.1.2 配置打印设备

在打印输出 AutoCAD 建筑设计图纸之前，首先需要配置打印设备和图纸尺寸。使用【绘图仪管理器】命令，则可以配置绘图仪设备、定义和修改图纸尺寸等。

执行【绘图仪管理器】命令主要有以下几种方式：

◆ 执行菜单栏中的【文件】/【绘图仪管理器】命令；
◆ 在命令行输入 Plottermanager 后按 Enter 键；
◆ 单击【输出】选项卡/【打印】面板上的 🖶 按钮。

当执行【绘图仪管理器】命令之后，就可以配置打印设备以及图纸尺寸。

1. 配置打印设备

下面通过添加光栅格式的绘图仪打印设备，学习【绘图仪管理器】命令的使用方法和技巧。

【任务1】添加光栅格式的绘图仪打印设备。

Step 1 执行【绘图仪管理器】命令，打开如图 12-1 所示的【Plotters】窗口。

图 12-1 【Plotters】窗口

Step 2 双击【添加绘图仪向导】图标 🖨，打开如图 12-2 所示的【添加绘图仪-简介】对话框。

Step 3 依次单击 下一步(N) > 按钮，打开【添加绘图仪 – 绘图仪型号】对话框，设置绘图仪型号及其生产商，如图 12-3 所示。

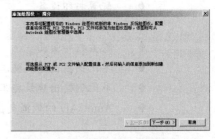

图 12-2 【添加绘图仪-简介】对话框

图 12-3 绘图仪型号

Step 4 依次单击 下一步(N) > 按钮，打开如图 12-4 所示的【添加绘图仪 – 绘图仪名称】对话框，用于为添加的绘图仪命名，在此采用默认设置。

Step 5　单击 下一步(N) > 按钮，打开如图 12-5 所示的【添加绘图仪 – 完成】对话框。

图 12-4　【添加绘图仪 – 绘图仪名称】对话框

图 12-5　完成绘图仪的添加

Step 6　单击 完成(F) 按钮，添加的绘图仪会自动出现在【Plotters】窗口内，如图 12-6 所示。

图 12-6　添加绘图仪

2. 定义图纸尺寸

每一款型号的绘图仪，都自配有相应规格的图纸尺寸，但有时这些图纸尺寸与打印图形很难相匹配，需要用户重新定义图纸尺寸。下面通过具体的实例，学习图纸尺寸的定义过程。

【任务 2】定义图纸尺寸。

Step 1　继续任务 1 的操作。

Step 2　在【Plotters】对话框中，双击上图 12-6 所示的打印机，打开【绘图仪配置编辑器】对话框。

Step 3　在【绘图仪配置编辑器】对话框中展开【设备和文档设置】选项卡，如图 12-7 所示。

Step 4　单击【自定义图纸尺寸】选项，打开【自定义图纸尺寸】选区，如图 12-8 所示。

Step 5　单击 添加(A)... 按钮，此时系统打开如图 12-9 所示的【自定义图纸尺寸 – 开始】对话框，开始自定义图纸的尺寸。

图 12-7　【设备和文档设置】选项卡

图 12-8　打开【自定义图纸尺寸】选区

图 12-9　自定义图纸尺寸

Step 6 单击 下一步(N) > 按钮，打开【自定义图纸尺寸–介质边界】对话框，然后分别设置图纸的宽度、高度以及单位，如图 12-10 所示。

Step 7 依次单击 下一步(N) > 按钮，直至打开如图 12-11 所示的【自定义图纸尺寸–完成】对话框，完成图纸尺寸的自定义过程。

图 12-10 设置图纸尺寸

Step 8 单击 完成(F) 按钮，结果新定义的图纸尺寸自动出现在图纸尺寸选项组中，如图 12-12 所示。

小技巧：如果用户需要将此图纸尺寸进行保存，可以单击 另存为(S) 按钮；如果用户仅在当前使用一次，可以单击 确定 按钮即可。

图 12-11 【自定义图纸尺寸–完成】对话框

图 12-12 图纸尺寸的定义结果

12.1.3 设置打印样式

打印样式用于控制图形的打印效果，修改打印图形的外观。通常一种打印样式只控制输出图形某一方面的打印效果，要让打印样式控制一张图纸的打印效果，就需要有一组打印样式，这些打印样式集合在一块称为打印样式表。

【打印样式管理器】命令就是用于创建和管理打印样式表的工具，执行【打印样式管理器】命令主要有以下几种方式：

◆ 执行菜单栏中的【文件】/【打印样式管理器】命令；

◆ 在命令行输入 Stylesmanager 按 Enter 键。

下面通过添加名为"stb01"颜色相关打印样式表，学习设置打印样式的方法和技巧。

【任务3】添加名为"stb01"颜色相关打印样式表。

Step 1 执行菜单栏中的【文件】/【打印样式管理器】命令，打开如图 12-13 所示的【Plotte】窗口。

图 12-13 【Plotte】窗口

Step 2 双击窗口中的【添加打印样式表向导】图标，打开如图 12-14 所示的【添加打印样式表】对话框。

Step 3 单击 下一步(N) > 按钮，打开如图 12-15 所示的【添加打印样式表-开始】对话框，开始配置打印样式表的操作。

Step 4 单击 下一步(N) > 按钮，打开【添加打印样式表-选择打印样式表】对话框，选择打印样式表的类型，如图 12-16 所示。

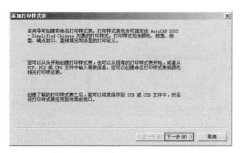

图 12-14　【添加打印样式表】对话框

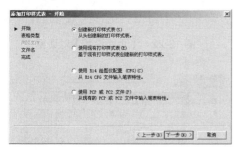

图 12-15　【添加打印样式表-开始】对话框

Step 5 　单击 下一步(N) > 按钮，打开【添加打印样式表-文件名】对话框，为打印样式表命名，如图 12-17 所示。

图 12-16　【添加打印样式表-选择打印样式表】对话框

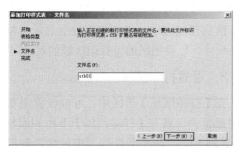

图 12-17　【添加打印样式表-文件名】对话框

Step 6 　单击 下一步(N) > 按钮，打开如图

12-18 所示的【添加打印样式表-完成】对话框，成打印样式表各参数的设置。

Step 7 　单击 完成 按钮，即可添加设置的打印样式表，新建的打印样式表文件图标显示在【Plot Styles】窗口中，如图 12-19 所示。

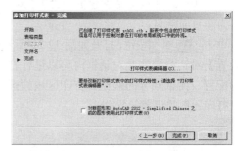

图 12-18　【添加打印样式表-完成】对话框

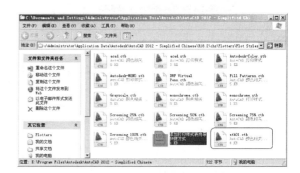

图 12-19　【Plot Styles】窗口

12.1.4　设置打印页面与打印预览

在配置好打印设备后，下一步就是设置图形的打印页面。使用 AutoCAD 提供的【页面设置管理器】命令，用户可以非常方便地设置和管理图形的打印页面参数。

执行【页面设置管理器】命令主要有以下几种方式：

◆ 执行菜单栏中的【文件】/【页面设置管理器】命令；

◆ 在模型或布局标签上单击鼠标右键，选择【页面设置管理器】命令；

◆ 在命令行输入 Pagesetup 后按 Enter 键；

◆ 单击【输出】选项卡/【打印】面板上的

按钮。

执行【页面设置管理器】命令后，系统打开如图 12-20 所示的【页面设置管理器】对话框，此对话框主要用于设置、修改和管理当前的页面设置。在【页面设置管理器】对话框中单击 新建(N)... 按钮，可弹出如图 12-21【新建页面设置】对话框，用于为新页面赋名。

单击 确定(O) 按钮，打开如图 12-22 所示【页面设置】对话框，在此对话框内可以进行打印设备的配置、图纸尺寸的匹配、打印区域的选择，以及打印比例的调整等操作。

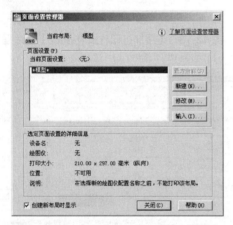

图 12-20　【页面设置管理器】对话框

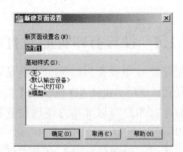

图 12-21　【新建页面设置】对话框

1. 选择打印设备

在【打印机/绘图仪】选区中，主要用于配置绘图仪设备，单击【名称】下拉列表，在展开的下拉列表框中选择 Windows 系统打印机或 AutoCAD 内部打印机（".pc3" 文件）作为输出设备，如图 12-23 所示。

图 12-22　【页面设置】对话框

图 12-23　【打印机/绘图仪】选项组

如果用户在此选择了 ".pc3" 文件打印设备，AutoCAD 则会创建出电子图纸，即将图形输出并存储为 Web 上可用的 ".dwf" 格式的文件。AutoCAD 提供了两类用于创建 ".dwf" 文件的 ".pc3" 文件，分别是"ePlot.pc3"和"eView.pc3"。前者生成的".dwf"文件较适合于打印，后者生成的文件则适合于观察。

2. 选择图纸幅面

【图纸尺寸】下拉列表用于配置图纸幅面，展开此下拉列表，在此下拉列表框内包含了选定打印设备可用的标准图纸尺寸。

当选择了某种幅面的图纸时，该列表右上角则出现所选图纸及实际打印范围的预览图像，将光标移到预览区中，光标位置处会显示出精确的图纸尺寸，以及图纸的可打印区域的尺寸。

3. 设置打印区域

在【打印区域】选区中，可以设置需要输出的图形范围。展开【打印范围】下拉列表框，如图 12-24 所示，在此下拉列表中包含 3 种打印区域的设置方式，具体有"显示"、"窗口"、"图形界限"等。

4．设置打印比例

在图 12-25 所示的【打印比例】选区中，可以设置图形的打印比例。其中，【布满图纸】复选项仅能适用于模型空间中的打印，当勾选该复选项后，AutoCAD 将缩放自动调整图形，与打印区域和选定的图纸等相匹配，使图形取最佳位置和比例。

5．【着色视口选项】选区

在【着色视口选项】选区中，可以将需要打印的三维模型设置为着色、线框或以渲染图的方式进行输出，如图 12-26 所示。

图 12-24　打印范围

图 12-25　【打印比例】选项组

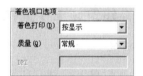

图 12-26　着色视口选项

6．调整出图方向与位置

在图 12-27 所示的【图形方向】选区中，可以调整图形在图纸上的打印方向。在右侧的图纸图标中，图标代表图纸的放置方向，图标中的字母 A 代表图形在图纸上的打印方向。共有"纵向"、"横向"和"上下颠倒打印"3 种打印方向。

在图 12-28 所示的选项组中，可以设置图形在图纸上的打印位置。默认设置下，AutoCAD 从图纸左下角打印图形。打印原点处在图纸左下角，坐标是（0,0），用户可以在此选项组中，重新设定新的打印原点，这样图形在图纸上将沿 x 轴和 y 轴移动。

图 12-27　调整出图方向

图 12-28　打印偏移

7．预览与打印图形

【打印】命令主要用于打印或预览当前已设置好的页面布局，也可直接使用此命令设置图形的打印布局。执行【打印】命令主要有以下几种方式：

- ◆　执行菜单栏中的【文件】/【打印】命令；
- ◆　单击【标准】工具栏或【打印】面板上的 🖨 按钮；
- ◆　在命令行输入 Plot 后按 Enter 键；
- ◆　按快捷键 Ctrl+P；
- ◆　在【模型】选项卡或【布局】选项卡上单击鼠标右键，选择【打印】选项。

激活【打印】命令后，可打开如图 12-29 所示的【打印】对话框。在此对话框中，具备【页面设置管理器】对话框中的参数设置功能，用户不仅可以按照已设置好的打印页面进行预览和打印图形，还可以在对话框中重新设置、修改图形的打印参数。

单击 预览(P)... 按钮，可以提前预览图形的打印结果，单击 确定 按钮，即可对当前的页面设置进行打印。

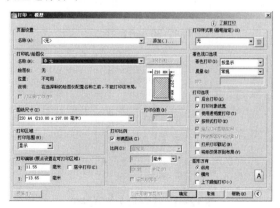

图 12-29　【打印】对话框

小技巧：另外，执行菜单栏中的【文件】/【打印预览】命令，或单击【标准】工具栏或【打印】面板上的 按钮，激活【打印预览】命令，也可以对设置好的页面进行预览和打印。

12.1.5　新建与分割视口

视口不仅是用于绘制图形、显示图形的区域，同时也用于快速打印图形。默认设置下 AutoCAD 将整个绘图区作为一个视口，但在实际的图形设计过程中，有时需要从各个不同视点上观察模型的不同部分，为此 AutoCAD 为用户提供了视口的分割功能，通过该功能可以将默认的一个视口分割成多个视口，如图 12-30 所示，这样，用户可以从不同的方向观察三维模型的不同部分。

视口的分割与合并操作有以下几种方式：

◆ 执行【视图】/【视口】级联菜单中的相关命令，即可以将当前视口分割为两个、三个或多个视口，如图 12-31 所示。

◆ 单击【视口】工具栏或面板中的各按钮。

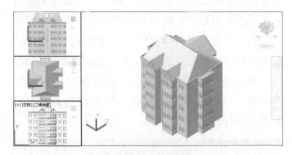

图 12-30　分割视口

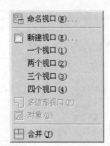

图 12-31　【视口】级联菜单

另外，执行菜单栏中的【视图】/【视口】/【新建视口】命令，或在命令行输入 Vports 后按 Enter 键，可打开如图 12-32 所示的【视口】对话框，在此对话框中可以直观地选择视口的分割方式，以方便分割视口。

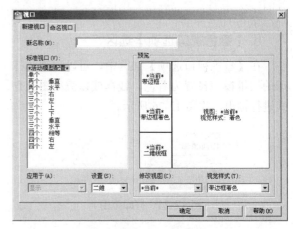

图 12-32　【视口】对话框

12.2　上机实训

12.2.1　【实训1】单一比例打印输出建筑施工平面图

1. 实训目的

本实训要求以单一比例打印输出建筑施工平面图，通过本例的操作，熟练掌握以单一比例打印输出建筑设计图纸的技能，具体实训目的如下。

◆ 掌握分割视口的技能。

◆ 掌握视口的调整技能。

◆ 掌握在布局空间快速打印图形的技能。

2. 实训要求

打开要打印的建筑施工平面图，进入布局空间，使用【多边形视口】命令添加要打印的图形，然后使用【多行文字】命令在图框填充图名与打印比例，最后执行【打印】命令快速打印建筑施工平面图，其结果如图 12-33 所示。

具体要求如下。

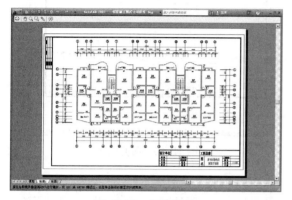

图 12-33　打印效果

（1）启动 AutoCAD 程序，并打开建筑施工平面图文件。

（2）使用【多边形视口】命令向布局空间添加打印的图形。

（3）使用【多行文字】命令填充图名与打印比例。

（4）使用【打印】命令快速打印建筑施工平面图。

（5）将打印结果命名保存。

3. 完成实训

效果文件：	效果文件\第 12 章\"单比例打印建筑施工图.dwg"
视频文件：	视频文件\第 12 章\"单比例打印建筑施工图.avi"

Step 1　打开"\效果文件\第 9 章\标注施工图尺寸与序号.dwg"文件。

Step 2　单击绘图区 布局1 标签，进入"布局 1"空间，如图 12-34 所示。

Step 3　执行菜单栏中的【视图】/【视口】/【多边形视口】命令，分别捕捉图框内边框的角点，创建多边形视口，将平面图从模型空间添加到布局空间，如图 12-35 所示。

Step 4　单击状态栏中的 图纸 按钮，激活刚创建的视口，然后打开【视口】工具栏，调整比例如图 12-36 所示。

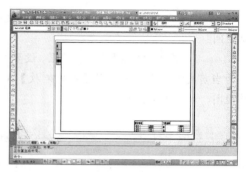

图 12-34　进入布局空间

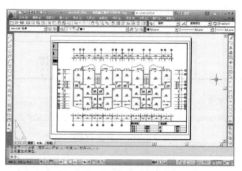

图 12-35　创建多边形视口

Step 5　使用【实时平移】工具调整图形的出图位置，结果如图 12-37 所示。

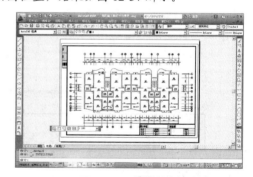

图 12-36　调整比例

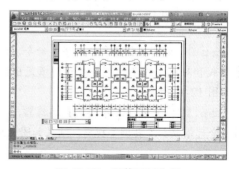

图 12-37　调整图形位置

Step 6 单击状态栏中的 模型 按钮返回图纸空间。

Step 7 设置"文本层"为当前层，设置"宋体"为当前文字样式，并使用【窗口缩放】工具调整视图，如图 12-38 所示。

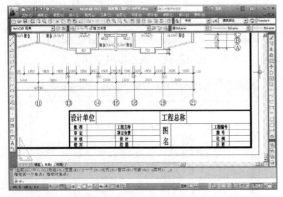

图 12-38　调整视图

Step 8 使用快捷键"T"激活【多行文字】命令，设置字高为 6、对正方式为正中对正，为标题栏填充图名，如图 12-39 所示。

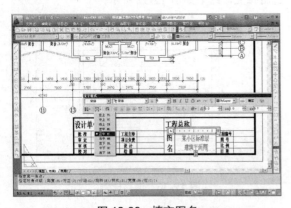

图 12-39　填充图名

Step 9 重复执行【多行文字】命令，设置文字样式和对正方式不变，为标题栏填充出图比例，如图 12-40 所示。

Step 10 关闭【文字格式】编辑器，然后使用【全部缩放】工具调整视图，结果如图 12-41 所示。

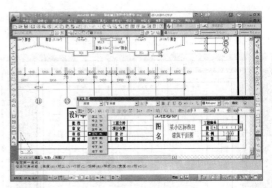

图 12-40　填充比例

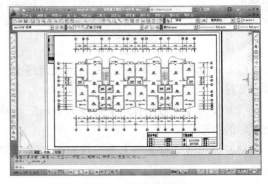

图 12-41　调整视图

小技巧：如果状态栏上没有显示出 图纸 按钮，可以从状态栏上的右键菜单中选择【图纸】/【模型】选项。

Step 11 执行【打印】命令，对施工图进行打印预览，效果如图 12-33 所示。

Step 12 返回【打印-布局1】对话框，单击 确定 按钮，在【浏览打印文件】对话框内设置打印文件的保存路径及文件名，如图 12-42 所示。

图 12-42　设置文件名及路径

Step 13　单击 保存... 按钮，可将此平面图输出到相应图纸上。

Step 14　最后执行【另存为】命令，将图形另命名并存储为"单比例打印建筑施工图.dwg"。

12.2.2　【实训2】以多种比例打印输出建筑施工立面图

1. 实训目的

本实训要求以多种比例打印输出建筑施工立面图，通过本例的操作，熟练掌握以多种比例打印输出建筑设计图纸的技能，具体实训目的如下。

- ◆ 掌握分割视口的技能。
- ◆ 掌握转换视口的技能。

- ◆ 掌握调整视口的技能。
- ◆ 掌握在布局空间以多比例快速打印图形的技能。

2. 实训要求

打开要打印的建筑施工立面图，进入布局空间，使用【多边形视口】命令添加要打印的图形，然调整视图比例，使用【圆】、【矩形】命令绘制圆和矩形，使用【对象】命令将圆和矩形转换为视口，并添加打印图形、调整比例、填充图名等，最后执行【打印】命令，以多种比例打印输出建筑施工立面图，其结果如图 12-43 所示。

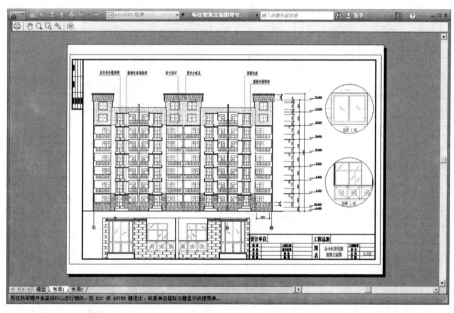

图 12-43　打印效果

具体要求如下。

（1）启动 AutoCAD 程序，并打开建筑施工立面图文件。

（2）使用【多边形视口】命令向布局空间添加打印的图形。

（3）绘制圆和矩形图形，并将其转换为视口，并向视口内添加图形。

（4）分别调整各视口的打印比例，然后使用【多行文字】命令填充图名与打印比例。

（5）使用【打印】命令快速打印建筑施工立面图。

（6）将打印结果命名保存。

3. 完成实训

效果文件：	效果文件\第 12 章\"多比例打印建筑施工图.dwg"
视频文件：	视频文件\第 7 章\"多比例打印建筑施工图.dwg"

Step 1 打开"\效果文件\第 10 章\标注建筑立面图符号.dwg"文件。

Step 2 单击绘图区下方的 布局1 标签，进入布局空间。

Step 3 执行菜单栏中的【视图】/【视口】/【多边形视口】命令，分别捕捉内框各角点，创建一个闭合的多边形视口，将平面图形纳入到图纸空间内，如图 12-44 所示。

Step 4 激活刚创建的多边形视口，然后在【视口】工具栏中调整出图比例为 1:120，如图 12-45 所示。

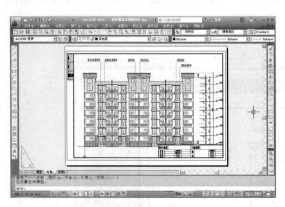

图 12-44 创建多边形视口

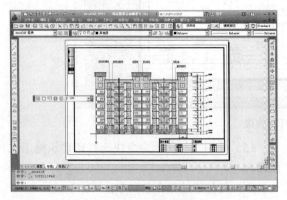

图 12-45 调整出图比例

Step 5 使用【实时平移】工具调整立面图的出图位置，结果如图 12-46 所示。

Step 6 返回图纸空间，然后使用快捷键"C"激活【圆】命令，在右侧空白区域绘制半径

为 45 的两个圆，如图 12-47 所示。

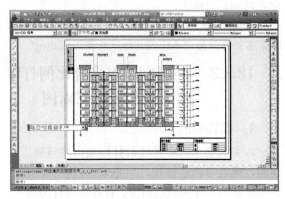

图 12-46 调整位置

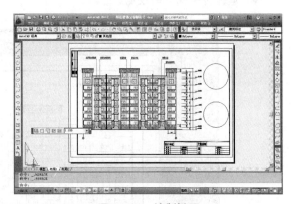

图 12-47 绘制椭圆

Step 7 执行菜单栏中的【视图】/【视口】/【对象】命令，将圆转化为圆形视口，结果如图 12-48 所示。

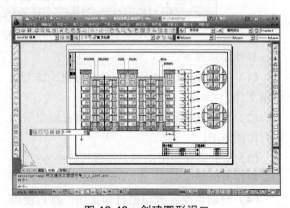

图 12-48 创建圆形视口

Step 8 激活上侧的圆形视口，并将比例调整为 1:30，使用实时平移功能调整图形的位置，结果如图 12-49 所示。

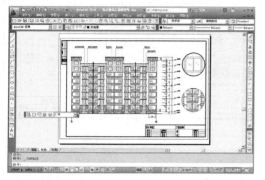

图 12-49　调整视口比例与出图位置

Step 9 激活下侧的圆形视口，然后调整出图比例为 1:30，并使用实时平移功能调整图形的位置，结果如图 12-50 所示。

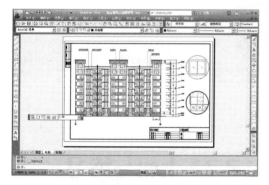

图 12-50　调整视口比例与出图位置

Step 10 返回图纸空间，然后执行【矩形】命令，绘制长度为 275、宽度为 75 的矩形，如图 12-51 所示。

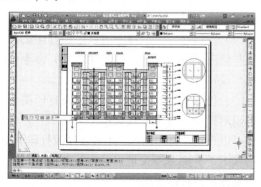

图 12-51　绘制矩形

Step 11 执行菜单栏中的【视图】/【视口】/【对象】命令，将矩形转化为矩形视口，结果如图 12-52 所示。

Step 12 激活矩形视口，然后调整出图比例为 1:40，并使用实时平移功能调整图形位置，结果如图 12-53 所示。

Step 13 返回图纸空间，然后展开【图层控制】下拉列表，设置"文本层"为当前图层。

Step 14 使用快捷键"ST"激活【文字样式】命令，将"宋体"设置为当前文字样式。

Step 15 将标题栏进行窗口缩放，然后使用【多行文字】命令，为标题栏填充图名，如图 12-54 所示。

Step 16 重复执行【多行文字】命令，设置文字样式和对正方式不变，为标题栏填充出图比例，如图 12-55 所示。

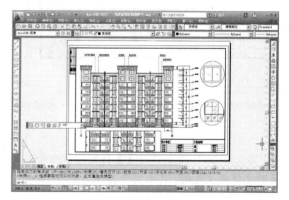

图 12-52　创建矩形视口

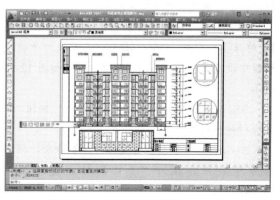

图 12-53　调整视口比例与出图位置

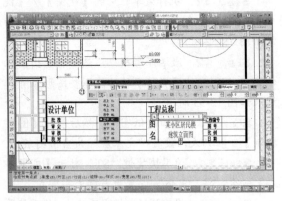

图 12-54　填充图名

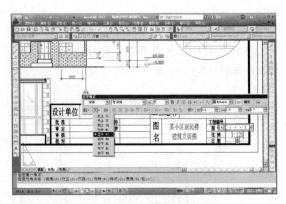

图 12-55　填充比例

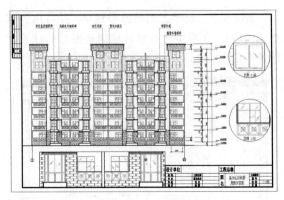

图 12-56　标注结果

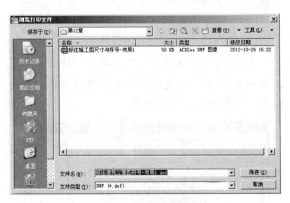

图 12-57　保存打印文件

Step 17 重复执行【多行文字】命令，为圆形视口标注比例，其中文字高度为6，结果如图12-56所示。

Step 18 执行【打印】命令，对图形进行打印预览，效果如图12-43所示。

Step 19 退出预览状态，返回【打印-布局1】对话框，单击 确定 按钮，在系统打开的对话框中设置文件的保存路径及文件名，如图12-57所示。

Step 20 在对话框中单击 保存... 按钮，即可进行精确打印。

Step 21 最后执行【另存为】命令，将图形另命名并存储为"多比例打印建筑施工图.dwg"。

12.3 上机与练习

1. 填空题

（1）AutoCAD为用户提供了两种操作空间，其中，（　　）空间比较适合于出图，（　　）空间比较适合于图形的设计与绘图。

（2）使用（　　）命令可以添加打印设备、定义与修改图纸的尺寸；使用（　　）命令可以管理与设置打印样式。

（3）使用（　　）命令不仅可以打印图形，还可以对图形进行提前预览；使用（　　）命令不仅可以预览和打印图形，还可以修改打印页面；使用（　　）命令不仅可以设置打印页面，还可以预览图形的打印效果。

2. 实训操作题

将"\效果文件\第 7 章\上机操作题.dwg"文件中的图形，以 1:100 的出图比例打印输出到 2 号图纸上，打印效果如图 12-58 所示。

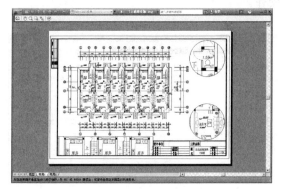

图 12-58　打印效果

12.4 拓展知识

12.4.1 AutoCAD 与 3ds Max 间的数据交换

AutoCAD 精确强大的绘图和建模功能，加上 3ds Max 无与伦比的特效处理及动画制作功能，既克服了 AutoCAD 的动画及材质方面的不足，又弥补了 3ds Max 建模的繁琐与不精确。在这两种软件之间存在着一条数据互换的通道，用户完全可以综合两者的优点来构造模型。

AutoCAD 与 3ds Max 都支持多种图形文件格式，下面学习这两种软件之间进行数据转换时使用到的 3 种文件格式。

◆ DWG 格式

此种格式是一种常用的数据交换格式，即在 3ds Max 中可以直接读入该格式的 AutoCAD 图形，而不需要经过第三种文件格式。使用此种格式进行数据交换，可能为用户提供图形的组织方式（如图层、图块）上的转换，但是此种格式不能转换材质和贴图信息。

◆ DXF 格式

使用【Dxfout】命令将 CAD 图形保存为"Dxf"格式的文件，然后 3ds Max 中也可读入该图形。不过此种格式属于一种文本格式，它是在众多的 CAD 建模程序之间，进行一般数据交换的标准格式。使用此种格式，可以将 AutoCAD 模型转化为 3ds Max 中的网格对象。

◆ DOS 格式

这是 DOS 环境下的 3DStudio 的基本文本格式，使用这种格式可以使 3ds Max 转化为 AutoCAD 的材质和贴图信息，并且它是从 AutoCAD 向 3ds Max 输出 ARX 对象的最好办法。

用户可以根据自己的实际情况，选择相应的数据交换格式，如果使从 AutoCAD 转换到 3ds Max 中的模型尽可能参数化，则可以选择 DWG 格式；如果在 AutoCAD 和 3ds Max 来回交换数据，也可使用择 DWG 格式；如果在 3ds Max 中保留 AutoCAD 材质和贴图坐标，则可使用 3ds 格式；如果只需要将 AutoCAD 中的三维模型导入到 3ds Max，则可以使用 DXF 格式。

另外，使用 3ds MAX 创建的模型也可转化为 "DWG" 格式的文件，在 Auto CAD 应用软件中打开，进一步细化处理。具体操作方法就是使用【文件】菜单中的【输出】命令，将 3ds MAX 模型直接保存为 DWG 格式的图形。

12.4.2 AutoCAD&Photoshop 间的数据转换

AutoCAD 绘制的图形，除了可以用 3ds Max 处理外，也可以用 Photoshop 对其进行更细腻的光影、色彩等处理。具体如下。

第一：使用【输出】命令。执行菜单栏中的【文件】/【输出】命令，打开【输出数据】对话框，将【文件类型】设置为 "Bitmap（*.bmp）" 选项，再确定一个合适的路径和文件名，即可将当前 CAD 图形文件输出为位图文件。

第二：使用"打印到文件"方式输出位图，使用此种方式时，需要事先添加一个位图格式的光栅打印机，再打印输出位图。

虽然 AutoCAD 可以输出 BMP 格式图片，Photoshop 却不能输出 AutoCAD 格式图片，不过在 AutoCAD 中可以通过【光栅图像参照】命令插入 BMP、JPG、GIF 等格式的图形文件。执行菜单栏中的【插入】/【光栅图像参照】命令，打开【选择参照文件】对话框，然后选择所需的图像文件，如图 12-59 所示。

单击 打开(0) 按钮，打开如图 12-60 所示的【附着图像】对话框，根据需要设置图片文件的插入点、缩比例和旋转角度。单击 确定 按钮，指定图片文件的插入点等，按提示完成操作。

图 12-59 【选择图像文件】对话框

图 12-60 【附着图像】对话框

习 题 答 案

第 1 章

习题答案：

（1）AutoCAD 2012 为初始用户提供了（<u>AutoCAD 经典</u>）、（<u>二维草图与注释</u>）、（<u>三维建模</u>）和（<u>三维基础</u>）工作空间，工作空间的切换主要通过（单击标题栏  按钮）、（选择菜单【工具】/【工作空间】命令）、（单击【工作空间控制】下拉表列）、（单击状态栏【切换工作空间】 按钮）来实现。

（2）AutoCAD 命令的启动主要有（<u>菜单与菜单浏览器</u>）、（<u>工具栏与功能区</u>）、（<u>功能键与快捷键</u>）和（<u>命令表达式</u>）等 4 种方式。

（3）AutoCAD 绘图文件的默认存盘格式是（<u>*.dwg</u>）。

（4）在修改图形对象时，往往需要事先选择这些图形对象，常用的图形选择方式主要有（<u>点选</u>）、（<u>窗口选择</u>）和（<u>窗交选择</u>）3 种。

（5）使用（<u>Purge</u>）命令可以将文件内部的一些无用的垃圾资源，如图层、样式、图块等删除。

操作题思路：

（1）执行【工具】/【选项】命令打开【选项】对话框。

（2）进入【显示】选项卡，在"十字光标大小"选项下，设置光标大小。

（3）单机（ <u>颜色 C …</u> ）按钮进入【图形窗口颜色】对话框，在"颜色"下拉列表设置绘图背景颜色为白色。

第 2 章

习题答案：

（1）为了精确定位图形点，AutoCAD 为用户提供了点的坐标输入功能，具体有（<u>绝对直角坐标</u>）、（<u>绝对极坐标</u>）、（<u>相对直角坐标</u>）以及（<u>相对极坐标</u>）等 4 种。

（2）根据图形特征点的不同，AutoCAD 又为用户提供了 13 种对象捕捉功能，这些捕捉功能分为（<u>自动捕捉</u>）和（<u>临时捕捉</u>）两种情况，用户可以通过对话框或菜单快速启用这些捕捉功能。

（3）除点的坐标输入和对象捕捉等功能之外，AutoCAD 还提供了点的追踪功能，以方便追踪定位特征点之外的目标点，常用的追踪功能有（<u>正交追踪</u>）、（<u>极轴追踪</u>）、（<u>对象捕捉追踪</u>）3 种。

（4）使用（<u>Limits</u>）命令可以设置绘图的区域；使用（<u>Units</u>）命令可以设置绘图单位以及单位的精度。

（5）如果将文件中的所有图形最大化显示在屏幕上，则可以使用（<u>范围缩放</u>）功能；如果将某一个图形最大化显示，则可以使用（<u>对象缩放</u>）功能。

操作题思路：

（1）新建文件，并设置对象捕捉模式。

（2）使用【直线】命令，并配合点的坐标输入功能绘制外框。

（3）使用【直线】命令，配合点的捕捉功能绘制左侧分隔线。

（4）使用【直线】命令，配合捕捉自和点追踪功能绘制右侧内框。

第 3 章

习题答案：

（1）AutoCAD 不仅为用户提供了（对角点方式）、（尺寸方式）和（面积方式）等 3 种绘制矩形的方式，还为用户提供了（倒角）矩形、（圆角）矩形、（厚宽）矩形以及（宽度）矩形等特征矩形的绘制功能。

（2）（矩形阵列）命令可以将图形按指定的行数和列数进行均布排列；（环形阵列）命令可以将图形按指定的中心点和阵列的数目成弧形或环形排列；（路径阵列）命令可以将对象沿指定的路径或路径的某部分进行等距阵列。

（3）在对图线进行圆角处理时，圆角半径的设置是关键，除了使用命令中的选项功能进行设置外，还可以使用变量（Trimmode）快速设置。

（4）如果需要按照指定的距离拉长或缩短图线，可以使用（增量拉长）功能；如果没有距离条件的限制，则可以使用（动态拉长）功能。

（5）使用（Pline）命令不但可以绘制多重直线段，还可以绘制多重弧线段，而所有直线序列和弧线序列，都作为一个单一的对象存在。

（6）使用【偏移】命令偏移图形时，具体有（距离偏移）和（定点偏移）两种偏移方式。

（7）使用【修剪】或【延伸】命令编辑图线时，都需要事先指定（边界）；另外，按住（Shift）键，这两种命令可以达到相反的操作结果。

（8）在旋转图形时，常用的旋转方式有（角度旋转）和（参照旋转）两种；在缩放图形时，常用的两种方式有（比例缩放）和（参照缩放）。

操作题思路：

（1）新建文件，并设置绘图环境。

（2）使用【图形界限】、【全部缩放】命令设置绘图区域。

（3）使用【矩形】、【偏移】命令绘制内框和外框。

（4）使用【圆弧】和【直线】命令绘制门扇装饰线。

（5）使用【图案填充】命令填充装饰图案。

（6）使用【圆】、【镜像】命令绘制把手。

第 4 章

习题答案：

（1）使用（Block）工具创建的图块仅能供当前文件使用；使用（Wblock）工具创建的图块可以应用于所有的图形文件中；使用（Wblock）工具可以从现有的图形中提取一部分，作为一个独立的文件进行存盘。

（2）AutoCAD 提供了图块的插入功能，在具体插入图块时，用户不但可以修改图块的（缩放比例），还可以修改块的（旋转角度），而且在插入块的过程中，使用（分解）功能可以将块还原为各自独立的对象。

（3）设计中心是一个高级制图工具，使用此工具，用户可以（打开文件）、（查看文件资源）以及（共享文件资源）等。

（4）AutoCAD 共为用户提供了（预定义）、（用户定义）和（自定义）3 种图案填充类型，在具体为边界填充图案填充时，边界的拾取主要有（拾取点）和（选择对象）两种方式。

操作题思路：

（1）首先打开素材文件。

（2）使用【插入块】命令布置床、柜等卧室用具。

（3）使用【设计中心】、【工具选项板】的共享功能布置客厅用具。

（4）使用【图案填充】及图层的状态控制功能填充地面装饰线。

（5）使用【图案填充编辑】命令为地面图案进行完善。

第 5 章

习题答案：

（1）使用（标注样式）命令可以设置和控制尺寸对象的外观效果；使用（编辑文字或编辑标注）命令可以修改尺寸文字的内容；使用（编辑标注文字）命令可以协调尺寸文字的位置。

（2）如果用户需要标注水平或垂直图线的尺寸，可以选择（线性）或（对齐）命令；如果用户需要测量某点的绝对坐标，需要使用（坐标）命令。

（3）AutoCAD 为用户提供了（基线）、（连续）和（快速标注）3 种复合尺寸工具。

（4）在标注角度尺寸时，如果选择的是圆弧，系统将自动以（圆弧的圆心）作为顶点，以（圆弧端点）作为延伸线的原点，标注圆弧的角度；如果选择的对象为圆时，系统将以（选择的点）作为第一条延伸线的原点，以（圆心）作为顶点。

（5）使用（标注间距）命令可以调整多个尺寸标注之间的距离；使用（DIMSCALE）系统变量可以设置标注比例。

操作题思路：

（1）首先打开平面图文件，并设置捕捉追踪模式。

（2）使用【构造线】命令绘制尺寸的定位辅助线。

（3）使用【线性】、【连续】命令标注平面图细部尺寸。

（4）使用【快速标注】、夹点编辑功能标注轴线尺寸。

（5）使用【线性】命令标注平面图总尺寸。

第 6 章

习题答案：

（1）相同内容的文字，如果使用不同的字体、字高等进行创建，那么文字的外观效果也不一样，文字的这些外观效果可以使用（Style）命令进行控制。

（2）使用【单行文字】命令创建出的各行文字对象被看作是（多个独立）的对象；使用【多行文字】命令创建出的各行文字对象则被看作是（单个）的对象；使用（快速引线或多重引线）命令可以

创建带有箭头和指示线的文字注释。

（3）AutoCAD 为一些常用符号设置了临时转换代码，在输入这些符号时，只需要输入相应的代码即可，其中，度数的代码为（<u>%%D</u>）；直径符号的代码为（<u>%%C</u>）；正/负号的代码为（<u>%%P</u>）。

（4）使用（<u>Table</u>）命令不但可以创建表格，还可以为表格填充文字。

（5）使用（<u>Dist</u>）命令，不但可以查询任意两点之间的距离，还可以查询两点的连线与 x 轴或 xy 平面的夹角等参数信息。

操作题思路：

（1）首先打开平面图文件。

（2）使用【文字样式】命令设置所需样式。

（3）使用【单行文字】命令标注房间功能。

（4）使用【面积】命令查询房间面积。

（5）使用【多行文字】、【复制】、【编辑文字】命令标注房间面积。

（6）使用【阵列】命令阵列文字注释。

第 7 章

习题答案：

（1）（<u>属性</u>）不能独立存在，也不能独立使用，仅是从属于图块的一种非图形信息，是图块的文本或参数说明。

（2）使用【定义属性】命令中的（<u>验证</u>）功能，可以设置在插入块时提示确认属性值的正确性。

（3）用户可以运用系统变量（<u>Attdisp</u>），直接在命令行进行设置或修改属性的显示状态。

（4）（<u>Eattedit</u>）命令不但可以修改属性的标记、提示以及属性默认值等，还可以修改属性所在的图层、颜色、宽度及重新定义属性文字如何在图形中的显示。

（5）使用（<u>特性匹配</u>）命令，可以将源对象的"线型"、"线宽"、"线型比例"、"颜色"、"图层"等特性复制给目标对象。

（6）使用（<u>快速选择</u>）命令可以以对象的图层、颜色、线型等内部特性为条件，快速选择具有同一共性的所有对象。

操作题思路：

（1）首先调用平面图源文件。

（2）绘制轴标号及标高符号，并分别为其定义文字属性。

（3）使用【创建块】命令，将符号与属性等定义成属性块。

（4）使用【插入块】命令标注平面图标高。

（5）使用【特性】和【特性匹配】命令创建轴标号指示线。

（6）使用【插入块】和【复制】命令为平面图编号。

（7）最后使用【编辑属性】和【移动】命令对平面图编号进行完善。

第 8 章

习题答案：

（1）（<u>样板文件</u>）文件是包含一定的绘图环境和参数变量，但并未绘制图形的空白文件，其文件

格式为 ".dwt"。

（2）【图层】是一个组织和规划复杂图形的高级制图工具，其中，层的状态控制功能具体有（开关）、（冻结与解冻）、（锁定与解锁）等 3 种。

（3）如果在创建新图层时选择了一个现有图层，那么后续创建的图层将会（继承所选图层的一切特性）。

（4）图层被（锁定）后，只能观察该层上的图形，不能对其编辑和修改，但该层上的图形仍可以显示和输出。

（5）图层被（冻结）后，可以加快视窗缩放、视窗平移和许多其他操作的处理速度，增强对象选择的性能，并减少复杂图形的重生成时间。

（6）（图层匹配）命令可以将选定对象的图层更改为目标图层；（图层漫游）命令可以将选定对象图层之外的所有图层都关闭。

操作题思路：略。

第 12 章

习题答案：

（1）AutoCAD 为用户提供了两种操作空间，其中，（布局）空间比较适合于出图，（模型）空间比较适合于图形的设计与绘图。

（2）使用（绘图仪管理器）命令可以添加打印设备、定义与修改图纸的尺寸；使用（打印样式管理器）命令可以管理与设置打印样式。

（3）使用（打印或打印预览）命令不仅可以打印图形，还可以对图形进行提前预览；使用（打印）命令不仅可以预览和打印图形，还可以修改打印页面；使用（页面设置管理器）命令不仅可以设置打印页面，还可以预览图形的打印效果。

操作题思路：

（1）首先打开需要打开的平面图文件。

（2）进入布局空间，并删除源视口。

（3）创建新视口，并进入浮动式的模型空间。

（4）调整主视图出图比例及位置。

（5）在布局空间内绘制并创建圆形和矩形子视口。

（6）在浮动式的模型空间内调整子视口的出图比例及位置。

（7）在布局空间内填写出图比例及标题栏。

（8）最后对图形进行预览与打印。